普通高等教育“十三五”规划教材

大中型 PLC 实训教程

郭利霞　罗　妤　主　编
黄　超　汤　毅　彭宇兴　副主编

北　京
冶 金 工 业 出 版 社
2019

内 容 提 要

本书系统介绍了GE公司智能平台硬件系统、编程软件与指令系统、人机界面与iFIX组态和GE智能平台项目训练等内容。为了便于学习和教学，在书中安排了大量的实例；每章均附有适量的习题，便于读者学习和掌握本章的内容。

本书为高等院校本科电气工程及其自动化专业、检测技术及仪表等相关专业的教材，也可供电气、机电等领域的工程技术人员参考。

图书在版编目(CIP)数据

大中型PLC实训教程/郭利霞，罗妤主编. —北京：冶金工业出版社，2019. 2

普通高等教育“十三五”规划教材

ISBN 978-7-5024-7854-4

Ⅰ.①大… Ⅱ.①郭… ②罗… Ⅲ.①PLC技术—高等学校—教材 Ⅳ.①TM571. 61

中国版本图书馆CIP数据核字（2018）第206558号

出 版 人 谭学余

地　　址 北京市东城区嵩祝院北巷39号 邮编 100009 电话 (010)64027926

网　　址 www. cnmip. com. cn 电子信箱 yjcbs@ cnmip. com. cn

责任编辑 郭冬艳 美术编辑 吕欣童 版式设计 禹 蕊

责任校对 郭惠兰 责任印制 牛晓波

ISBN 978-7-5024-7854-4

冶金工业出版社出版发行；各地新华书店经销；三河市双峰印刷装订有限公司印刷

2019年2月第1版，2019年2月第1次印刷

787mm×1092mm 1/16；12印张；291千字；183页

35. 00元

冶金工业出版社 投稿电话 (010)64027932 投稿信箱 tougao@cnmip. com. cn

冶金工业出版社营销中心 电话 (010)64044283 传真 (010)64027893

冶金工业出版社天猫旗舰店 yjgycbs. tmall. com

（本书如有印装质量问题，本社营销中心负责退换）

前　言

“大中型PLC系统及应用”是普通高等院校电类专业最重要的专业课程之一。随着科学技术的不断发展，PLC在机械制造、冶金、化工、电力、建筑、交通运输等领域的应用越来越广泛。PLC源于电气控制，是在电子技术、计算机技术、自动控制技术和通信技术发展的基础上产生的一种新型工业自动控制装置，具有工作可靠、功能齐全、使用方便、经济合算等一系列优点，不仅可以用于开关控制、运动控制和过程控制，还可以用于联网通信。PLC技术已成为现代工业控制的重要支柱之一。

本书立足于应用型本科教育的教学需求，从实际工程应用出发，以GE公司RX3i系列PAC为背景，遵循“结合工程实际，突出技术应用”的编写思想，精选教材内容，突出应用，培养能力，充分体现教材的科学性、实用性和可操作性。全书内容共分六章：第1章GE PAC控制系统的体系结构，主要介绍PAC的概念及GE公司PAC和PLC主要产品；第2章GE PAC RX3i系列硬件与组态，主要介绍GE PAC RX3i系列的硬件结构；第3章为Proficy Machine Edition编程软件的使用，主要介绍Proficy Machine Edition编程软件的使用方法；第4章为GE PAC的基本指令系统，主要介绍GE PAC RX3i系列的常用基本指令、功能指令的使用方法；第5章为PAC人机界面与iFIX组态，主要介绍GE智能平台Quick Panel View/Control与组态技术等；第6章为GE PAC基本训练项目。

本书由重庆科技学院郭利霞、罗妤担任主编，黄超、汤毅、彭宇兴担任副主编，胡文金负责主审。重庆科技学院方志勇对本书的所有程序进行了实践论证。在此对所有对本书出版给予帮助和支持的同事、朋友一并表示衷心的感谢！

由于编者水平有限，书中不妥之处，恳请广大读者批评指正。

编 者

2018年4月

目　　录

PAC 控制系统体系结构与工作原理

1.1 PAC 的特点和发展趋势

1.1.1 PAC 概念的提出

在 PLC 被开发出来的几十年里，PLC 取代了传统的继电器，一直占据着工业控制技术的主流地位。然而，工程师们只需利用数字 I/O 和少量的模拟 I/O 以及简单的编程技巧就可开发出 80% 的工业应用。来自 ARC、联合开发公司（VDC）的专家估计：77% 的 PLC 被用于小型应用（低于 128 个 I/O 点）；72% 的 PLC I/O 是数字的；80% 的 PLC 应用可利用 20 条的基本逻辑指令集来解决。

由于采用传统的工具可以解决 80% 的工业应用，这样就强烈地需要有低成本简单的 PLC，从而促进了低成本微型 PLC 的发展，它带有用梯形图逻辑编程的数字 I/O，但也在控制技术上造成了不连续性，一方面，80% 的应用需要使用简单的低成本控制器；另一方面，其他的 20% 的应用则超出了传统控制系统所能提供的功能。工程师在开发这些 20% 的应用时需要有更高的循环速率，更高级的控制算法，更多模拟功能，以及能更好地和企业网络集成。

在 20 世纪 80、90 年代，那些要开发“20% 应用”的工程师们已考虑在工业控制中使用 PC。PC 所提供的软件功能可以执行高级任务，提供丰富的图形化编程和用户环境，并且 PC 的 COTS 部件使控制工程师能把不断发展的技术用于其他应用：这些技术包括浮点处理器，高速 I/O 总线（如 PCI 和以太网），固定数据存储器，图形化软件开发工具，而且 PC 还能提供无比的灵活性、高效的软件以及高级的低成本硬件。

然而，PC 还不是非常适用于控制应用。尽管许多工程师在集成高级功能时使用 PC（这些功能包括模拟控制和仿真、连接数据库、网络功能以及和第三方设备通信），但是 PLC 仍然在控制领域中处于统治地位。基于 PC 控制的主要问题在于标准 PC 并不是为严格的工业环境而设计的。PC 主要面临以下三大问题：

（1）稳定性。通常 PC 的通用操作系统不能提供用于控制足够的稳定性：安装基于 PC 控制的设备会迫使处理系统崩溃和未预料到的重启。

（2）可靠性。由于 PC 带有旋转的磁性硬盘和非工业性牢固的部件，如电源。这使得它更容易出现故障。

（3）不熟悉的编程环境。工厂操作人员需要具备在维护和排除故障时恢复系统的能力。使用梯形图逻辑，他们可以手动迫使线圈恢复到理想状态，并能快速修补受影响的代码以快速恢复系统。然而，PC 系统需要操作人员学习、掌握新的更高级的工具。

尽管某些工程师采用具有坚固硬件和专门操作系统的专用工业计算机，但是由于 PC

可靠性方面的问题，绝大多数工程师还是避免在控制中使用PC。此外，PC中用于各种自动化任务的设备，如I/O、通信或运动，可能需要不同的开发环境。

因此，那些要开发“20%应用”的工程师们要么使用一个PLC无法轻松实现系统所需的功能，要么采用既包含PLC又包含PC的混合系统，他们利用PLC来执行代码的控制部分，用PC来实现更高级的功能。因而现在许多工厂使用PLC和PC相结合的系统，利用系统中的PC进行数据记录，连接条码扫描仪，在数据库中插入信息，以及把数据发布到网上。采用这种方式建立系统的主要问题是该系统常常难以建立、排除故障和维护。系统工程师常常被要求结合来自多个厂商软硬件的工作所困扰，这是因为这些设备并不是为了能协同工作而设计的。

2001年权威咨询机构ARC Group提出了可编程自动化控制器（Programmable Automation Controller，PAC）的概念，这种新的控制器是为解决“20%”的应用问题而设计的，它结合了PLC和PC两者的优点。PAC具有更高性能的工业控制器，兼具PLC的可靠性、坚固性和PC的开放性、自定义电路的灵活性。这些特性融入单机解决方案，用户能够以更快的速度和更低的成本实现工业系统自动化的设计。

开发PAC的目的是为工控系统添加更高的测量和控制性能，它不会取代现有的PLC系统。PAC的概念定义为：控制引擎的集中，涵盖PLC用户的多种需要，以及制造业厂商对信息的需求。PAC包括PLC的主要功能和扩大的控制能力，以及PC - based控制中基于对象的、开放数据格式和网络连接等功能。PAC概念一经推出，即得到了行业内众多厂商的产品响应，包括GE、NI、ROCKWELL、倍福、研华等在内的众多知名厂商纷纷推出各自的PAC控制器。目前PAC产品已经被应用到冶金、化工、纺织、轨道交通、建筑、水处理、电路与能源、食品饮料和机器制造等诸多行业中。

1.1.2 PAC的特点

从外形上来看，PAC与传统的PLC非常相似，但究其实质，PAC系统的性能却广泛得多。PAC作为一种多功能的控制平台，用户可以根据系统的需要，组合和搭配相关的技术和产品。与其相反，PLC是一种基于专有架构的产品，仅仅具备了制造商认为必要的性能。

PAC与PLC最根本的区别在于它们的基础不同。PLC性能依赖于专用硬件，应用程序的执行是依靠专用硬件芯片实现的，因硬件的非通用性会导致系统的功能前景和开放性受到限制。由于专用操作系统，其实时性、可靠性与功能都无法与通用实时操作系统相比，这样便导致了PLC整体性能的专用性和封闭性。

PAC的性能是基于其轻便的控制引擎，标准、通用、开放的实时操作系统，嵌入式硬件系统设计，以及背板总线等实现的。

PLC的用户应用程序执行是通过硬件实现的，而PAC设计了一个通用的、软件形式的控制引擎用于应用程序的执行。控制引擎位于实时操作系统与应用程序之间，引擎与硬件平台无关，可在不同平台的PAC系统间移植。因此，对于用户来说，同样的应用程序不需修改即可下载到不同PAC硬件系统中，用户只需根据系统功能需求和投资预算选择不同性能的PAC平台。这样，根据用户需求的迅速扩展和变化，用户系统和程序无需变化，即可无缝移植。

PAC 系统应该具备以下主要的特征和性能：

（1）提供通用发展平台和单一数据库，以满足多领域自动化系统设计和集成的需求。

（2）一个轻便的控制引擎，可以实现多领域的功能，包括逻辑控制、过程控制、运动控制和人机界面等。

（3）允许用户根据系统实施的要求在同一平台上运行多个不同功能的应用程序，并根据控制系统的设计要求，在各程序间进行系统资源的分配。

（4）采用开放的、模块化的硬件架构以实现不同功能的自由组合与搭配，减少系统升级带来的开销。

（5）支持 IEC - 61158 现场总线规范，可以实现基于现场总线的高度分散性的工厂自动化环境。

（6）支持事实上的工业以太网标准，可以与工厂的 EMS、ERP 系统轻易集成。

（7）使用既定的网络协议和程序语言标准来保障用户的投资及多供应商网络的数据交换。

1.1.3 PAC 产品的技术性能

（1）GE Fanuc 公司的 PACSystemsRX3i/7i，CPU 采用了 Pentium Ⅲ 300/700MHz 处理器，操作系统为 Wind River 的 Vx Works，RX3i 为 VME64 总线，RX7i 为 Compact PCI 总线；

（2）NI 公司的 Compact Field Point 的 CPU 即将升级到 Pentium Ⅳ-M 2.5GHz 处理器，其特色在于整合了测试测量领域中应用非常广泛的开发平台 Lab View；

（3）Beckhoff 公司的 CX1000 的 CPU 为 Pentium MMX 266MHz 处理器；操作系统为 Windows CE .net 或 Embedded Windows XP；

（4）ICPDAS 泓格科技的 WinCon/LinCon 的 CPU 为 StrongRAM 206MHz 处理器，WinCon 的操作系统为 Windows CE .net；LinCon 的操作系统为 Embedded Linux。

1.1.4 PAC 系统的关键技术

PAC 的产生受益于近年来在嵌入式系统领域的发展与进步。在硬件方面具有重要意义的是嵌入式硬件系统设计，其中具有代表意义的是 CPU 技术的发展、现场总线技术的发展和工业以太网的广泛应用。在软件方面则包括：嵌入式实时操作系统、软逻辑编程技术、嵌入式组态软件的发展等。试分别说明为：

（1）遵循最新的高性能 CPU 在获得更高的处理能力的同时，其体积更小、功耗更低，从而在出众的计算能力以及工业用户最为关心的稳定性和可靠性方面获得平衡，使制造厂商有可能去选择通用的、标准的嵌入式系统结构进行设计，摆脱传统 PLC 因采用专有的硬件结构体系带来的局限，使系统具备更为丰富的功能前景和开放性。在现有面世的 PAC 系统中，被广泛采用的是低功耗、高性能的 SOC（System On Chip）核心处理器。这里面既有采用 CISC 架构的 CPU，如 Mobile Pentium 系列 CPU，也有采用 RISC 架构的 CPU，如 ARM 系列、SHx 系列等，当然也有使用 MIPS CPU 的。综合比较而言，由于 RISC CPU 在应用于工业控制系统时所具备的综合优势，采用 RISC CPU 的系统占据了目前市场所供应的控制系统的多数。

（2）经过14年的纷争，IEC的现场总线标准化组织经最后投票，接纳了8种现场总线成为IEC61158现场总线标准。IEC61158现场总线标准最终尘埃落定，使工业控制在设备层和传感器层有了可以遵循的标准。但是由于这8种现场总线采用的通信协议完全不同，因此，要实现这些总线的兼容和互操作是十分困难的。其可能的出路是采用已经是通用的国际标准Ethernet、TCP/IP等协议，并使其符合工业应用的要求，而且这种方案最容易被广大用户、集成商、OEM及制造商接受和欢迎。

（3）通用的嵌入式实时操作系统获得了长足的发展，并获得了广泛的应用。美国风河公司传统的Vx Works、PSOS操作系统在高端领域还是有很高的占有率；另一引人注目的趋势是微软公司的Windows CE在推出 .net版本以后，有效地解决了硬实时的问题，并以其低廉的价格和广泛的客户群获得了用户的青睐；作为开放源码的代表，Linux操作系统也推出了其嵌入式版本，并以其在成本、开放性、安全性方面的优势，获得一些特殊应用客户及中小制造商的欢迎。

（4）符合IEC-61131-3标准的软逻辑编程语言的发展，有效地整合了传统PLC在编程技术上的积累，使广大的机电工程师可以在基于PC的系统上使用其熟悉的编程方式实现其控制逻辑。另外，在PAC系统上，工程师也可以使用高阶语言实现复杂的算法或通讯编程，例如EVC、VC#、JAVA等。

（5）在人机界面方面，一些软逻辑开发工具均同时提供HMI开发套件，例如ISaGRAF、Micro Trace Mode、KW MultiProg等。如果有更进一步的需求，一些专业的SCADA/HMI软件厂商也提供针对嵌入式系统开发的套装软件，例如组态王公司的嵌入版KingView、Indusoft等。

在可以预见，对标准性、开放性、可互操作性、可移植性的要求将是用户至为关心的自动化产品的重要特征，作为融汇了IPC和PLC的优点的PAC系统具有明显的优势。

1.1.5 PAC技术的发展趋势

随着市场的需要，PAC技术在未来的几年内将朝着以下几个方面发展：

（1）设备规格的多样化。为了满足各种实际生产状况的需要，PAC的规格将会呈现出多样化的发展趋势。在具体的生产环境中，选择适合控制系统要求的PAC，有利于降低成本。

（2）支持更多的控制功能。目前，PAC已经将逻辑、运动、过程控制等高级功能集成到了单一的平台上。而未来，PAC将进一步融合更多的功能，例如对于安全性的考虑，批处理等等。当信息被越来越广泛地使用时，其安全性就将成为需要考虑的第一因素。

（3）商业系统的集成。为了实现真正的实时性，自动化设备供应商将在PAC内部继续创建商业系统的连接通道而不依赖于其他的连接设备。PAC将内嵌制造执行系统（MES）的一些属性，例如：标准接口的建立，它将有利于更好地解决控制层和管理层之间的连接问题。

（4）简单的系统维护。PAC将往更小型化更智能化的方向发展，但同时它将拥有更出众的数据处理能力。其软件可以监控机器运转状况，硬件可以完成复杂的自检工作。为了提高生产率、增加利润，企业就必须及时有效地传递数据信息。PAC的这种数据处理能力，可以满足用户在任何时间通过任何形式（如：E-mail，网页）对数据进行维护。

（5）延长产品的生命周期。通过采用新技术来获得更高生产效率固然十分重要，但是新技术的使用是否会大幅增加成本和培训费也是厂家十分关注的问题。PAC 未来平台将仍然采用标准化的设计，其卖主可以继续使用原来的商业技术和以太网等标准，从而有效地降低了对成本的投入。

1.2 GE 公司 PAC 和 PLC 产品概述

1.2.1 GE Fanuc 产品概况

GE Fanuc 从事自动化产品的开发和生产已有数十年的历史。其产品包括在全世界已有数十万套安装业绩的 PLC 系统，包括 90-30，90-70，VersaMax 系列等。近年来，GE Fanuc 在世界上率先推出 PAC 系统，作为新一代控制系统，PAC 系统以其无与伦比的性能和先进性，引导着自动化产品的发展方向。

从紧凑经济的小型可编程逻辑控制器（PLC）到先进的可编程自动化控制器（PAC）和开放灵活的工业 PC，GE Fanuc 有各种各样现成的解决方案，满足确切的需求。并且这些灵活的自动化产品与单一的强大的软件组件集成在一起，该软件组件为所有的控制器、运动控制产品和操作员接口/ HMI 提供通用的工程开发环境，因此相关的知识和应用可无缝隙移植到新的控制系统上，可以从一个平台移植到另一个平台上，并且一代一代进行扩展。

GE Fanuc 的工控产品有：PAC Systems RX7i 控制器、PAC Systems RX3i 控制器、系列 90-70 PLC、系列 90-30 PLC、VersaMax I/O 和控制器、VersaMax Micro 和 Nano 控制器、QuickPanel Control、Proficy Machine Edition 编程软件等。GE Fanuc 的工控产品结构如图 1-1 所示。

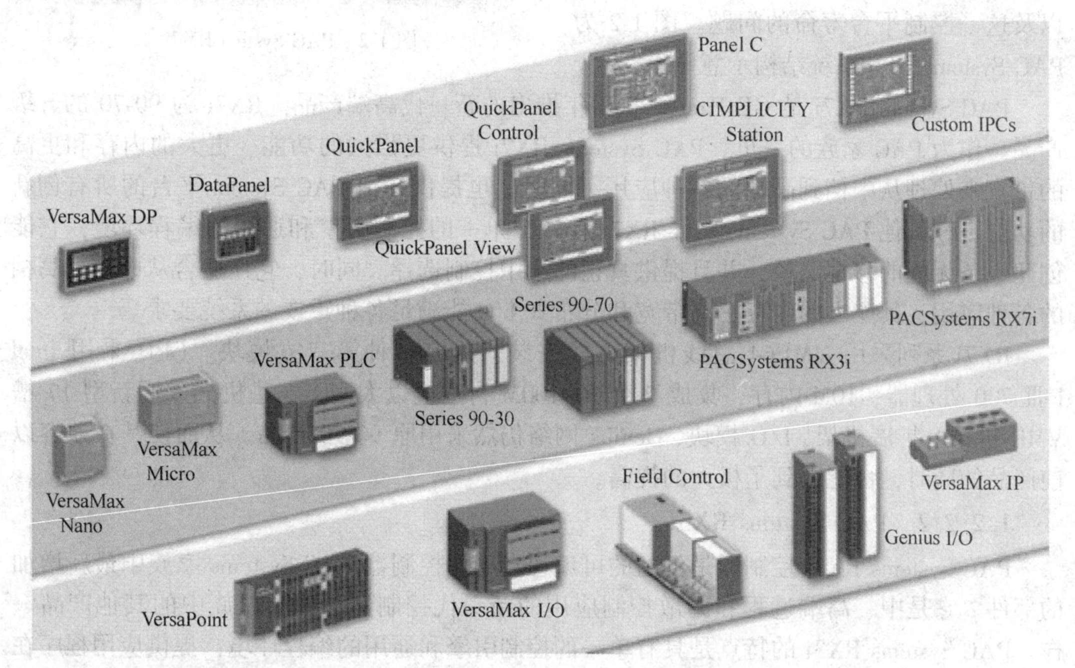

图 1-1　GE Fanuc 工控产品结构

1.2.2 PAC和PLC概述

全新的GE Fanuc PAC Systems提供第一代可编程自动化控制系统（PAC-Programmable Automation Controller）——为多个硬件平台提供一个控制引擎和一个开发环境。

PAC Systems提供比现有的PLC有着更强大的处理速度和通信速度以及编程的能力。它能应用到高速处理、数据存取和需大内存的应用中，如配方存储和数据登录。基于VME的RX7i和基于PCI的RX3i提供强大的CPU和高带宽背板总线，使得复杂编程能简便快速地执行。

PAC Systems还为系列90 PLC提供工业领先的移植平台，用于系列90 PLC硬件和软件的移植。

PAC Systems系列产品代表了在工业控制领域的革命，它们解决了业内一直存在的与工业和商业都有关的问题，即如何实现更高的产量和提供更开放的通讯方式。这一灵活的技术帮助用户全面提升整个自动化系统的性能，降低工程成本、大幅度减少有关短期和长期的系统升级问题以及这一控制平台寿命的问题。

1.2.2.1 PAC Systems RX7i

PAC Systems系列产品代表了在控制工业领域的革命，它们解决了业内一直存在的与工业和商业都有关的问题，即如何实现更高的产量和提供更开放的通信方式。这一灵活的技术帮助用户全面提升整个自动化系统的性能，降低工程成本、大幅度减少有关短期和长期的系统升级问题以及这一控制平台寿命的问题。图1-2为PAC System RX7i系统结构示意图。

图1-2 PAC System RX7i

PAC System RX7i是GE Fanuc 2003年推出的新一代高端产品。RX7i为90-70的升级产品。作为PAC家族的一员，PAC Systems RX7i提供更强大的功能、更大的内存和更高的带宽来处理从中档到高端的各种应用。同时，也提供其他PAC System平台的所有创新的功能。和其他PAC Systems一样RX7i有一个单一的控制引擎和通用的编程环境，它能创建一条无缝的移植路径，并且提供真正的集中控制选择。同时，它还适合从中档到高档的各种应用，其庞大的内存、高带宽和分布式I/O能满足各种重要的系统要求。

RX7i系列采用VME64总线机架方式安装，兼容多种第三方模块。CPU采用Intel PⅢ-700处理器，10M内存，集成2个10/100M自适应以太网卡。主机架采用新型17槽VME机架。扩展机架、I/O模块、Genius网络仍然采用原90-70产品。从而使其在兼容以前产品的同时，性能得到了极大的提高。

1.2.2.2 PAC Systems RX3i

PAC Systems RX3i控制器是创新的可编程自动化控制器PAC Systems家族中最新增加的部件。它是中、高端过程和离散控制应用的新一代控制器。如同家族中的其他产品一样，PAC Systems RX3i的特点是具有单一的控制引擎和通用的编程环境，提供应用程序在多种硬件平台上的可移植性和真正的各种控制选择的交叉渗透。PAC Systems RX3i在一个紧凑的、节省成本的组件包中提供了高级的自动化功能。PAC Systems 的移植性的控制引擎在几种不同的平台上都有卓越的表现，使得初始设备制造商和最终用户在应用程序变化的情况下，能选择最适合他们需要的控制系统硬件。PAC System RX3i 系统结构示意图如图 1-3 所示。

图 1-3 PAC Systems RX3i 控制器

PAC Systems RX3i 能统一过程控制系统，有了这个可编程自动化控制器解决方案，可以更灵活、更开放地升级或者转换。PAC Systems RX3i 价格并不昂贵、易于集成，为多平台的应用提供空前的自由度。在 Proficy Machine Edition 的开发软件环境中，它单一的控制引擎和通用的编程环境能整体上提升自动化水平。

PAC Systems RX3i 模块在一个小型的、低成本的系统中提供了高级功能，它具有下列优点：

（1）把一个新型的高速底板（PCI-27MHz）结合到现成的 90-30 系列串行总线上。

（2）具有 Intel 300MHz CPU（与 RX7i 相同）。

（3）消除信息的瓶颈现象，获得快速通过量。

（4）支持新的 RX3i 和 90-30 系列输入输出模块。

（5）大容量的电源，支持多个装置的额外功率或多余要求。

（6）使用与 RX7i 模块相同的引擎，使得容易实现程序的移植。

（7）RX3i 还使用户能够更灵活地配置输入/输出。

（8）具有扩充诊断和中断的新增加的、快速的输入、输出。

（9）具有大容量接线端子板的 32 点离散输入、输出。

1.2.2.3 90-70 系列 PLC

90-70 系列已经成为复杂应用的工业标准，这些应用往往要求系统带大量 I/O 和大量处理内存。90-70 系列基于 VME 总线的开放式背板可以适用于几百个基于 VME 总线的多功能模块，它们的应用往往涉及显示、高度专业化的运动控制或者光纤网络。用户可以进一步自定义自己的系统结构，附加各种可用的 I/O 和特殊模块以及许多独立或分布式运动控制系统，如图 1-4 所示。

1.2.2.4 90-30 系列 PLC

拥有模块化设计、超过 100 个 I/O 模块和多种 CPU 选项，90-30 系列 PLC 提供了满足特殊性能要求的多功能系统设置，网络和通讯能力使您能在一个非专有网络上进行数据传输、上载下载程序和执行诊断。集成在 90-30 系列 PLC 中的运动控制系统适用于高性能点到点应用，并且支持大量的电机类型和系统结构。其外形图如图 1-5 所示。

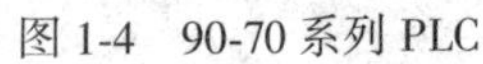
图1-4 90-70系列PLC

图1-5 90-30系列PLC

1.2.2.5 VersaMax PLC

VersaMax模块化可伸缩的结构，使它在一个小的结构中提供大的PLC功能。VersaMax是一个创新控制器家族中的一员，它把一个强大的CPU与广泛的离散量、模拟量、混合和特殊的I/O模块、端子、电源模块以及连接到各个网络的通信模块组合在一起。其外形图如图1-6所示。

1.2.2.6 VersaMax Nano & Micro PLC

VersaMax Nano和Micro PLC只有手掌大小，但是它功能强大并且经济。它提供了集成的一体化结构能节省面板空间。可以将其安装在一个DIN导轨或者一个面板上，简单的应用能提供快速的解决方案。其外形图如图1-7所示。

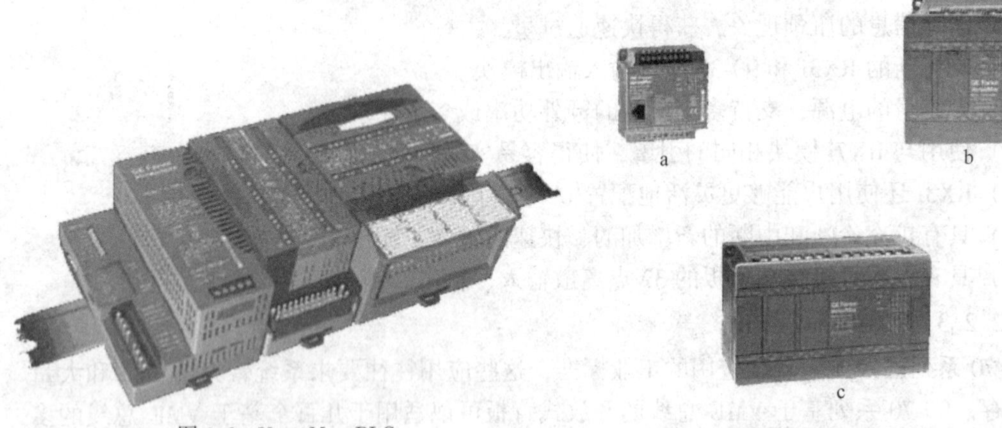

图1-6 VersaMax PLC

图1-7 VersaMax Nano & Micro PLC
a—VersaMax Nano；b—VersaMax Micro；
c—64点VersaMax Micro

1.3 GE PAC Systems系统构成

GE智能平台推出可扩展的高可用性自动化架构控制平台，PAC Systems带有高可用性的PROFINET系统，广泛应用在电力、交通、水和污水处理、矿业以及石油和天然气等行业，能够为用户提供先进完善的自动化解决方案。目前，GE控制器硬件家族有两大类控制器：基于 VME 的 RX7i 和基于 PCI 的 RX3i，它们提供强大的 CPU 和高带宽背板总线，使复杂的编程能简便快速地执行。它们具备单一的控制引擎和通用的编程环境，并具有多种网络连接模块，使其能灵活、方便地构成功能强大的网络构架。PAC Systems RX3i 系统通信网络结构图如图 1-8 所示。在图中，PAC Systems RX3i 上层可通过以太网与编程站、上位机站相连，下层可通过工业以太网、Modbus、Profibus DP、Genius 总线等连接到相应的远程 I/O 口。并通过远程 I/O 口连接到相应的各种输入、输出设备上，也可通过扩展口连接到扩展机架上，最多可连接 7 个扩展机架。

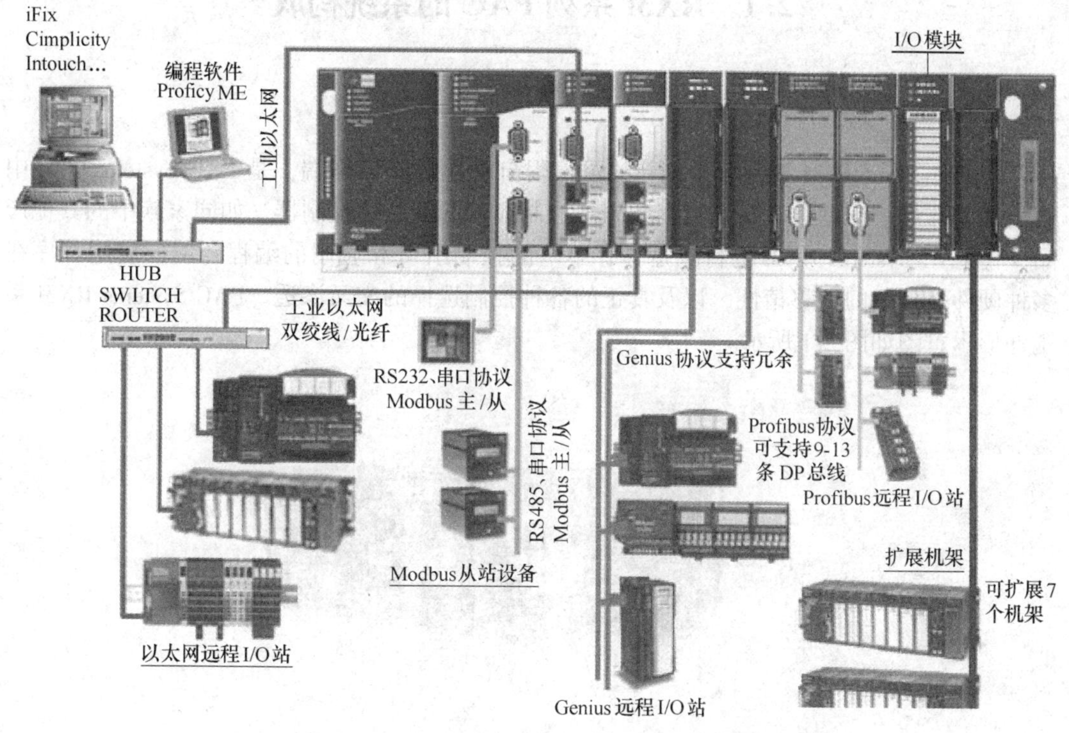

图 1-8 PAC Systems RX3i 系统通信网络结构图

PAC Systems 设备使用 Proficy Machine Edition（PME）软件进行编程和配置，实现人机界面、运动控制和执行逻辑的开发。Proficy Machine Edition 是一个高级的软件开发环境和机器层面的自动化维护环境。

课后习题

1. 简述 PAC 和 PLC 的区别。
2. 简述 PAC 的主要特征。
3. 简述工厂中基本的网络体系结构。
4. GE 公司有哪些 PAC 和 PLC 产品？

2 GE RX3i 系列 PAC 硬件与组态

2.1 RX3i 系列 PAC 的系统构成

2.1.1 概述

PAC Systems Rx3i 控制器是创新的可编程自动化控制器终端，是 PAC Systems 家族中新增加的部件。它是中、高端过程和离散控制应用的新一代控制器。如同家族中的其他产品一样 PAC Systems RX3i 的特点是具有单一的控制引擎和通用的编程环境，应用程序在多种硬件平台上的可移植性，以及真正的各种控制选择的交叉渗透。PAC Systems RX3i 系统外形示意图如图 2-1 所示。

图 2-1 PAC Systems RX3i 系统外形示意图

1—主机架底板；2—电源模块；3—CPU 模块；4—以太网模块；
5—运动控制模块；6—I/O 模块；7—现场总线通讯模块

PAC Systems RX3i 易于集成，为多平台的应用提供了空前的自由度，能统一过程控制系统，并可以更灵活、更开放地升级或者转换。在 Proficy Machine Edition 的开发软件环境中，它单一的控制引擎和通用的编程环境能整体上提升自动化水平。

PAC Systems RX3i 模块在一个小型的、低成本的系统中提供高级功能，它具有下列性能上的优点：

（1）把一个新型的高速底板（PCI-27MHz）结合到 90-30 系列串行总线上。

（2）具有 Intel 300MHz CPU（与 RX7i 相同）。

（3）消除信息的瓶颈现象，获得快速通过量。

（4）支持新的 RX3i 和 90-30 系列输入/输出模块。

（5）大容量的电源，支持多个装置的额外功率或多余要求，支持多电源功率负载共担或冗余功能。

（6）使用与 RX7i 模块相同的引擎，使得容易实现程序的移植。

（7）RX3i 还使用户能够更灵活地配置输入、输出。

（8）具有扩充诊断和中断的新增加的高速输入、输出。

（9）具有大容量接线端子板的 32 点离散输入、输出。

（10）支持以太网远程编程。例如，可在南京对上海的 RX3i 进行编程和修改。

PAC Systems、RX3i 功能极其强大，具有 64M 用户编程内存和 64M 闪存（用于程序永久存储），支持多种编程语言：梯形图、C 语言（效率为梯形图的 6~10 倍）、FBD 功能块图、用户定义功能块、T 结构化文本、指令表、符号变量编程等。PAC Systems RX3i 还具有以下功能特点：

（1）最多可支持 32K DI、32K DO、32K AI、32K AO。

（2）模块支持带电插拔。

（3）支持冗余电源。

（4）支持多种现场总线。支持 Modbus、Profibus DP、Genius 总线（包括双网冗余），还支持工业以太网（包括 SHTP TCP/IP、EGD、MODBUS TCP/IP），以及串行总线。

（5）两条背板总线，216MhpsPCI 总线和 90-30 背板总线。

（6）支持 PCI 总线模块和所有 90-30 总线。

（7）支持以太网远程 I/O 站。

（8）真正的实时多任务控制系统，支持 16 个中断优先级。

2.1.2 PAC Systems RX3i 的背板（机架）

RX3i 的背板（机架）采用通用 PCI 总线，背板高速 PCI 总线速度为 27MHz，使得复杂 I/O 的数据吞吐率更大，简单 I/O 的串行总线读写更快，优化了系统的性能和投资。背板总线支持带电插拔功能，减少系统停机时间。

RX3i 通用背板（机架）有 12 槽和 16 槽两种尺寸，可以满足用户的应用需要。每个插槽既支持新模块也支持原有的 90 -30 系列 I/O 模块（除 PCM3XX、CMM301、CMM302、CMM321 外），它支持带电插拔来减少停机时间。扩展背板（机架）有 5 槽和 10 槽两种尺寸，可以使应用的灵活性最大化。图 2-2 为背板 IC695CHS012 的外形示意图。

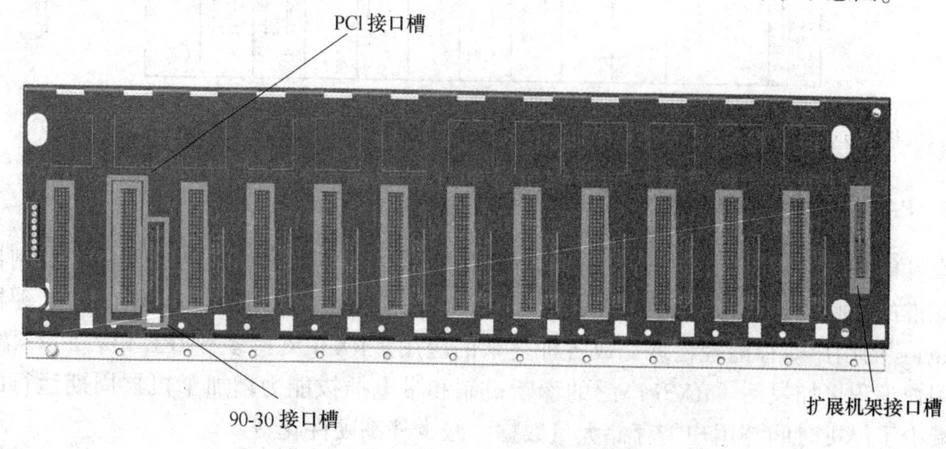

图 2-2 背板 IC695CHS012 的外形示意图

（1）通用背板性能：

1）支持 PCI 和串行总线。PCI 总线性能是 90 -30 高速串行总线的 250 倍，串行总线（1MHz）数据传输速率是 0. 062Mbyte/s。新的 PCI 总线（27MHz）是 27. 0M byte/s。

2）智能模块的数据吞吐能力提高了 70%。

3）每个插槽均支持新的 RX3i 和 S90-30I/O 模块。

4）新老模块均支持热插拔。

5）将来支持多 CPU。

6）支持 I/O 中断。

（2）通用背板中模块的位置：

1）IC695 电源模块可以安装在任何插槽。直流电源 IC695PSD040 占用 1 个插槽，交流电源 IC695PSA040 占用 2 个插槽。90-30 系列（IC693）电源不能安装在通用背板上。

2）RX3i CPU 模块除了扩展插槽外还可安装在背板的任何地方。CPU 模块占用两个插槽。

3）I/O 和其他功能模块可以安装在除了 0 插槽和扩展插槽以外的任何插槽，0 插槽只能用于 IC695 电源。如果两个插槽宽的模块盖住了 0 插槽，即 0 插槽被占用，硬件配置时，每个认为该模块装在 0 插槽。I/O 槽都有两个连接器，因此每个基于 PCI 的 RX3i 模块或者串行模块都可以安装任意一个 I/O 插槽中。

4）最右端的插槽是扩展插槽。它只能用于可选择串行扩展模块 IC695LRE001。

在 PAC Systems RX3i 系统中，电源一般在 0 插槽，CPU 一般在 1-2 插槽，背板扩展模块在 12 插槽，I/O 模块在 3-11 插槽中。通用背板中模块位置如同图 2-3 所示。

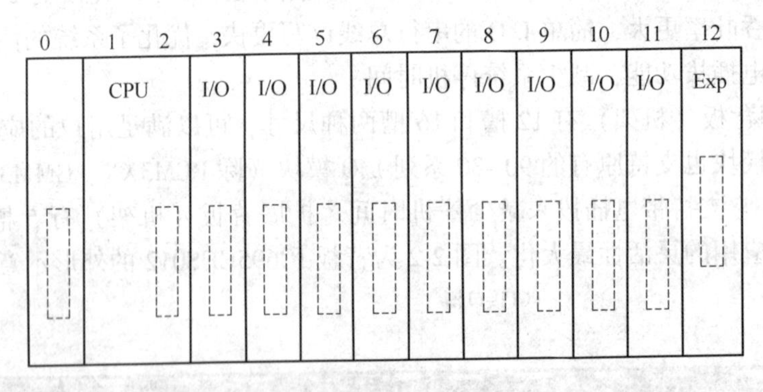

图 2-3　通用背板中模块位置

2. 1. 3　PAC Systems RX3i 的 CPU

高性能的 CPU 是基于最新技术的具有高速运算和高速数据吞吐的处理器。控制器在多种标准的编程语言下能处理高达 32K I/O。这个强大的 CPU 依靠 300MHz 的处理器和 10M Bytes 的用户内存能轻松地完成各种复杂的应用。RX3i 支持多种 IEC 语言和 C 语言，使得用户编程更加灵活。RX3i 广泛的诊断机制和带电插拔能力增加了机器周期运行的时间，减少了停机时间，用户能存储大量数据，减少外围硬件花费。

RX3i Demo 箱中配置的 CPU 模块为 IC695CPU310 模块，如图 2-4 所示。

RX3i CPU310 有一个 300MHz 处理器，支持 32K 数字输入，32K 数字输出，32K 模拟输入，32K 模拟输出，最大达 5MB 字节的数据存储；有 10MB 字节全部可配置的用户存储器，这意味着用户能够在 CPU 中存储所有的机器文件。

CPU 能够支持多种语言，包括：梯形图语言、指令表语言、C 语言、功能块图、Open Process、用户定义的功能块、结构化文本、SFC。

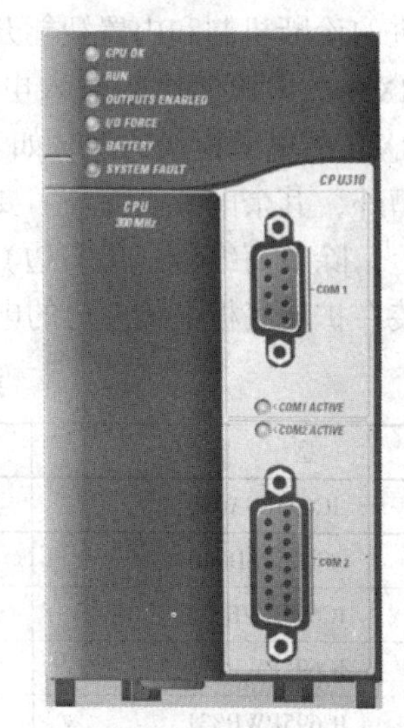

图 2-4 IC695CPU310 CPU 模块外观图

RX3i CPU 有 2 个串行端子，即一个 RS-232 端口和一个 RS-485 端口，它们支持无中断的 SNP、串行读/写和 Modbus 协议。同时具有一个三档位置的转换开关：运行、禁止、停止。它有一个内置的热敏传感器。应该值得注意的是，在安装或拆卸 CPU 模块时应先切断电源。CPU 模块上有 7 个诊断用的 LED，分别显示：CPU OK、运行、输出允许、输入/输出强制、电池、系统故障、COM1 和 COM2 端口激活状态，见表 2-1。

表 2-1 IC695CPU310 的 LED 意义说明表

指示灯	状态	说明
CPU OK	ON	CPU 通过上电自诊断程序，并且功能正常
	OFF	CPU 有问题，允许输出指示灯和 RUN 指示灯能以错误代码模式闪烁，技术支持可据此查找问题
	闪烁	CPU 在启动模式，等待串口的固件更新信号
RUN	ON	CPU 在运行模式
	OFF	CPU 在停止模式
OUTPUTS ENABLED	ON	输出扫描使能
	OFF	输出扫描失效
I/O FORCE	ON	位变量被覆盖
BATTERY	ON	电池失效或未安装电池
	闪烁	电池电量低
SYS FLT	ON	CPU 发生致命故障，在停止/故障状态
COM1 COM2	闪烁	端口信号可用

2.1.4 PAC Systems RX3i 的电源

RX3i 的电源模块像 I/O 一样简单地插在背板上，并且能与任何标准型号 RX3i CPU 协同工作。每个电源模块具有自动电压适应功能，用户无需跳线选择不同的输入电压。电源模块具有限流功能，发生短路时，电源模块会自动切断来避免硬件损坏。RX3i 电源模块与 CPU 性能紧密结合能实现单机控制、故障安全和容错。其他的性能和安全特性还包括先进的诊断机制和内置智能开关熔丝。

RX3i 的电源模块的输入电压可以有 100~240VA、125VDC、24VDC 或 12VDC 等备选，RX3i 的电源模块的型号如表 2-2 所示。在电源模块中，除了 IC695PSD040 模块需要 1 个插槽外，其余电源模块均需要占用 2 个插槽。通用电源模块（IC695）可以安装在通用底板上，除最高编号（最右边）的插槽以外的任何插槽中，扩充电源模块（IC694）必须安装在扩展底板上最左边的电源插槽中。

表 2-2 RX3i 的电源模块的型号

型　号	电源类型
IC695PSA040	100~240VAC 或 125VDC，40W 电源
IC695PSD040	24VDC，40W 电源
IC695PWR321	100~240VAC 或 125VDC，30W，串行扩展电源
IC695PWR330	100~240VAC 或 125VDC，30W，高容量串行扩展电源
IC695PWR331	24VDC，40W
IC695PWR332	12VDC，30W

以 IC695PSD040 电源模块为例，该模块的输入电压范围是 18-39VDC，提供 40W 的输出功率。该电源提供以下三种输出：

（1）+5.1VDC 输出。

（2）+24VDC 继电器输出，可以应用在继电器输出模块上的电源电路中。

（3）+3.3VDC。这种输出只能在内部用于 IC695 产品编号 RX3i 模块中。

在 RX3i 的通用背板中只能用一个 IC695PSA040。该电源不能与其他 RX3i 的电源一起用于电源冗余模式或增量模式。图 2-5 所示为 IC695PSD040 外观图，在硬件配置中它占用一个槽位。ON/OFF 开关位于模块前面门的后面，开关控制电源模块的输出，它不能切断模块的输入电源。紧靠开关旁边突出的部分帮助防止意外的打开或关闭开关。

图 2-5 IC695PSD040 外观图

当电源模块发生内部故障时将会有指示，CPU 可以检查到电源丢失或记录相应的错误代码。该模块上的 4 个 LED 灯指示该模块的工作状态，指示灯的含义如表 2-3 所示。

表 2-3 IC695PSD040 电源的 LED

指示灯	状态	说　明
POWER	绿色	电源模块在给背板供电
	琥珀黄	电源已加到电源模块上，但是电源上的开关是关着的
P/S FAULT	红色	电源模块存在故障并且不能提供足够的电压给背板
OVER TEMP	琥珀黄	电源模块接近或者超过了最高工作温度
OVER LOAD	琥珀黄	电源模块至少肯一个输出接近或者超过最大输出功率

琥珀黄OVERTEMP和OVERLOAD LED亮起，意味出现温度过高或者高负载情况。发生任何温度过高、过载或者P/S错误的情况时，PLC故障表会显示故障信息。如果发生过载（包含短路），立即会被内部检测电路检测到，从而使电源关闭。电源模块会不断地尝试重新启动，直至过载（短路）现象排除。

2.1.5 以太网接口模块

以太网通信模块为IC695ETM001模块（见图2-6），用来连接PAC系统RX3i控制器至以太网。

RX3i控制器通过它可以与其他PAC系统和系列/Versa Max控制器进行通信。以太网接口模块提供与其他PLC、运行主机通信工具包（或编程软件的主机）和运行TCP/IP版本编程软件的计算机连接。这些通信在一个4层TCP/IP上使用GE SRTP和EGD协议，以太网接口模块有两个自适应的10RaseT/100Base TX RJ-45屏蔽双绞线以太网端口，用来连接10BaseT或者100BaseTX IEEE 802.3网络中的任意一个。这个接口能够自动检测速度，双工模式（半双工或全双工）和与之连接的电缆（直行或者交叉），而不需要外界的干涉。

以太网模块上有7个指示灯，简要说明如下：

（1）Ethernet OK指示灯。指示该模块是否能执行正常工作。该指示灯开状态表明设备处于正常工作状态如果指示灯处于闪烁状态，则代表设备处于其他状态。假如设备硬件或者运行时有错误发生，Ethernet OK指示灯闪烁次数表示两位错误代码。

（2）LAN OK指示灯。指示是否连接以太网络。该指示灯处于闪烁状态，表明以太网接口正在直接从以太网接收数据或发送数据。如果指示灯一直处于亮状态，这时以太网接口正在激活地访问以太网，但以太网物理接口处于可运行状态，并且一个或者两个以太网端口都处于工作状态。其他情况LED均为熄灭，除非正在进行软件下载。

（3）Log Empty指示灯。在正常运行状态下呈亮状态，如果有事件被记录，指示灯呈“熄灭”状态。

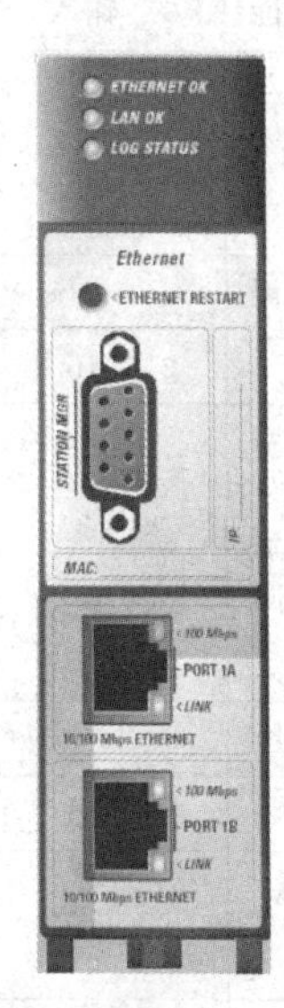

图2-6 IC695ETM001的外观图

（4）2个以太网激活指示灯（LINK）。指示网络连接状况和激活状态。

（5）2个以太网速度指示灯（100Mbps）。指示网络数据传输速度（10Mb/s（熄灭）或者100Mb/s（亮））。

2.2 RX3i系列PAC的信号模块

2.2.1 PAC Systems RX3i的开关量输入模块

开关量输入模块提供PLC和数字量信号（如接近开关、按钮、开关等）之间的连接接口。CE IP自动化提供一系列模块能支持不同的电压范围和类型、最大允许电流、隔离与响应时间等，以满足用户应用的需要。

PAC Systems RX3i 的开关量输入模块的输入电压可以是 120VAC、240VAC、12VA/DC、125VDC、24DC、5/12VDC 等，输入点数是 8、16、32 点等。表 2-4、表 2-5 为常见输入模块型号及基本性能表。

表 2-4 常见输入模块型号及基本性能表一

	IC694ACC300	IC694MDL230	IC694MDL231	IC694MDL240	IC694MDL241	IC694MDL632
产品名称	PAC Systems RX3i 直流电压输入仿真模块隔离 120VAC，8 点输入	PAC Systems RX3i 交流电压输入模块隔离 240VAC，8 点输入	PAC Systems RX3i 交流电压输入模块，隔离 120VAC，16 点输入	PAC Systems RX3i 交流电压输入模块隔离 120VAC，16 点输入	PAC Systems RX3i 交流电压输入模块，24VAC/VDC，8 点输入	PAC Systems RX3i 直流电压输入模块 120VAC 正/负逻辑，8 点输入
电源类型	直流	交流	交流	交流	混合（交流/直流）	直流
模块功能	输入	输入	输入	输入	输入	输入
输入电压范围	N/A	0~132VAC	0~264VAC	0~132VAC	0~30VDC 0~30VAC 50/60Hz	0~150VDC
输入电流		14.5	15	12	7	4.5
点数	16	8	8	16	16	8
每点负载电流	N/A	N/A	N/A	N/A	N/A	N/A
响应时间（ms）	30 开/20 关	30 开/45 关	30 开/45 关	12 开/28 关	12 开/28 关	7 开/7 关
触发电压		74~132	148~264	74~132	115~300	90~150
共地点数	16	1	1	16	16	4
连接器类型	开关	接线端子（20 个端子）	接线端子	接线端子	接线端子	接线端子
内部电源使用	120mA@5VDC	60mA@5VDC	60mA@5VDC	90mA@5VDC	80mA@5VDC 125mA@24VDC 隔离	40mA@5VDC

表 2-5 常见输入模块型号及基本性能表二

	IC694MDL634	IC694MDL645	IC694MDL646	IC694MDL654	IC694MDL655
产品名称	PAC Systems RX3i 直流电压输入模块 24VDC 正/负逻辑，8 点输入	PAC Systems RX3i 直流电压输入模块 24VDC 正/负逻辑，16 点输入	PAC Systems RX3i 直流电压输入模块 24VDC 正/负逻辑快速响应，16 点输入	PAC Systems RX3i 直流电压输入模块 5/12VDC（TTL）正/负逻辑，8 点输入	PAC Systems RX3i 直流电压输入模块 24VDC 正/负逻辑，32 点输入

续表 2-5

	IC694MDL634	IC694MDL645	IC694MDL646	IC694MDL654	IC694MDL655
电源类型	直流	直流	直流	直流	直流
模块功能	输入	输入	输入	输入	输入
输入电压范围	0~30VDC	0~30VDC	0~30VDC	0~30VDC	0~30VDC
输入电流/mA	7	7	7	3.0@5V 8.5@12V	7
点数	8	16	16	32	32
每点负载电流	N/A	N/A	N/A	N/A	N/A
响应时间/ms	7开/7关	7开/7关	1开/1关	1开/1关	2开/2关
触发电压/V	115~30	115~30	115~30	42~15	115~30
共地点数	8	16	16	8	8
连接器类型	接线端子	接线端子	接线端子	Fujisu 连接器	Fujisu 连接器
内部电源使用	45mA@5VDC：62mA@24VDC 隔离	80mA@5VDC：125mA@24VDC 隔离	80mA@5VDC：125mA@24VDC 隔离	5VDC-195mA @5VDC：12VDC-440mA @5VDC 隔离	195mA@5VDC

以 IC694MDL645 为侧说明输入模块的基本使用方法。IC694MDL645，24VDC 正/负逻辑输入模块，提供一组共用一个公共端的 16 个输入点。该模块可以被接成用于正逻辑或负逻辑的回路。输入特性兼容宽范围的输入设备，例如按钮、限位开关、电子接近开关。电流输入到一个输入点会在输入状态表（%I）中产生一个逻辑 1。现场设备可由外部电源供电。考虑他们的要求，一些输入设备的供电可以由模块的 24V 的和 OV 的电源输出端提供。模块上方有 16 个绿色的发光二极管灯指示着由输入 1 到 16 的开/关状态。标签上的蓝条表明 MDL645 是低电压模块（红条表明为高电压模块）。图 2-7a 为 IC694MDL645 的外观图，图 2-7b 为 IC694MDL645 与外部接线示意图。

2.2.2 PAC Systems RX3i 的开关量输出模块

输出模块提供 PLC 与接触器、继电器、BCD 显示和指示灯等外部输出设备之间的接口。GE IP 自动化提供一系列模块能支持不同的电压范围和类型、最大允许电流、隔离与响应时间以满足用户应用的需要。

PAC Systems RX3i 的开关量输出模块可以接 120VAC、120/1240 VAC、12VAC/CD、125VDC、12/24VDC、5/12VDC 等负载，输出电流有 0.5A、1A、2A、4A、8A 等，输入点数可以是 5、6、8、16、32 点等，输出类型有晶体管、可控硅、继电器等。表 2-6 为常见交流电压输出模块型号及基本性能，表 2-7 为常见变、直流电压输出模块及基本性能。

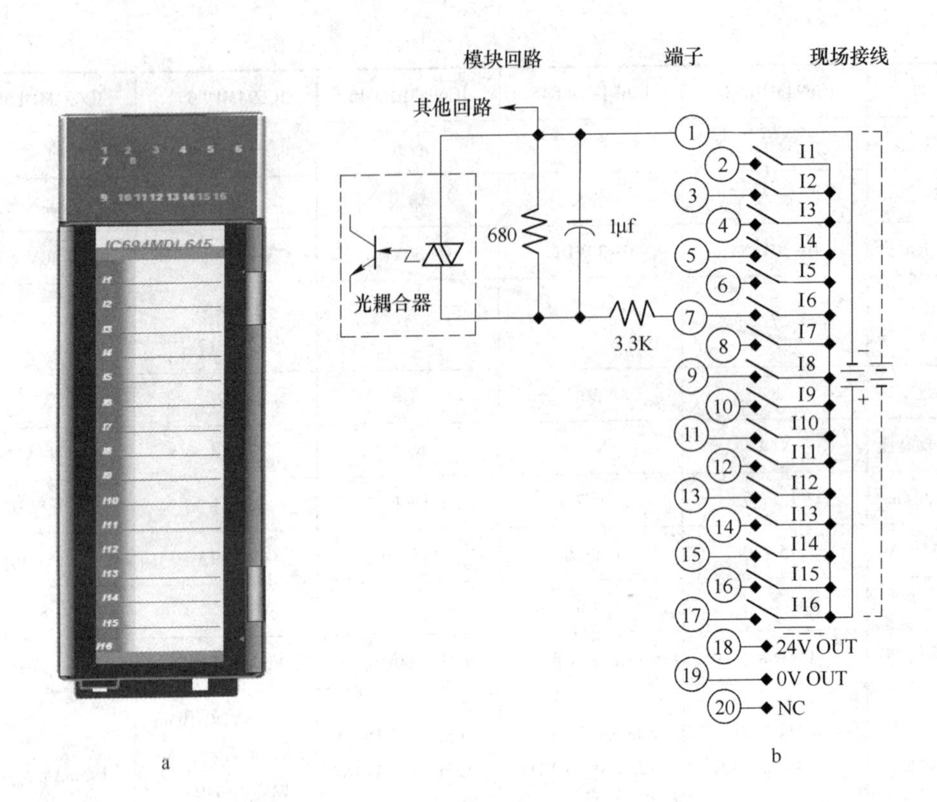

图 2-7 开关量输出模块图

a—IC694MDL645 的外观；b—IC694MDL645 与外部接线

表 2-6 常见交流电压输出模块型号及基本性能

	IC694MDL310	IC694MDL330	IC694MDL340	IC694MDL390
产品名称	PAC Systems RX3i 交流电压输出模块，120VAC，0.5A，12 点输出	PAC Systems RX3i 交流电压输出模块，120VAC/240VDC，2A，8 点输出	PAC Systems RX3i 交流电压输出模块，120VAC，0.5A，16 点输出	PAC Systems RX3i 交流电压输出模块，120VAC，2A，5 点输出
电源类型	交流	交流	交流	交流
模块功能	输出	输出	输出	输出
输出电压范围	85~132VAC	85~264VAC	85~132VAC	85~264VAC
点数	12	8	16	5
隔离	N/A	N/A	N/A	N/A
每点负载电流	0.5A	最大 2A	0.5A	2A
响应时间/ms	1 开 1/2 周期	1 开 1/2 周期	1 开 1/2 周期	1 开 1/2 周期
输出类型	可控硅	可控硅	可控硅	可控硅
极性	N/A	N/A	N/A	N/A
共地点数	6	4	8	1
连接器类型	接线端子（20 端子）	接线端子	接线端子	接线端子
内部电源使用	210mA@5VDC	160mA@5VDC	315mA@5VDC	110mA@5VDC

表 2-7 常见交、直流电压输出模块型号及基本性能

	IC694MDL931	IC694MDL940	HE693RLY100	HE693RLY110
产品名称	PAC Systems RX3i 交流/直流电压输出模块，继电器，NC 和 FormC，8A 隔离，8 点输出	PAC Systems RX3i 交流/直流电压输出模块，继电器，NO，2A，16 点输出	交流/直流电压输出模块大电流	PAC Systems RX3i 交流/直流电压输出模块，8 点，2NO/NC，6NO 大电流（带有保险丝）
电源类型	混合	混合	混合	混合
模块功能	输出	输出	输出	输出
输出电压范围	5~250VAC 5~30VDC	5~250VAC 5~30VDC	12~120VAC 12~30VDC	12~120VAC 12~30VDC
点数	8	16	8	8
隔离	N/A	N/A	N/A	N/A
每点负载电流	8A（阻性负载）	2A	8A	8A
响应时间/ms	15 开/15 关	15 开/15 关	11 开/11 关	11 开/11 关
输出类型	继电器	继电器	继电器	继电器
极性	N/A	N/A	N/A	N/A
共地点数	1	4		1
连接器类型	接线端子（20 端子）	接线端子	接线端子	接线端子
内部电源使用	210mA@ 5VDC： 110mA@ 24VDC 继电器	7mA@ 5VDC： 135mA@ 24VDC 继电器	180mA@ 5VDC： 200mA@ 24VDC 继电器	180mA@ 5VDC： 200mA @ 24VDC 继电器

下面以输出模块 IC694MDL754 为例说明一般用法。IC694MDL754 为 12/24VDC，最大输出电流为 0.75A 输出模块，并带有电流输出保护的 ESCP，提供两组（每组 16 个）共 32 个输出点。每组有一个共用的电源输出端。这种模块具有正逻辑特性；它向负载提供的源电流来自用户公共端或者来自正电源总线。输出装置连接在负电源总线和模块端子之间。负载可以是连接电动机的交流接触器、指示器，但用户必须提供现场操作装置的电源。模块上方单独编号的发光二极管显示每个输出点的状态（ON/OFF）。这个模块上没有熔断器（有些模块内部有熔断器）。标签上蓝条表示 MDL754 低电模块。图 2-8a 为 IC94MDL754 的外观图，图 2-8b 为 IC694MDL754 与外部接线示意图。表 2-8 为 IC694MDL754 端子排的管脚含义。

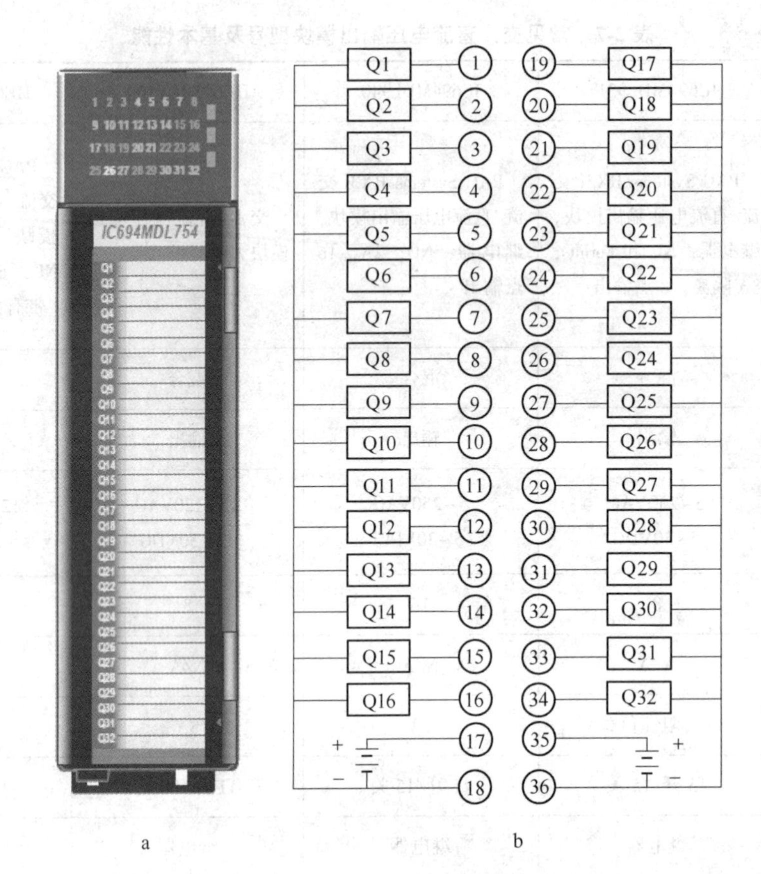

图 2-8 开关量输出模块图

a—IC694MLD754 外观图；b—IC694MDL754 与外部接线示意图

表 2-8 IC694MDL754 端子排的管脚含义表

端子号	含义	端子号	含义	端子号	含义
1	输出 1	13	输出 13	25	输出 23
2	输出 2	14	输出 14	26	输出 24
3	输出 3	15	输出 15	27	输出 25
4	输出 4	16	输出 16	28	输出 26
5	输出 5	17	为输出 1~16 提供电源正极	29	输出 27
6	输出 6	18	为输出 1~16 提供电源负极	30	输出 28
7	输出 7	19	输出 17	31	输出 29
8	输出 8	20	输出 18	32	输出 30
9	输出 9	21	输出 19	33	输出 31
10	输出 10	22	输出 20	34	输出 32
11	输出 11	23	输出 21	35	为 17~32 提供电源正极
12	输出 12	24	输出 22	36	为 17~32 提供电源负极

2.2.3 PAC Systems RX3i A/D 模块

模拟量输入模板将输入电流或电压转变成内在的数字数据，向 PLC CPU 提供所得的数字数据。一些模拟量模块输入是单端的或差分的。对于差分模拟输入，转换的数据是在电压 IN+和 IN-之间的差值。差分输入对干扰和接地电流不太敏感。一对差分输入的双方都参照一个公共的电压（COM）。相对于 COM 的两个 IN 端的平均电压称为共模电压。这种共模电压可能由电路接地位置的电位差或输入信号本身的性质引起。

为了参考浮空的信号源和限制共模电压。COM 端必须在连接到输入信号源的任一边源侧。如没有特别的设计考虑，总的共模电压参照，参照 COM 端的线路上的差分输入电压和干扰应限制在±11V，否则导致模块损坏。

PAC Systems RX3i 的输入模块信号可以是电压型也可以是电流型，通道数量可以是 4、8、16、32 等，输入类型可以是单端或差分。表 2-9 为常见模拟量输入模块的型号及基本性能。

表 2-9 常见模拟量输入模块的型号及基本性能

	HE693ADC405	HE693ADC410	HE693ADC415	HE693ADC420	HE693ADC816
产品名称	隔离模拟输入量模块，电压，500VAC，隔离	隔离模拟输入量模块，电压，1500VAC，隔离	隔离模拟输入量模块，电流，500VAC，隔离	隔离模拟输入量模块，电流，1500VAC，隔离	隔离模拟输入量模块，电压，8 通道
模块功能	输入	输入	输入	输入	输入
范围	±10V	±10V	4~20mA，±20mA	4~20mA，±20mA	±10V
通道数	4	4	4	4	8
通道与通道之间的隔离	500VAC（RM5）±700VDC	1500VAC（RM5）±2000VDC	500VAC（RM5）±700VDC	1500VAC（RM5）±2000VDC	N/A
输入阻抗	1MΩ	1MΩ	100Ω	100Ω	100Ω
A/D 转换类型，分辨率	积分，18 位	积分，18 位	积分，18 位	积分，18 位	逐渐逼近，16 位
采用分辨率	13bit，加符号位	13bit，加符号位	13bit，加符号位	13bit，加符号位	16bit
I/O 需要	4%AI，4%AQ，16%I	4%AI，4%AQ，16%I	4%AI，4%AQ，16%I	4%AI，4%AQ，16%I	8%AI，8%AQ，16%I
采样频率/通道·s^{-1}	45	45	45	45	600
模拟滤波	1kHz，3pole Bessel	1kHz，3pole Bessel	1kHz，3pole Bessel	1kHz，3pole Bessel	1.6Hz 低通
数字滤波	1-128 采样/更新	1-128 采样/更新	1-128 采样/更新	1-128 采样/更新	1-128 采样/更新
最大偏差	全量程 5%	全量程 5%	全量程 5%	全量程 5%	全量程 3%
共模范围	500VAC（RMS），±700VDC	1500VAC（RMS），±2000VDC	500VAC（RMS），±700VDC	1500VAC（RMS），±2000VDC	500VDC

续表 2-9

	HE693ADC405	HE693ADC410	HE693ADC415	HE693ADC420	HE693ADC816
共模抑制/dB	>100	>100	>100	>100	>100
稳定状态最大电源消耗	4W@ 5V，2. 16W@ 24V	7W@ 5V，1. 2W@ 24V	4W@ 5V，2. 16W@ 24V	7W@ 5V，1. 2W@ 24V	230mA@ 5VDC，（440mA 浪涌）
内部电源使用	80mA@ 5VDC：90mA@ 24VDC 继电器	140mA@ 5VDC：50mA@ 24VDC 继电器	80mA@ 5VDC：90mA@ 24VDC 继电器	140mA@ 5VDC：50mA@ 24VDC 继电器	230mA@ 5VDC

下面以 IC695ALG600 为例，说明模拟量输入模块的基本使用方法。该模块提供 8 个通用的模拟量输入通道和 2 个冷端温度补偿（CJC）通道。输入端分成 2 个相同的组，每组有 4 个通道。IC695ALG600 的外观如图 2-9 所示。该模块必须安装在 RX3i 机架中，它不能工作在 IC693 CHS×××或 IC694CHS×××扩展机架中。然后通过使用 Machine Edition 的软件，可以独立配置通道。用户能在每个通道的基础上配置电压、热电偶、电流、RTD 和电阻输入。在每个通道的基础上有 30 多种类型的设备可以进行配置。除了能提供灵活的配置，通用模拟量输入模块提供广泛自诊断机制，如断路、变化率、高、高高、低、低低、低于和超过量程的各种报警，每种报警都会产生控制器的中断。输入信号可以是电流 0~20mA、4~20mA、±20mA，可以是电压：±50mV、±150mV、0~5V、1~5V、0~10V、±10V 等。每个通道的输入模拟信号可选择为 16 位的整型量或 32 位的实型量。IC695ALG600 模块上模拟量输入 8 个通道。在使用中对每个通道单独配置，可根据实际情况将通道类型配置为“Voltage/Current”、“Thermocouple”、“RTD”、“Resistance”、“Disabled”等。将通道类型配置为“Thermocouple”，此时还必须进一步配置温度类型，温度类型有 B、C、E、I、K、N、R、S、T。温度类型和温度范围如表 2-10 所示。

表 2-10 温度类型和温度范围对应表

Thermocouple Inputs	Type B	300~1820℃	Thermocouple Inputs	Type N	-210~1300℃
	Type C	0~2315℃		Type R	0~1768℃
	Type E	-127~1000℃		Type S	0~1768℃
	Type J	-210~1200℃		Type T	-270~400℃
	Type K	-270~1372℃			

IC695ALG600 模块上共有 36 个接线端子，其中端子号 1 和 2、35 和 36 分别为冷端温度补偿 CJC 通道，其余 32 个端子（3~34）分成 8 组，按端子号的排列次序，每 4 个端子号为一组（每组即为一个输入通道）。IC695ALG600 号称外能模块，其内部的 8 个通道每个通道在使用中都可外接电流型传感器、电压型传感器、2 线型热电偶或热电阻传感器、3 线或 4 线型热电偶或热电阻传感器等。不同类型的传感器与 IC695ALG600 连接时采用不同的接线方式和不同的接线端子。IC695ALG600 现场配线如表 2-11 所示。图 2-9 为电流型传感器和电压型传感器的接线方式示意图，图 2-10 为 2 线型和 3 线或 4 线型热电偶或热电阻传感器的接线方式示意图。

表 2-11　IC695ALG600 现场配线表

端子号	RTD or Resistance	TC/Voltage/Current	端子号	RTD or Resistance	TC/Voltage/Current
1		CJC1 IN+	19	Channel 1 EXC+	
2		CJC1 IN−	20	Channel 1 IN+	Channel 1 IN+
3	Channel 2 EXC+		21		Channel 2 IN+
4	Channel 2 IN+	Channel 2 IN+	22	Channel 1 IN−	Channel 1 IN−
5		Channel 2 iRTN	23	Channel 3 EXC+	
6	Channel 2 IN−	Channel 2 IN−	24	Channel 3 IN+	Channel 3 IN+
7	Channel 4 EXC+		25		Channel 3 iRTD
8	Channel 4 IN+	Channel 4 IN+	26	Channel 3 IN−	Channel 3 IN−
9		Channel 4 iRTN	27	Channel 5 EXC+	
10	Channel 4 IN−	Channel 4 IN−	28	Channel 5 IN+	Channel 5 IN+
11	Channel 6 EXC+		29		Channel 5 iRTN
12	Channel 6 IN+	Channel 6 IN+	30	Channel 5 IN−	Channel 5 IN−
13		Channel 6 iRTD	31	Channel 7 EXC+	
14	Channel 6 IN−	Channel 6 IN−	32	Channel 7 IN+	Channel 7 IN+
15	Channel 8 EXC+		33		Channel 7 iRTN
16	Channel 8 IN+	Channel 8 IN+	34	Channel 7 IN−	Channel 7 IN−
17		Channel 8 iRTN	35		CJC1 IN+
18	Channel 8 IN−	Channel 8 IN−	36		CJC1 IN−

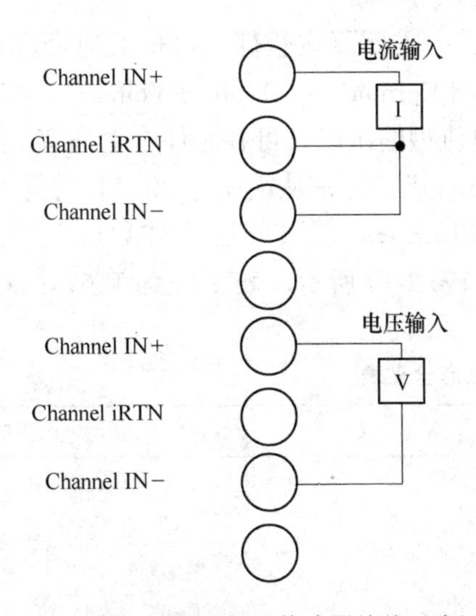

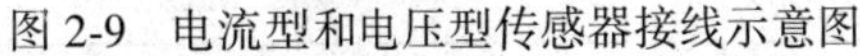

图 2-9　电流型和电压型传感器接线示意图

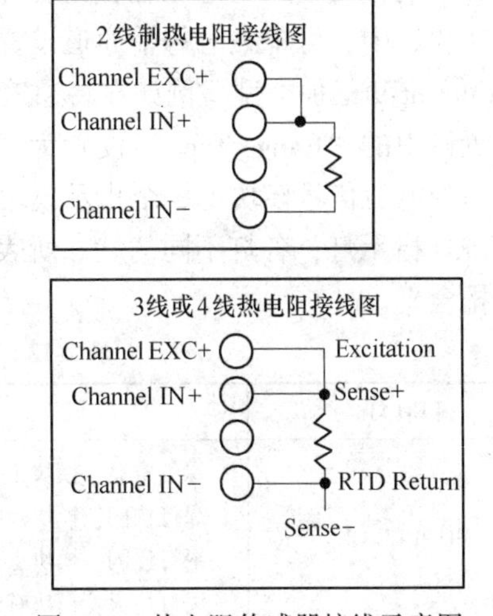

图 2-10　热电阻传感器接线示意图

2.2.4　PAC Systems RX3i D/A 模块

模拟量输出模块提供易于使用的、用于控制过程的信号，例如：流量、温度和压力控制等。下面以 IC695ALG708 为例说明其基本参数及基本使用方法。

IC695ALG708 为 8 点 AO 模块具有 16 位分辨率，每点均可独立设置为±10V、0~10V 的电压输出通道，也可以独立配置 4~20mA、0~20mA 的电流输出通道，输出信号选择为 16 位的整型量或 32 位的实型量，每点可设置工程单位浮点数输出，并可设置高低限报警及变化速率高低限报警。可选择单端/差分输入模式，可选择 8/12/16/40/200/500Hz 滤波等。图 2-11a 为 IC695ALG708 外观图，图 2-11b 为 IC695ALG708 的端子排接线示意图。

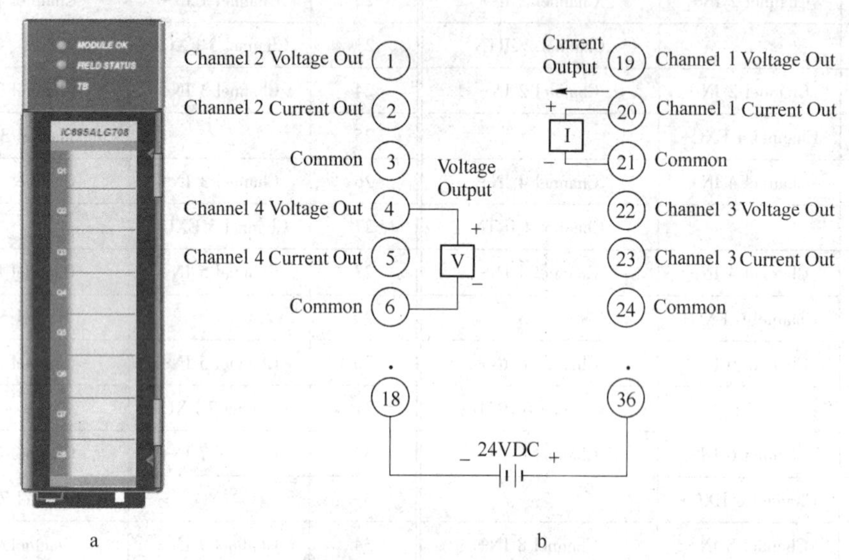

图 2-11 模拟量输出模块

a— IC695ALG708 外观图；b—IC695ALG708 的端子排接线示意

工作中必须在外部为该模块提供 24VDC 电源。

在决定相关通道是电压输出还是电流输出时，一方面要在软件中对相关通道进行设置。在软件中，可单独对每个通道设置成“Disabled Current”、“Disabled Voltage”、“Voltage/Current”三种类型。例如在将通道 1 设置为电流型输出时，可在软件中对通道 1 的参数设置栏中的“Range Type”设置为“Disable Current”，这是从端子号 20、21 中取出的信号即为电流信号模块上 3 个指示模块上有“MOUDLE OK”、“FLELED STATUS”、“TB” 3 个 LED 指示灯，各灯不同的状态所表明的含义如表 2-12 所示。表 2-13 为 IC695ALG708 端子排含义。

表 2-12 指示灯不同状态含义表

LED 灯	含 义
MODULE OK	绿灯常亮：模块正常并配置成功； 绿灯快闪：模块上电中； 绿灯慢闪：模块正常但未配置； 绿灯熄灭：模块有错误或背板未上电
Field Status	绿灯常亮：任何使用的通道无故障，端子排正常，外部电源正常； 琥珀色和 TB 绿灯：端子排，至少有一个通道有错误或者无外部电源接入； 琥珀色和 TB 红灯：终端块没有完全分开，外部电源仍在检测中； 熄灭和 TB 红色：未检测到外部电源

续表 2-12

LED 灯	含　义
TB	绿灯：端子排已安装好； 红灯：端子排未安装或安装不到位； 熄灭：无背板电源

表 2-13　IC695ALG708 端子排含义表

端子号	4 通道模式含义	8 通道模式含义	端子号	4 通道模式含义	8 通道模式含义
1	Channel 2 Voltage Out		19	Channel 1 Voltage Out	
2	Channel 2 Current Out		20	Channel 1 Current Out	
3	Common（COM）		21	Common（COM）	
4	Channel 4 Voltage Out		22	Channel 3 Voltage Out	
5	Channel 4 Current Out		23	Channel 3 Current Out	
6	Common（COM）		24	Common（COM）	
7	No Connection	Channel 6 Voltage Out	25	No Connection	Channel 5 Voltage Out
8	No Connection	Channel 6 Current Out	26	No Connection	Channel 5 Current Out
9			27		
10	No Connection	Channel 8 Voltage Out	28	No Connection	Channel 7 Voltage Out
11	No Connection	Channel 8 Current Out	29	No Connection	Channel 7 Current Out
12	Common（COM）		30	Common（COM）	
13	Common（COM）		31	Common（COM）	
14	Common（COM）		32	Common（COM）	
15	Common（COM）		33	Common（COM）	
16	Common（COM）		34	Common（COM）	
17	Common（COM）		35	Common（COM）	
18	Common（COM）		36	Exrternal+Power Supply（+24V In）	

2.3　PAC 特殊功能模块

2.3.1　串行总线传输模块：IC695LRE001

IC695LRE001 的 RX3i 串行总线传输模块提供 PAC 系统的 RX3i 通用背板（型号为 IC695）和串行扩展背板/远程背板的通信（型号为 IC694 或者 IC693）。它将在通用背板的信号转换到串行扩展背板需要的信号。图 2-12 为串行总线传输模块 IC695LRE001 的外观图。

扩展模块必须安装在通用背板右端的特殊的扩展连接器上。此模块不能热插到背板上，当安装或移除扩展模块时必须关掉电源。另外，当扩展机架有电时不能安装或拆除扩展电缆。

在一个 I/O 扩展系统中可以容纳的最大数量的电缆数目为 7 个，并且在通用背板和最后一个扩展背板之间电缆的长度最长可以达到 15m，使用远程扩展可达 300m。如果不遵循这些限制将会导致系统未知的操作。

在一个扩展系统中 I/O 扩展总线必须在最后的背板处端接。每对的信号必须用 120Ω、1/4W 的电阻端接。需端接针脚：16 与 17，24 与 25，20 与 21，12 与 13，8 与 9，2 与 3。

串行总线传输模块必须安装在通用背板右端的特殊的扩展连接器上。两个绿色的 LED 表明了模块的运行状态以及扩展连接状态。

当背板 5V 电源加到该模块上时，EXP OK LED 亮。

当 Expansion Active LED 表明扩展总线的状态。当扩展模块与扩展背板进行通信时，此 LED 发光。当两者没有进行通信时此 LED 不发光。模块前端的连接器用于连接扩展电缆。

背板连接示意如图 2-13 所示。

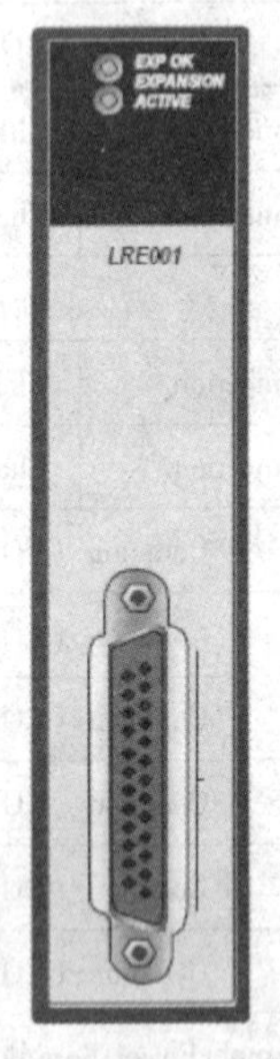

图 2-12 IC695LRE001 的外观图

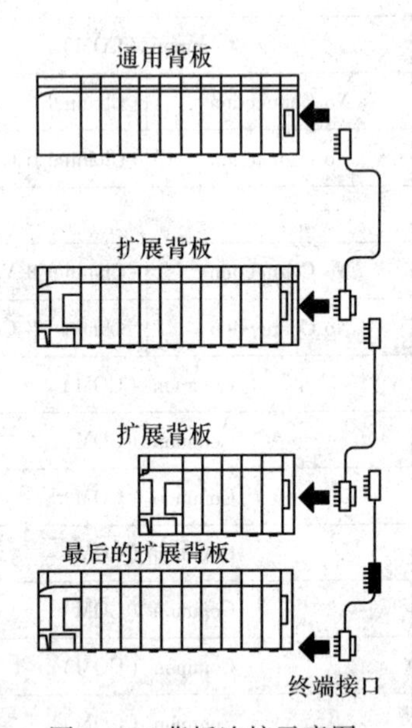

图 2-13 背板连接示意图

2.3.2 PAC Systems RX3i 高速计数器模块

高速计数器模块 IC694APU300，同时也作为开关量混合模块，提供直接处理高达 80kHz 的脉冲信号。IC694APU300 模块不需要与 CPU 进行通信就可以检测输入信号，处理输入计数信息，控制输出。高速计数器在 CPU 中使用 16 位的开关量输入存储器(%I)、15 个字的模拟量输入存储器（%AI）和 16 位的开关量输出存储器（%Q）。

IC694APU300 模块附加特性包括：

（1）12 个正逻辑输入点（源），输入电压范围 5VDC 或 10~30VDC；

（2）4 个正逻辑输出点（源）；

（3）每个计数器按时基计数；

（4）内在模块诊断；

（5）为现场接线提供可拆卸的端子板。

根据用户选择的计数器类型，输入端可以用作计数信号、方向、失效、边沿选通和预置的输入点。输出点可以用来驱动指示灯、螺线管、继电器和其他装置。

模块电源来自背板总线的+5V 电压。输入和输出端设备的电源必须由用户提供，或者来自电源模块自带隔离+24VDC 的输出。这个模块也提供了可选择的门槛电压，用来允许输入端响应 5VDC 或者 10~30VDC 的信号。

标签上的蓝条表明 APU300 是低电压模块。这种模块可以安装到 RX3i 系统中的任何 I/O 插槽。图 2-14a 为 IC694APU 的外观图。当模块作为普通输入、输出模块使用时，其管脚的输入、输出配置和接线示意图如图 2-14b 所示。

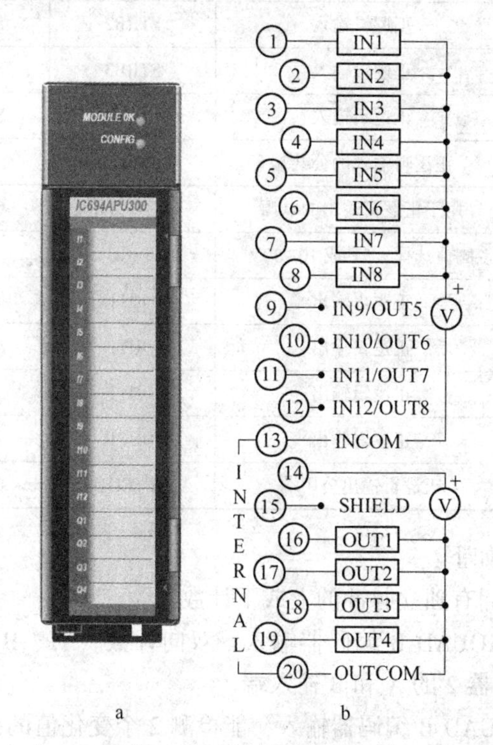

图 2-14 高速计数模块图

a—IC694APU300 外观图；b— IC694APU300 接线示意图

当模块作为高速计数模块使用时，表 2-14 为模块配置中的计数器型号与所使用的端子表。

表 2-14 IC694APU300 作计数器时端子含义表

端子	信号名称	针脚定义	计数器型号		
			A 型	B 型	C 型
1	IN1	正逻辑输入	A1	A1	A1
2	IN2	正逻辑输入	A2	B1	B1

续表 2-14

端子	信号名称	针脚定义	计数器型号		
			A 型	B 型	C 型
3	IN3	正逻辑输入	A3	A2	A2
4	IN4	正逻辑输入	A4	B2	B2
5	IN5	正逻辑输入	PRELD1	PRELD1	PRELD1. 1
6	IN6	正逻辑输入	PRELD2	PRELD2	PRELD1. 1
7	IN7	正逻辑输入	PRELD3	DISAB1	DISAB1
8	IN8	正逻辑输入	PRELD4	DISAB2	HOME
9	IN9	正逻辑输入	STRB1	STRB1. 1	STRB1. 1
10	IN10	正逻辑输入	STRB2	STRB1. 2	STRB1. 2
11	IN11	正逻辑输入	STRB3	STRB2. 1	STRB1. 3
12	IN12	正逻辑输入	STRB4	STRB2. 2	MARKER
13	INCOM	正逻辑输入的公共端	INCOM	INCOM	INCOM
14	OUTPWR(3)DC+	用于正逻辑输出的电源	OUTPWR	OUTPWR	OUTPWR
15	TSEL	阀值选择，5V 或 10~30V	TSEL	TSEL	TSEL
16	OUT1	正逻辑输出	OUT1	OUT1. 1	OUT1. 1
17	OUT2	正逻辑输出	OUT1	OUT1. 2	OUT1. 2
18	OUT3	正逻辑输出	OUT1	OUT2. 1	OUT1. 3
19	OUT4	正逻辑输出	OUT1	OUT2. 2	OUT1. 4
20	OUTCOMDC	正逻辑输出公用端	OUTCOM	OUTCOM	OUTCOM

对于表 2-14 的说明如下：

（1）A 型计数器：拥有独立脉冲的上或下计数器。

（2）B 型计数器：AQUAD B 编码器输入，双向计数。A1、B1 是计数器 1 的 A 和 B 输入端；A2、B2 是计数器 2 的 A 和 B 输入端。

（3）C 计数器：AQUAD B 编码器输入，能检测 2 个变化值的差值。AI、BI 是计数器（+）循环的 A 和 B 输入端；AI、BI 是计数器（-）循环的 A 和 B 输入端。

OUTPWR 不是用户负载的电源。输出电源必须是外部电源。

用小数点分开的两个数字来识别的输入端和输出端，小数点左边的数字是计数器号，小数点右边的数字是元件号。例如：STRB1. 2 表示计数器 1，选通 2 输入。

2. 3. 3 运动控制模块：DSM324i

DSM324i 可插在 RXx3i 或 S90-30 主机架或扩展机架上，每个 DSM324i 最多可驱动 4 个轴。一个 PLC 最多可含有 20 个 DSM324 模块。DSM324 模块前面板上有 1 对光纤端口和两个高密度连接器端口，通过光纤和电缆可以连接多种用途 I/O 和伺服放大器。图2-15 为 DSM324i 外观图。

该模块共有 8 个指示灯，其中 4 个为模块的工作状态指示灯，另 4 个为轴状态指示。其含义如表 2-15 所示。

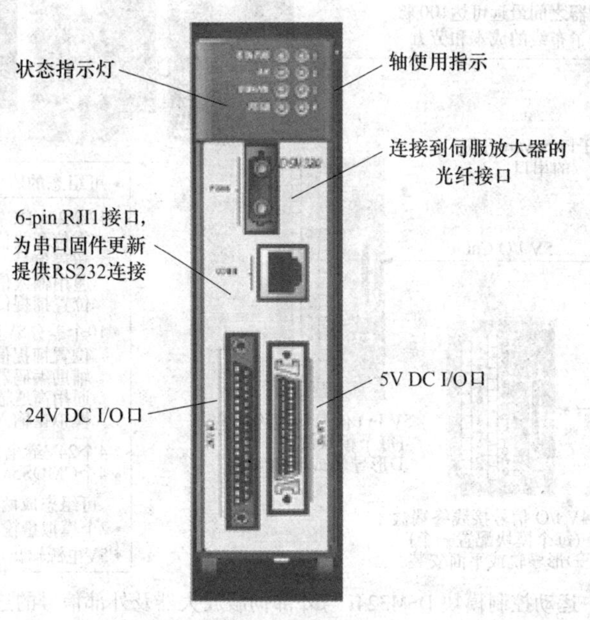

图 2-15 DSM324i 外观图

表 2-15 DSM324i 模块指示灯含义表

LED	状 态	含 义
Status	ON	模块正常
	低速闪烁（4 次/s）	仅作错误状态指示
	快速闪烁（8 次/s）	错误引起伺服停止
OK	ON	模块正常指示
	OFF	硬件或软件故障
CFG	ON	从 PLC 收到合格的模块配置
	和 Status 一起闪烁	在启动并下载运动程序
	和 Status 交替闪烁	发生 Watch Dog 故障
FSSB	ON	FSSB 通信正常
	OFF	通信故障
	闪烁	正在设置
1、2、3、4（轴状态指示）	ON	轴伺服驱动被使能

图 2-16 为运动控制模块 DSM324i 与外部伺服放大器及外部信号的连接示意图。DSM324i 通过光纤连接到放大器，通过相应电缆连接到端子排。

有关 5VDC 利 24VDC 的 I/O 接口，主要为运动控制模块 DSM324i 提供外部的零位开关信号、超程信号、通用输入信号、位置捕捉信号、辅助编码器信号、通用高速输入信号、模拟量输入，以及 24V 继电器输出信号、模拟量输出、5V 电源输出等，其中 5 VDC

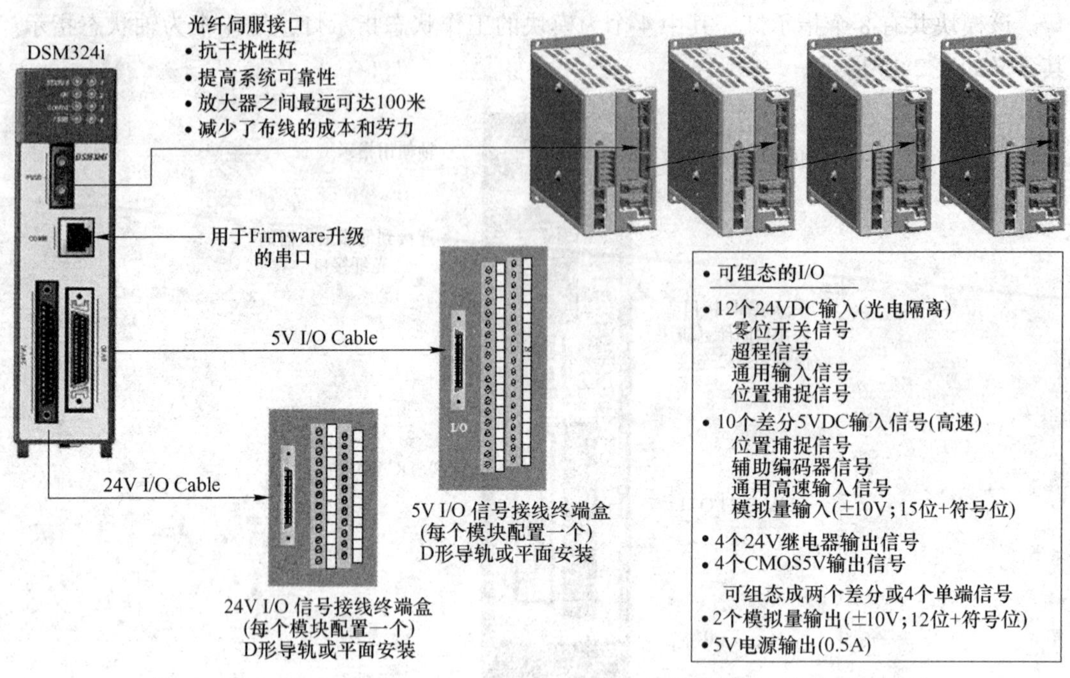

图 2-16 运动控制模块 DSM324i 与外部伺服放大器及外部信号的连接示意图

接口主要提供以下的 I/O 类型：

（1）2 个 5VDC 编码器电源；

（2）2 个±10V 的模拟输入或双 5V 的差分输入（AIN1_P- AIN2_P）；

（3）8 路 5V 差分/单端输入（IN3~IN10）；

（4）4 路 5V 单端输出（OUT1~OUT4）；2 路±10V 的单端模拟输出（VOUT_1VOUT_2）。

24VDCI/O 连接器提供以下的 I/O 类型：

（1）为每轴提供 3 路（共 12 个）24VDC 光隔离输入（ IN11IN22）；

（2）为每轴提供一个 24V 的光隔离的 125mA 输出固态继电器输出（OUT5-OUT8）。

5VDC 端子排的含义见表 2-16，24VDC 端子排的含义见表 2-17。

表 2-16 5VDC 端子排的含义表

轴端子排端子号	DSM324i 面板针号	电路标识符	电路类型	默认电路功能
4	4	+5V	编码器电源	+5V 编码器电源
22	22	0	信号地	编码器电源的地
5	5	+5V	编码器电源	+5V 编码器电源
23	23	0	信号地	编码器电源的地
15	15	AIN1_P	± 10V 模拟量输入/5V 数字量输入+	模拟量输入/高速数字输入
33	33	AIN1_M	± 10V 模拟量输入/5V 数字量输入-	
16	16	AIN2_P	± 10V 模拟量输入/5V 数字量输入+	模拟量输入/高速数字输入

续表 2-16

轴端子排端子号	DSM324i 面板针号	电路标识符	电路类型	默认电路功能
34	34	AIN2_M	±10V 模拟量输入/5V 数字量输入-	
1	1	IN3_P	5V 差分/单端输入+	轴 1 选通脉冲输入 1
19	19	IN3_N	5V 差分/输入-	
2	2	IN4_P	5V 差分/单端输入+	轴 1 选通脉冲输入 2
20	20	IN4_N	5V 差分/输入-	
3	3	IN5_P	5V 差分/单端输入+	轴 2 选通脉冲输入 1
21	21	IN5_N	5V 差分/输入-	
6	6	IN6_P	5V 差分/单端输入+	轴 2 选通脉冲输入 2
24	24	IN6_N	5V 差分/输入-	
7	7	IN7_P	5V 差分/单端输入+	轴 3 选通脉冲输入 1
25	25	IN7_N	5V 差分/输入-	
8	8	IN8_P	5V 差分/单端输入+	轴 3 选通脉冲输入 2
26	26	IN8_N	5V 差分/输入-	
13	13	IN9_P	5V 差分/单端输入+	轴 4 选通脉冲输入 1
31	31	IN9_N	5V 差分/输入-	
14	14	IN10_P	5V 差分/单端输入+	轴 4 选通脉冲 2
32	32	IN10_N	5V 差分/输入-	
9	9	OUT1	5V 单端输出	PLC 控制（%Q bit offset 25）
27	27	0V	信号地	输出 1 的地
10	10	OUT2	5V 单端输出	PLC 控制（%Q bit offset 41）
28	28	0V	信号地	输出 2 的地
11	11	OUT3	5V 单端输出	PLC 控制（%Q bit offset 57）
29	29	0V	信号地	输出 3 的地
12	12	OUT4	5V 单端输出	PLC 控制（%Q bit offset 73）
30	30	0V	信号地	输出 4 的地
17	17	VOUT_1	±10V 模拟量输出 1+	±10V 模拟量输出 1+
35	35	VCOM_1_2	模拟量公共端	模拟量公共端
18	18	VOUT_2	±10V 模拟量输出 2+	±10V 模拟量输出 2+
36	36	VCOM_1_2	模拟量公共端	模拟量公共端
37	37	FGND	机架接地	机架接地
38	38	FGND	机架接地	机架接地

表 2-17　24VDC 端子排的含义表

轴端子排端子号	DSM324i 面板针号	电路标识符	电路类型	默认电路功能
18	B11	IN11	24V 输入	超程信号 1+
6	A11	IN12	24V 输入	超程信号 1-

续表 2-17

轴端子排端子号	DSM324i 面板针号	电路标识符	电路类型	默认电路功能
19	B10	IN13	24V 输入	超程信号 2+
7	A10	IN14	24V 输入	超程信号 2-
5	A12	INCOM_11_14	24V 公共端	IN11-IN14 公共端
8	A9	IN15	24V 输入	超程信号 3+
21	B8	IN16	24V 输入	超程信号 3-
4	A8	IN17	24V 输入	超程信号 4+
17	B7	IN18	24V 输入	超程信号 4-
20	B9	INCOM_15_18	24V 公共端	IN15-IN18 公共端
16	B6	IN19	24V 输入	零位开关输入 1
1	A6	IN20	24V 输入	零位开关输入 2
14	B5	IN21	24V 输入	零位开关输入 3
2	A5	IN22	24V 输入	零位开关输入 4
3	A7	INCOM_19_22	24V 公共端	IN19-IN22 公共端
15	B4	OUT5_P	24V（+）	通用输出 24V（+）
9	A4	OUT5_M	24V（-）	通用输出 24V（-）
22	B3	OUT6_P	24V（+）	通用输出 24V（+）
10	A3	OUT6_M	24V（-）	通用输出 24V（-）
23	B2	OUT7_P	24V（+）	通用输出 24V（+）
11	A2	OUT7_M	24V（-）	通用输出 24V（-）
24	B1	OUT8_P	24V（+）	通用输出 24V（+）
12	A1	OUT8_M	24V（-）	通用输出 24V（-）
13	B12	GND	机架接地	机架接地

DSM 与数字伺服连接时，位置环及速度环全部由 DSM 模块来处理，电流环/力矩环由伺服放大器来处理。DSM324i 按 2ms 的周期处理运动程序及本地逻辑程序。DSM 内部包含两类程序：

（1）运动程序：由“ACCEL”、“VELOC”和“PMOVE”等构成的位移程序。

（2）本地逻辑程序：由“IF_THEN”、“：=”、“<>”等构成的逻辑程序。

DSM 可以存储 10 个运动程序（Program1 ~ Program10）和一个 Local Logic 程序。

DSM 模块在一个时刻只能处理一个运动程序。一个运动程序可以是处理单轴或多轴的运动程序必须由 PLC 触发运行。

运动程序被触发后，运动程序中的每条指令被逐条解释执行，执行完最后一条运动指令，该运动程序即结束，PLC 可以再次触发该运动程序。注意：一个运动程序往往要花超过 2ms 的时间才能执行完，所以 DSM 每隔 2ms 会扫描当前正在运行的运动程序，并刷新正常处理的运动指令或执行下一条运动指令。表 2-18 为运动控制程序常用的指令及含义。

表 2-18　运动控制程序常用的指令及含义

指令	含义
ACCEL	加速度 ACCEL 指令用来设置顺序运动轴的加速度，并保持这个作用在已给定的程序上，直接被改变。 注意：如果一个运动指令在加速度 ACCEL 以前运行，标签加速度就被使用了
BLOCK NUMBER	块数可用作 JUMP 命令的目标，块数必须是唯一的，可以在 1~65535 之间选择
CAM	CAM 表达启动 CAM 运动和指定退出条件
CAM-LOAD	CAM-LOAD 为 CAM 从命令之前停止以指定的时间
CAM-PHASE	CAM-PHASE 设置 CAM 命令的相位
CALL	CALL 命令调用另一个程序块为一个子程序
CMOVE	CMOVE 命令靠使用指定的位置和加速度方式编辑一个连续的运动
DWELL	DWELL 引起运动在执行下一命令之前停止以指定的时间
ENDPROG	ENDPROG 结束 PLC 运动程序
ENDSUB	ENDSUB 结束 PLC 运动子程序
JUMP	在当前的程序和子程序中跳到某个块号或同步块跳转可有条件或无条件给予 CTL 位状态
LOAN	用 32 位双数字整数初始化或改变一个参数数据寄存器
PMOVE	PMOVE 命令靠使用指定的位置和加速度方式编辑一个位置运动
PROGRAM	PROGRAM 时在运动程序中的第一个表达式，PROGRAM 确定程序号（1~10）和轴的配置。PROGRAM 不能嵌套
SUBROUTINE	SUBROUTINE 是运动子程序中第一个表达式，SUBROUTINE 确定子程序号（1~40）和轴的配置
SYNCBLOCK	SYNCBLOCK 是一个程序块的特殊情形。SYNCBLOCK 仅在多轴程序中应用
VELOC	设置过程的速度。使用顺序运动程序的移动命令并保持这个作用，知道被令一个 VELOC 表达式改变为止

DSM 模块每隔 2ms 会自动触发 Local Logic 中的逻辑程序，并在 2ms 的时间内处理完所有 Local Logic 中的所有指令。

课 后 习 题

1. RX3i CPU 有几种类型？
2. 一个机架最多支持几个模块？
3. 一个 RX3i 系统最多支持多少个扩展机架？
4. 电源模块通常安装在哪一个插槽？
5. CPU 模块通常安装在哪一个插槽？
6. 电源模块 IC695PSD040 是否支持热插拔？
7. 一个 RX3i 系统最多能安装多少个 DSM324i 模块？
8. 列出 Demo 箱上所有模块的型号，并了解各个模块的接线。

3 Proficy Machine Edition 编程软件的使用

3.1 Proficy Machine Edition 概述

Proficy Machine Edition 是一个高级的软件开发环境和机器层面自动化维护环境。它能由一个编程人员实现人机界面、运动控制和执行逻辑的开发。

GE 的 Proficy Machine Edition 是一个适用于人机界面开发、运动控制及控制应用的通用开发环境。Proficy Machine Edition 提供一个统一的用户界面，具有全程拖放的编辑功能，及支持项目需要的多目标组件的编辑功能。支持快速、强有力、面向对象的编程，Proficy Machine Edition 充分利用了工业标准技术的优势，如 XML、COM/DCOM、OPC 和 ActiveX。

Proficy Machine Edition 也包括了基于网络的功能，如它的嵌入式网络服务器，可以将实时数据传输给企业里任意一个人。Proficy Machine Edition 内部的所有组件和应用程序都共享一个单一的工作平台和工具箱。一个标准化的用户界面会减少学习时间，而且新应用程序的集成不包括对附加规范的学习。

3.2 Proficy Machine Edition 组件

（1）Proficy 人机界面。它是一个专门设计用于全范围的机器级别操作界面/HMI 应用的 HMI。

包括对下列运行选项的支持：

1）QuickPanel；

2）QuickPanel View（基于 Windows CE）；

3）Windows NT/2000/XP。

（2）Proficy 逻辑开发器——PC。PC 控制软件组合了易于使用的特点和快速应用开发的功能。包括对下列运行选项的支持：

1）QuickPanel Control（基于 Windows CE）；

2）Windows NT/2000/XP；

3）嵌入式 NT。

（3）Proficy 逻辑开发器——PLC。

1）可对所有 GE Fanuc 的 PLC，PAC Systems 控制器和远程 I/O 进行编程和配置；

2）在 Professional、Standard 以及 Nano/Micro 版本中可选。

（4）Proficy 运动控制开发器：可对所有 GE Fanuc 的 S2K 运动控制器进行编程和配置。

3.3 Proficy Machine Edition 软件界面

进入 ME 编程界面后，下面简要介绍 ME 编程软件的工作界面、常用工具等，如图3-1所示。

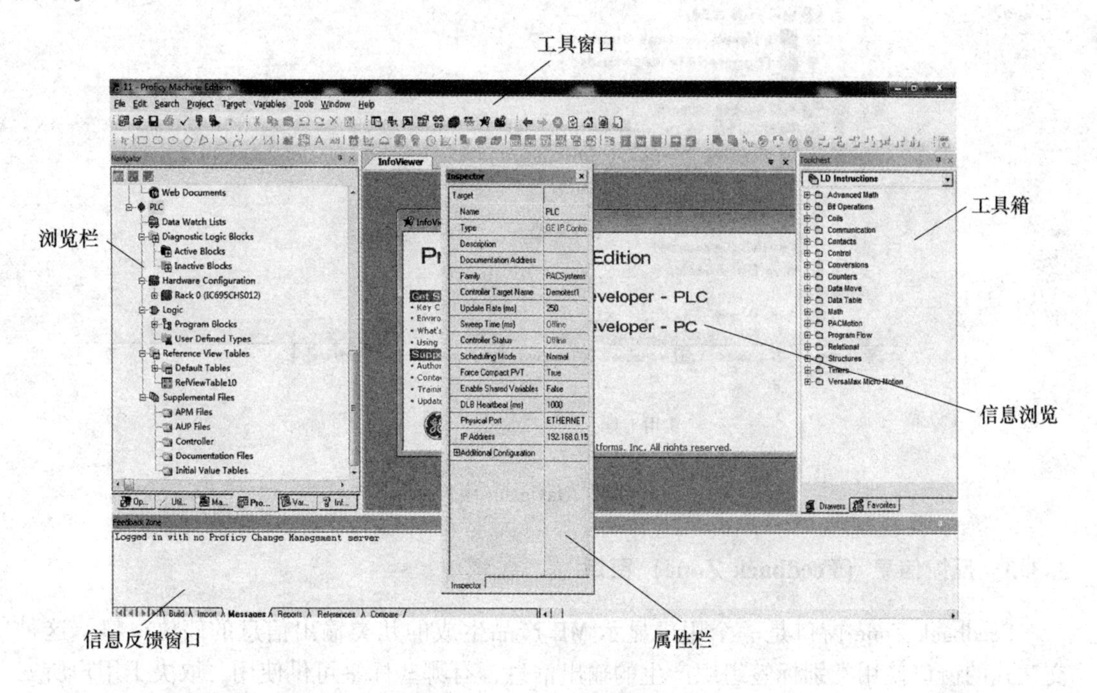

图 3-1 ME 工作界面

3.3.1 工具窗口

PME 软件的工具窗口主要由以下几部分组成，如图 3-2 所示。

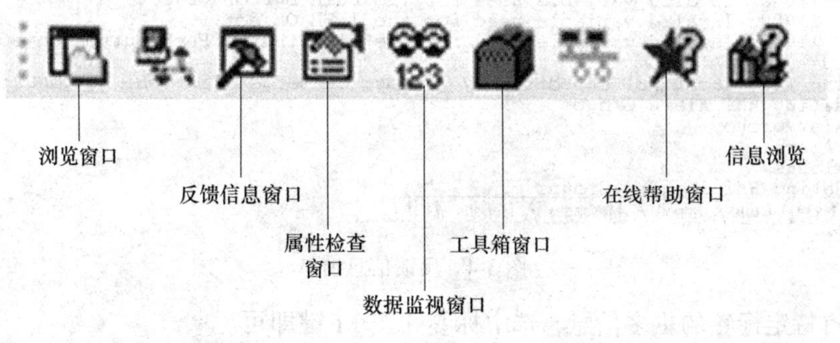

图 3-2 工具窗口

3.3.2 浏览（Navigator）窗口

Navigator 是一个含有一组标签窗口的工具视窗，它包含系统设置、工程管理、实用工具、变量表四个子工具窗。可供实用的标签取决于用户安装的哪一种 ME 产品以及用户要开发和管理的哪一种工作。每个标签按照树形结构分层次地显示信息，类似于 Windows 资源管理器，如图 3-3 所示。

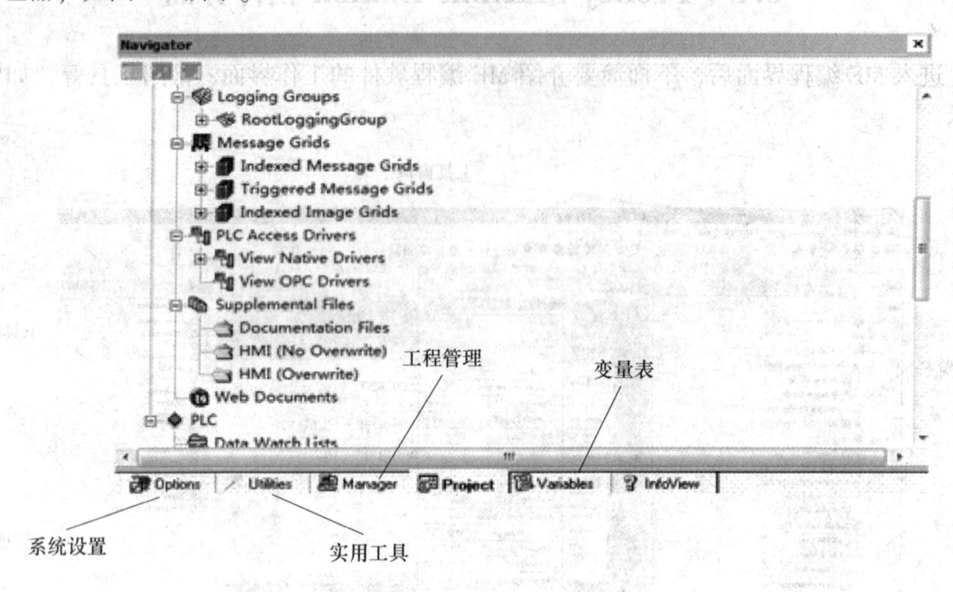

图 3-3 Navigator 组件

3.3.3 反馈信息（Feedback Zone）窗口

Feedback Zone 窗口是一个用于显示 ME 产品生成的几类输出信息的停放窗口。这种交互式的窗口使用类别标签组织产生的输出信息，有哪些标签可供使用，取决于用户所安装的 ME 产品，如图 3-4 所示。

```
Feedback Zone
Error 11000: Invalid variable used for the NDE Object.
Error 11000: Invalid variable used for the Analog Meter Object.
Error 11000: Invalid variable used for the Selector Switch Object.
Error 11000: Invalid variable used for the Selector Switch Object.
Error 11000: Invalid variable used for the Push button Object.
Error 11000: Invalid variable used for the ILPB Object.
Error 11000: Invalid variable used for the Illuminated Push Button Object.
Panel3
Warning 2465: Font not supported by Windows CE target [Button, Button02: For
Validating HMI Alarm Groups...
RootAlarmGroup
Word Alarms
Bit Alarms
Validating HMI Logging Groups...
Build  Import  Messages  Reports
```

图 3-4 反馈信息窗口

想了解特定标签的更多信息，选中标签并按 F1 键即可。

反馈信息窗口中标签中的输入支持一个或多个下列基本操作：

（1）右键点击：当右键点击一个输入项，该项目就显示指令菜单。

（2）双击：如果一个输入项支持双击操作，双击它将执行项目的默认操作。默认操作的例子包括打开一个编辑器和显示输入项的属性。

（3）F1：如果输入项支持上下文相关的帮助主题，按 F1 键在信息浏览窗口中显示有关输入项的帮助。

(4) F4：如果输入项支持双击操作，按 F4 键，输入项循环通过反馈信息窗口，好像用户双击了某一项。若要显示反馈信息窗口中以前的信息，按 Ctrl+Shift+F4 组合键。

3.3.4 属性检查（Inspector）工具窗口

Inspector 窗口列出已选择的对象或组件的属性和当前位置。可以直接在 Inspector 窗口中编辑这些属性。当用户选择了几个对象，Inspector 窗口将列出公共属性，如图 3-5 所示。

Inspector

Target	
Name	PLC
Type	GE IP Controller
Description	
Documentation Address	
Family	PACSystems RX3i
Controller Target Name	Demotest1
Update Rate (ms)	250
Sweep Time (ms)	Offline
Controller Status	Offline
Scheduling Mode	Normal
Force Compact PVT	True
Enable Shared Variables	False
DLB Heartbeat (ms)	1000
Physical Port	ETHERNET
IP Address	192.168.0.15
⊞Additional Configuration	

图 3-5 Inspector 窗口界面

3.3.5 数据监视（Data Watch）工具窗口

Data Watch 窗口是一个动态调试工具，它允许用户在程序运行的时候监视和修改变量的数值，当在现场调试时它是一个非常有用的工具，它可以监视单个变量也可以监视用户定义的变量表，变量监视列表可以被导入、导出或存储，如图 3-6 所示。

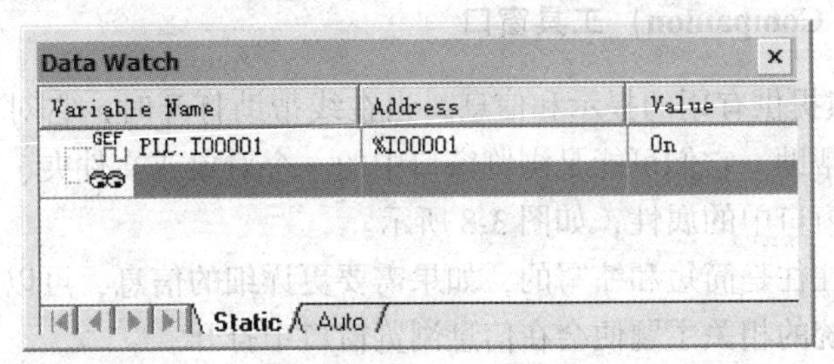

图 3-6 数据监视窗口

Watch List（监视表）标签包含当前选择的监视表中的全部变量。监视表让用户创建和保存需要监视的变量清单。可以定义一个或多个监视表，但是，数据监视工具在一个时刻只能监视一个监视表。

数据监视工具中变量的基准地址显示在 Address 栏中，一个地址最大具有 8 个字符（例如%AQ99999）。

数据监视工具中变量的数值显示在 Value 栏中，如果要在数据监视工具中添加变量之前改变数值的显示格式，可以使用数据监视属性对话框或右键点击变量。

数据监视属性对话框：若要配置数据监视工具的外部特性，右键点击它并选择 Data Watch Properties。

3.3.6 工具箱（Toolchest）窗口

工具箱是一个功能强大的设计蓝图仓库，可以从中把用户所需要的功能物件拖到用户的应用程序中去，同时也可以定义自己的功能物件，从而被 ME 编辑并重复使用。在 ME 工具箱中还提供了创建物件向导功能，如图 3-7 所示。

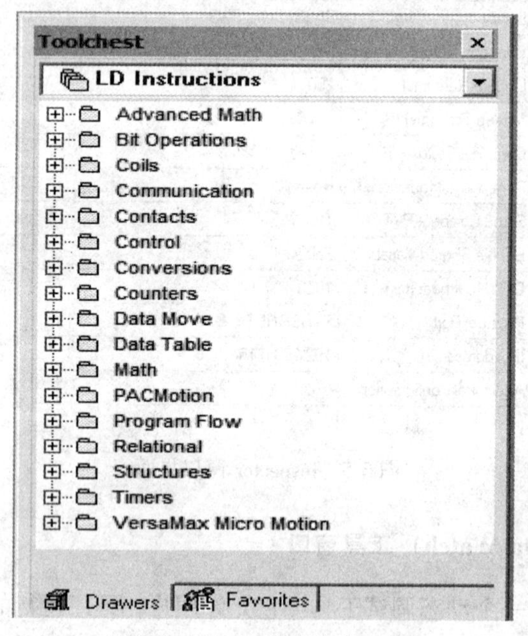

图 3-7 工具箱窗口

3.3.7 在线帮助（Companion）工具窗口

Companion 窗口提供有用的提示和信息。当在线帮助打开时，它对 ME 环境中当前选择的任何对象提供帮助。它们可能是浏览窗口中的一个对象或文件夹、某种编辑器，或者是当前选择的属性窗口中的属性，如图 3-8 所示。

在线帮助内容往往是简短和缩写的，如果需要更详细的信息，可以点击在线窗口右上角的按钮，帮助系统的相关主题便会在信息浏览窗口中打开。

有些在线帮助在左边栏中包含主题或程序标题的列表，点击一个标题可以获得持续的简短描述。

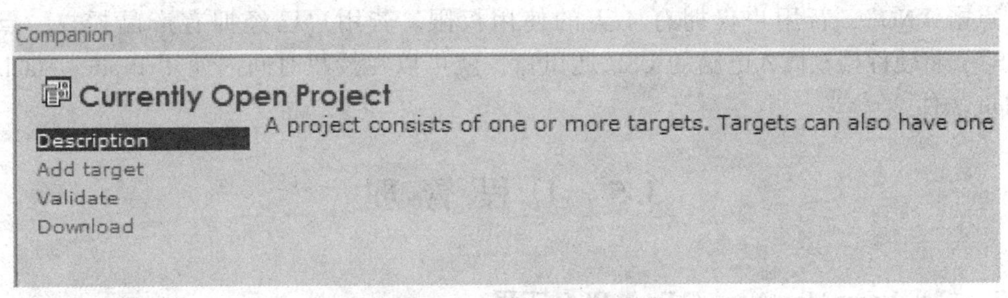

图 3-8 在线帮助窗口

3.4 软 件 安 装

为了更好地使用 Proficy Machine Edition 软件，编程计算机需要满足下列条件。

（1）软件条件：

1）操作系统 Windows® NT version 4. 0 with service pack 6. 0，Windows 2000 Professional，Windows XP Professional，Windows ME 或 Windows 98 SE 均可。

2）Internet Explorer 5. 5 with Service Pack 2。

（2）硬件条件：

1）500MHz 基于奔腾的计算机（建议主频在 1GHz 以上）；

2）128MB RAM（建议 256M）；

3）支持 TCP/IP 网络协议计算机；

4）150~750MB 硬盘空间；

5）200MB 硬盘空间用于安装演示工程（可选）。

（3）Proficy Machine Edition 软件安装的步骤如下：

1）将 Proficy Machine Edition 光盘插入 CD-ROM 驱动器。

通常安装程序会自动启动，如果安装程序没有自动启动，也可以通过直接运行在光盘根目录下的 Setup. exe 来启动。

2）在安装界面中点击 Install 开始安装程序。

跟随屏幕上的指令操作，依次点击“下一步”即可。

3）产品注册。在软件安装完成后，会提示产品注册画面，如图 3-9 所示。

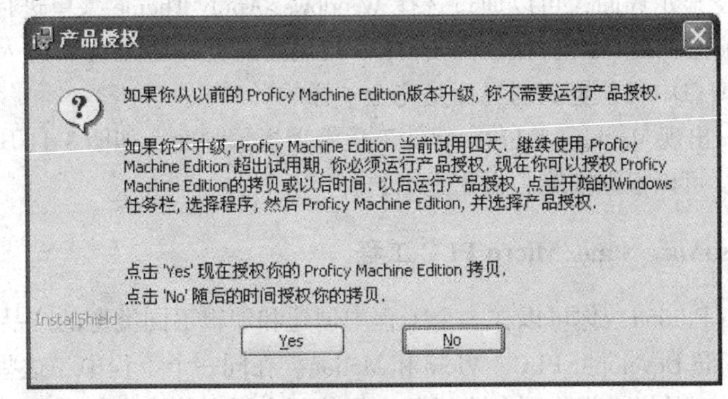

图 3-9 软件注册画面

点击“NO”，新用户仅拥有 4 天的使用权限。若用户已经拥有产品授权，点击“YES”，将硬件授权插入电脑的 USB 通讯口，就可以在授权时间内使用 Proficy Machine Edition 软件。

3.5 工程管理

3.5.1 打开 VersaMax Nano/Micro PLC 工程

点击开始>所有程序>GE > Proficy Machine Edition>Proficy Machine Edition 或者点击图标，启动软件。在 Machine Edition 初始化后，进入开发环境窗口，如图 3-10 所示。

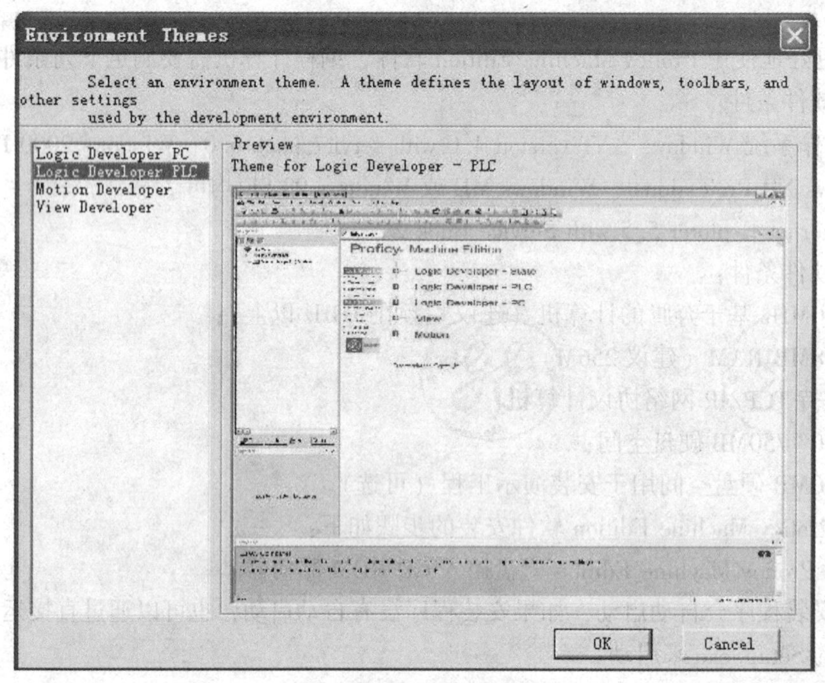

图 3-10 开发环境窗口

注意：当用户第一次启动 Machine Edition 软件时，开发环境选择窗口会自动出现，如果用户以后想改变显示界面，可以通过选择 Windows>Apply Theme 菜单进行。

选择 Logic Developer PLC 一栏。点击 OK。当用户打开一个工程后进入的窗口界面和在开发环境选择窗口中所预览到的界面是完全一样的。

点击 OK 后，出现 Machine Edition 软件工程管理提示画面，如图 3-11 所示。相关功能已经在图中标出，可以根据实际，做出适当选择。

3.5.2 创建 VersaMax Nano/Micro PLC 工程

通过 Machine Edition，你可以在一个工程中创建和编辑不同类型的产品对象如：Logic Developer PC，Logic Developer PLC，View 和 Motion。在同一个工程中，这些对象可以共享 Machine Edition 的工具栏，提供了各个对象之间的更高层次的综合集成。

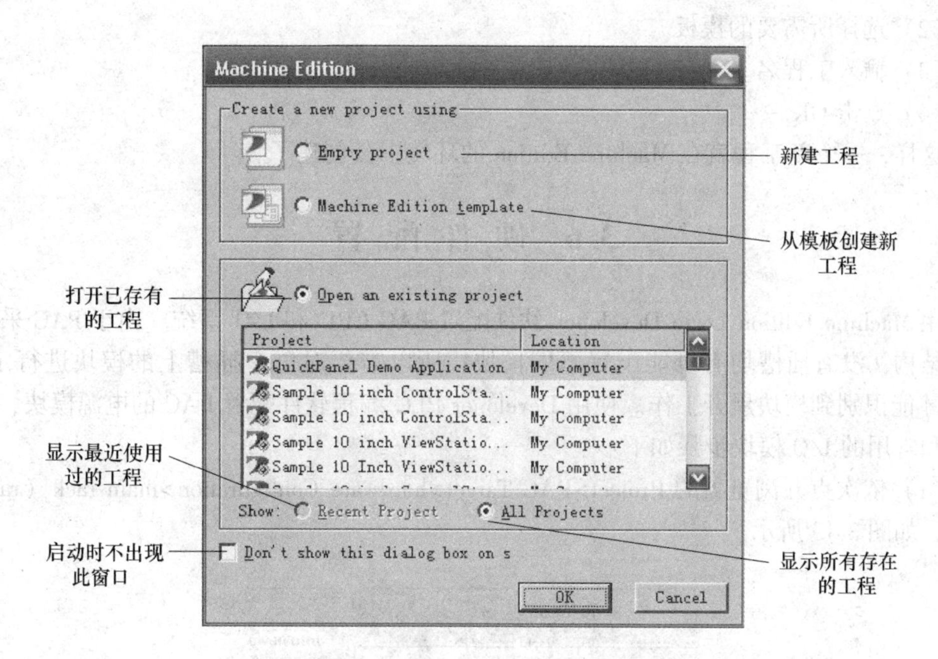

图 3-11　Machine Edition 打开窗口

下面介绍如何创建一个新工程：

（1）点击 File>New Project，或点击 File 工具栏中按钮。出现新建工程对话框，如图 3-12 所示。

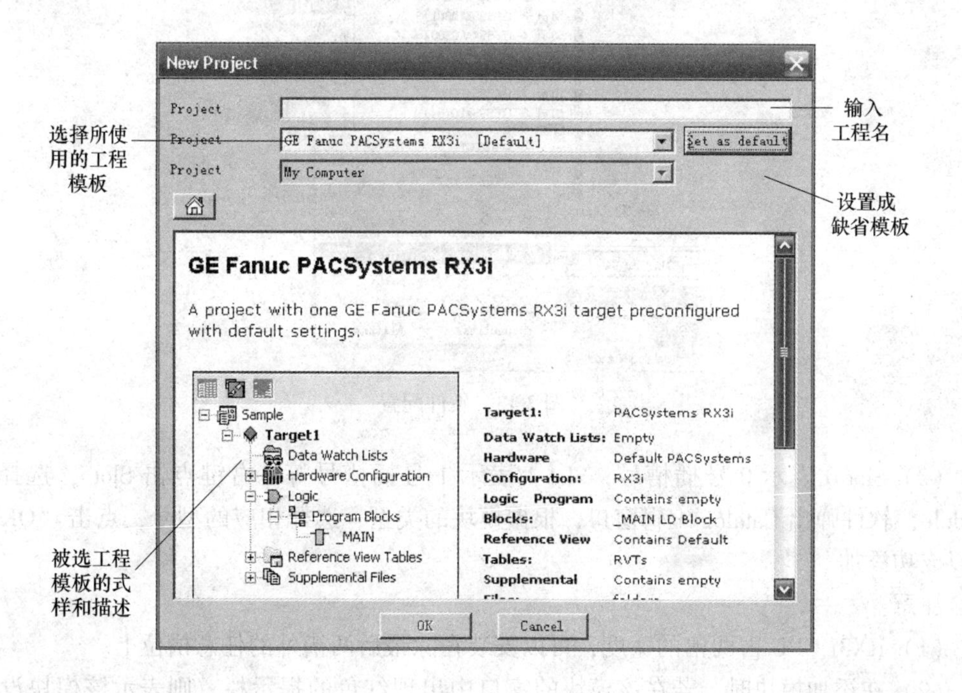

图 3-12　新建工程对话框

（2）选择所需要的模板。

（3）输入工程名。

（4）点击 OK。

这样，一个新工程就在 Machine Edition 的环境中被创建了。

3.6 硬件配置

用 Machine Edition Logic Developer 软件配置 PAC CPU 和 I/O 系统。由于 PAC 采用模块化结构，没有插槽均有可能配置不同模块，所以需要对每个插槽上的模块进行定义，CPU 才能识别到模块展开工作。使用 Developer PLC 编程软件配置 PAC 的电源模块，CPU 模块和常用的 I/O 模块步骤如下：

（1）依次点开浏览器的 Project>PAC Target>hardware Configuration>main rack（rack0）条目，如图 3-13 所示。

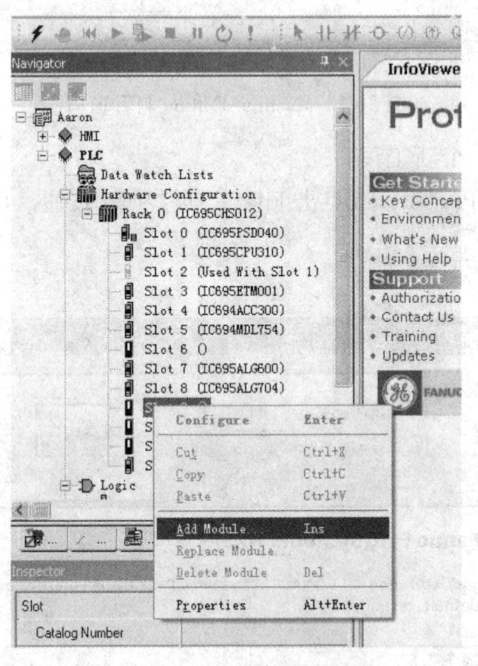

图 3-13 硬件配置

（2）Slot 0 表示 0 号插槽号，Slot 1 表示 1 号插槽号等。右键点击 Slot ，选择 Add Module，软件弹出 Catalog 编辑窗口，根据模块的类型，选择相应的型号，点击“OK”就可以成功添加。

注意：

（1）RX3i CPU 占两槽的宽度，可以安装在除最后两槽外的任意槽位上。

（2）在添加模块时，若在该模块的窗口中出现红色的提示栏，则表示该模块没有配置完全，还需要设定相关参数，如在配置 ETM001 通信模块时，除了添加模块，还要配置模块的 IP 地址。Demo 演示箱的相关模块配置如表 3-1 所示。

表 3-1 Demo 演示箱的模块配置表

序 号	模 块	位 置
0	IC695PSD040	电源模块
1	IC695CPU310	CPU 模块
2	空白	(used with shot 1)
3	IC695ETM001	以太网通信模块
4	IC694ACC300	数字量输入模块
5	IC694MDL754	数字量输出模块
6	IC695HSC304	空白
7	IC695ALG600	模拟量输入模块
8	IC695ALG704	模块量输出模块
9	IC694MDL645	数字量输入模块
10	空白	空白
11	空白	空白
12	IC695LRE001	总线扩展模块

3.7 工业以太网通讯设置

RX3i 的 PLC，PC 和 HMI 是采用工业以太网通信的，在首次使用、更换工程或丢失配置信息后，以太网通讯模块的配置信息须重设，即设置临时 IP，并将此 IP 写入 RX3i，供临时通讯使用。然后可通过写入硬件配置信息的方法设置“永久”IP，在 RX3i 保护电池未失效，或将硬件配置信息写入 RX3i 的 Flash 后，断电也可保留硬件配置信息，包括此“永久”IP 信息。

在设置的时候一定要注意将三者的 IP 设置在同一号码段处。PLC 的 IP 地址就是该通用底板上的通信模块网卡地址。

注意：要设定 IP 地址时，必须知道以太网接口的 MAC 地址。

设定临时 IP 地址步骤如下：

(1) 将 PAC 系统连接到以太网上。浏览器的工程键（Project）下有一个 PAC 系统对象（Target），右键单击此对象，选择下线命令，然后选择设定临时 IP 地址（Set Temporary IP Address）。将自动弹出设定临时 IP 地址对话框，设定临时 IP 的界面如图 3-14 所示。

(2) 需要在设定临时 IP 地址（Set Temporary IP Address）对话框内做以下操作：

1）指定 MAC 地址。

2）在 IP 地址设定框内，输入用户想要设定给 PAC 系统的 IP 地址（应与以太网模块 ETM001 的 IP 地址一致）。

3）需要的话，选择启用网络接口选择校验（Enable Interface Selection）对话框，并且标明 PAC 系统所在的网络接口。

(3) 以上区域都正确配置之后，单击设定 IP（Set IP）按钮。

对应的 PAC 系统的 IP 地址将被指定为对话框内设定的地址，这个过程最多可能需要 1min 的时间。

(4) 输入完毕后点击可以进行软件、硬件之间的通信联系，如果设置正确，能显示 “connect to device”，表明两者已经连接上，如果不能完成软硬件之间的联系，则应查明原因，重新进行设置重新连接。

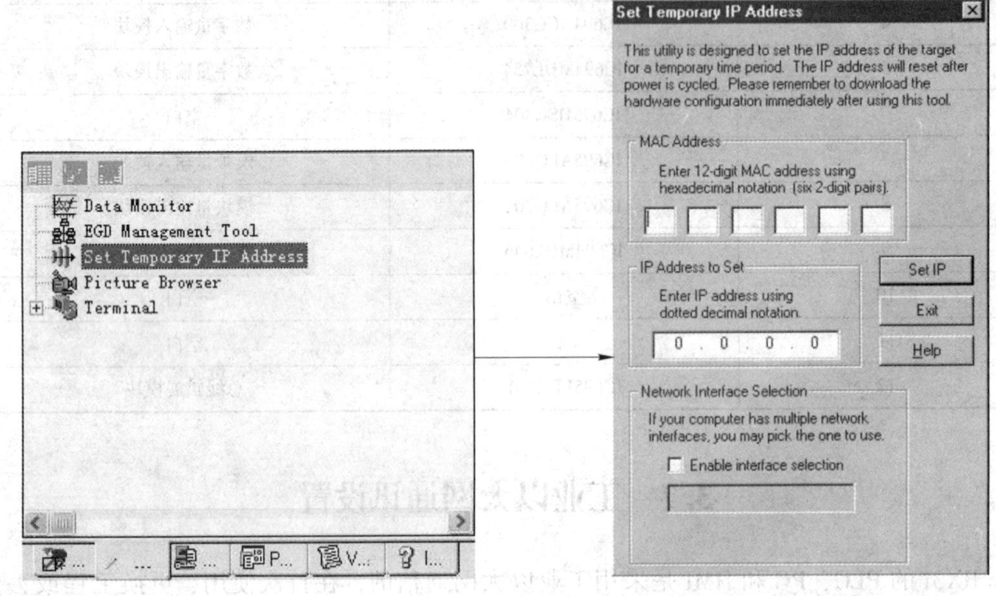

图 3-14 设定临时 IP

第一次与 PLC 通信成功后，就可以将 Proficy Machine Edition 中的硬件配置信息，逻辑结构，变量值等信息下载到 PLC 中，也可以读取 PLC 中原有的信息。

3.8 输入梯形图程序

梯形图 LD（Ladder Diagram）编辑器用于创建梯形图语言的程序。它以梯形逻辑显示 PLC 的程序执行过程。在 Machine Edition 软件中输入梯形图程序步骤如下：

在 Developer PLC 编程软件中依次点击浏览器的 Project>PAC Target >Logic，MAIN 为主程序，窗口界面如图 3-15 所示。根据程序的设计，在工具栏或工具箱中找到需要的指令，放到相应的位置，在输入地址号，如地址号为 %I00001，只需键入 1I，按回车键即可，在属性检查窗口也可对地址号进行管理，梯形图输入窗口界面如图 3-16 所示。

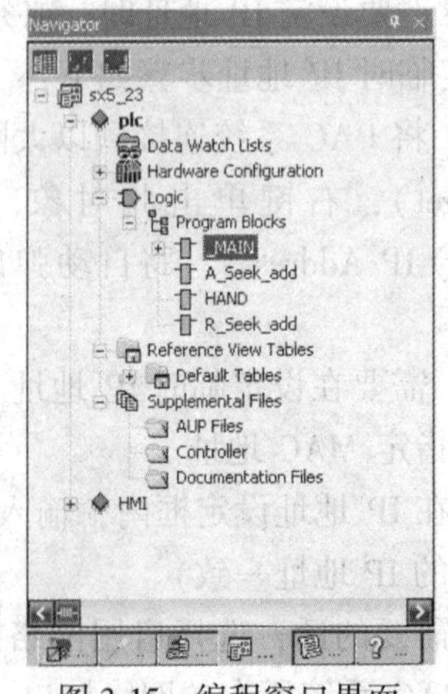

图 3-15 编程窗口界面

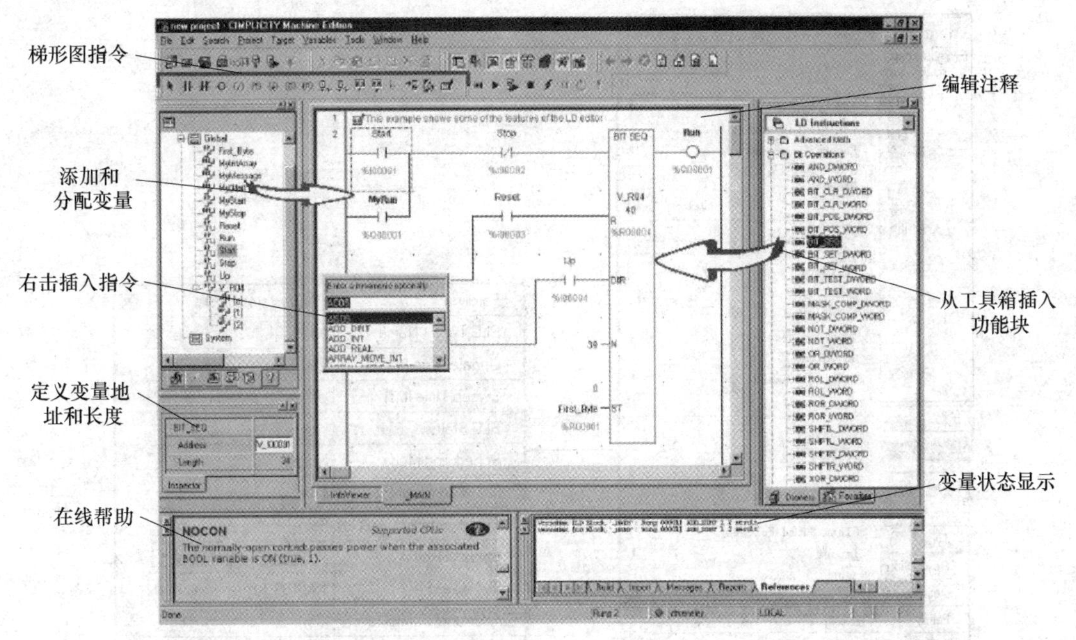

图 3-16 程序编辑画面

3.9 上传/下载

把 PLC 参数，程序等在计算机上编辑好了以后，需要将内容写入到 PLC 的内存中。也可以将 PLC 内存中原有的参数，程序读取出来供阅读。这就需要用到上传/下载功能。对参数进行配置，程序下载 PLC 的步骤如下：

点击工具栏中的编译程序，检查当前标签内容是否有语法错误，检查无误后。设置临时 IP，建立临时通讯，在设定临时 IP 时，一定要分清 PLC、PC 和触摸屏三者间的 IP，要在同一 IP 段，而且两两不可以重复。

在 Navigator 下选中 target1，单击鼠标右键，在下拉菜单中选择 Properties，在出现的 Inspector 的对话框中，设置通信模式，在 Physical Port 中设置成 ETHERNET，在 IP Address 中设置原通信模块 ETM001 中设置的 IP 地址，如图 3-17 所示。

点击工具栏上的按钮，建立通讯，如果设置正确，则在状态栏窗口显示 Connect to Device，表明两者已经连接上，如果不能完成软硬件之间的联系，则应查明原因，重新进行设置重新连接。

点击按钮，是 PLC 在线模式，再点击下载按钮，出现如图 3-18 所示的下载内容选择对话框。

初次下载，应将硬件配置及程序一起下载进去，点击 OK。

下载后，如正确无误，Target1 前面的图标由灰变绿，屏幕下方出现 Programmer，Stop Disabled ，Config EQ，Logic EQ，表明当前的 RX3i 配置与程序的硬件配置吻合，内部逻辑与程序中的逻辑吻合。此时将 CPU 的转换开关打到运行状态，即可控制外部的设备。

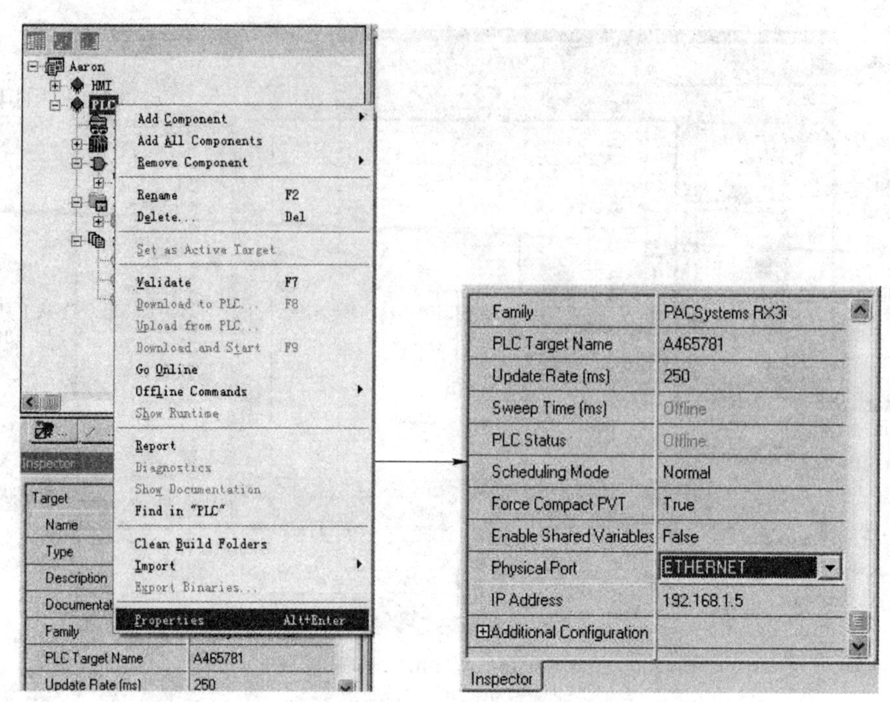

图 3-17 PLC 通讯标签属性和以太网卡参数设置

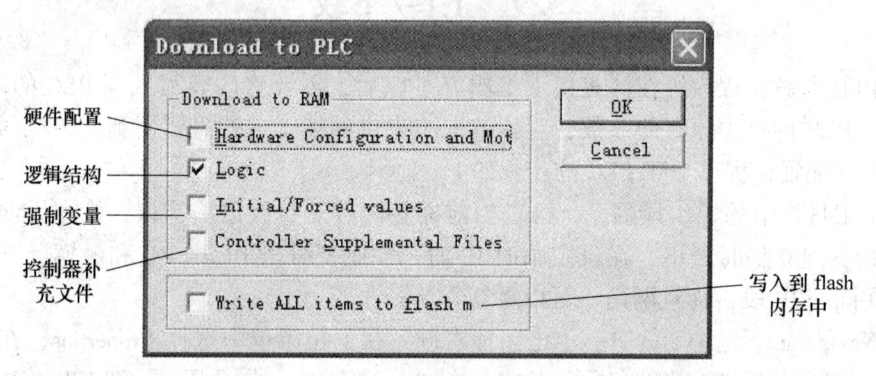

图 3-18 下载选择

课 后 习 题

1. 演示 PME 软件的安装及调试过程。
2. 如何在 PME 软件中创建新的项目？
3. 简述在 PME 软件中进行硬件组态的内容与步骤。
4. 如何在 PME 软件中建立和 PAC 之间的通信？
5. 如何在 PME 软件中进行项目的备份和恢复？

4 GE PAC 的指令系统

4.1 GE PAC 的编程语言与内部资源

4.1.1 GE PAC 系统的编程语言

GE PAC 是通过程序来实现控制的，编写程序时所用的语言是 PAC 的编程语言，GE PAC 系统支持多种编程语言：梯形图（Ladder Diagram，LAD）、C 语言（效率为梯形图的 6~10 倍，32 位 C 语言）、功能块图（Function Block Diagram，FBD）、结构化文本（Structured Text ，ST）、指令表（Statement List ，STL），其中梯形图和指令表编程语言在实际中用的最多，下面简要介绍这几种编程语言：

（1）梯形图（LAD）。梯形图语言是 PLC 中应用程序设计的一种标准语言，也是在实际设计中最常用的一种语言。因为其与继电器电路很相似，具有直观易懂的特点，很容易被熟悉继电器控制的电气人员所掌握，特别适合于数字逻辑控制，但不适于编写控制功能复杂的大型程序。

（2）指令语句表（STL）。指令语句表是一种类似于计算机汇编语言的一种文本编程语言，即用特定的助记符来表示某种逻辑运算关系。一般由多条语句组成一个程序段。指令表适合于经验丰富的程序员使用，可以实现某些梯形图不易实现的功能。

（3）功能块图（FBD）。功能块图使用类似于布尔代数的图形逻辑符号来表示控制逻辑，一些复杂的功能用指令框表示，适合于有数字电路基础的人员使用。功能块图采用类似于数字电路中的逻辑门的形式来表示逻辑运算关系。一般一个运算框表示一个功能。运算框的左侧为逻辑的输入变量，右侧为输出变量。输入、输出端的小圆圈表示“非”运算，方框用“导线”连在一起。以功能模块为单位，分析理解控制方案简单容易。

（4）顺序功能图（SFC）。顺序功能图是针对顺序控制系统进行编程的图形编程语言，特别适合编写顺序控制程序。以功能为主线，按照功能流程的顺序分配，条理清楚，便于理解用户程序。

（5）结构文本（ST）。结构文本是 IEC61131-3 标准创建的一种专用的高级编程语言。与梯形图相比，它能实现复杂的数学运算，编写的程序非常简洁和紧凑。需要有一定的计算机高级语言的知识和编程技巧，对工程设计人员要求较高。直观性和操作性较差。

4.1.2 PAC 指令系统概述

（1）指令类型。PAC System RX3i 属于中型机，它拥有强大的控制功能，这得益于其内部丰富的指令系统。PAC System RX3i 的指令系统包括高等数学函数，位操作功能、触点指令、控制功能、转换功能、数据传送功能、数学功能、程序流程功能、定时器/计数器及相关功能块等。

PAC System RX3i 的运行速度快，每执行 1000 步的运行时间为 0.07ms。

（2）指令操作数。PAC System 指令操作数和功能有下列形式：

1）常量；

2）位于 PAC Systems 存储区域的变量%I、%Q、%M、%T、%G、%S、%SA、%SB、%SC、%R、%W、%L、%P 、%AI、%AQ；

3）符号变量；

4）参数化块或 C 块的参数；

5）能流；

6）数据流；

7）计算基准，如间接基准或字位基准。

操作数的类型和长度必须进入的参数的类型和长度相一致。常量不能用作输出参数的操作数，因为输出的值不能写入常量。只读类型存储器内的变量不能用作输出参数的操作数。

（3）数据类型

PAC Systems 指令操作数所用基本数据类型有 BOOL、BYTE、WORD、DWORD、INT、UINT、DINT、REAL 等，不同的数据类型具有不同的数据长度和数值范围，具体描述如表 4-1 所示。

表 4-1 数据类型及数值范围

类型	名称	描 述
BOOL	布尔	存储器的最小单位。有两种状态，1 或者 0
BYTE	字节	8 位二进制数据。范围 0-255
WORD	字	16 个连续数据位。字的值的范围是 16 进制的 0000~FFFF
DWORD	双字	32 位连续数据位，与单字类型书具有同样的特性
UINT	无符号整数	占用 16 位存储器位置。正确范围 0~65535（16 进制 FFFF）
INT	带符号整数	占用 16 位存储器位置。补码表示法，带符号整型数正确范围为-32768~+32767
DINT	双精度整数	占用 32 位存储器位置。用最高位表示数值的正负。带符号双整型数（DINT）正确范围为-2147483648~+2147483647
REAL	浮点	占用 32 位存储器位置。这种格式存储的数据范围为±1.401298E-45~±3.402823E+38
BCD-4	4 位 BCD	占用 16 位存储器位置。4 位的 BCD 码表示范围为 0~9999
BCD-8	8 位 BCD	8 位的 BCD 码表示范围为 0~99999999

4.1.3 PAC 的内部资源

4.1.3.1 PAC 存储区域

变量是已命名的存储数据值的存储空间，它代表了目标 PAC CPU 内的存储位置，

CPU采用位存储器和字存储器的方式存储程序数据。存储定位以文字标识符（变量）作为索引。变量的字符前缀确定存储区域，数字值是存储器区域的偏移量，例如%I00081，其中%表示地址，I表示地址类型，00081表示地址号。

GE PAC Systems设置了许多存储区，最多可支持32K DI、32K DO、32K AI、32K AO，可根据具体使用情况为各类存储空间动态分配大小。位变量和字变量具体描述如表4-2和表4-3所示。

表4-2 位（离散）变量

类型	描 述
%I	代表输入变量。%I变量位于输入状态表中，输入状态表中存储了最后一次输入扫描过程中输入模块传来的数据。用编程软件为离散输入模块指定输入地址。地址指定之前，无法读取输入数据。%I寄存器是保持型的，最多32768位
%Q	代表自身的输出变量。%Q变量位于输出状态表中，输出状态表中存储了应用程序对最后一次设定韵输出变量值。输出变量表中的值会在本次扫描完成后传进给输出模块用编程软件为离散输出模块指定变量地址。地址指定之前，无法向模块输出数据。变量可能是保持型的，也可能是非保持型的，最多32768位
%M	代表内部变量。%M变量可能是保持型的，也可能是非保持型的，最多32768位
%T	代表临时变量。因为这个存储器倾向于临时使用，所以在停止-运行转换时会将%T数据清除掉，所以%T变量不能作保持型线圈，最多1024位
%S %SA %SB %SC	代表系统状态变量。这些变量用于访问特殊的CPU数据，比如说定时器，扫描信息和故障信息。%SC0012位用于检查CPU故障表状态。一旦这一位被一个错误设为ON，在本次扫描完成之前，不会将其复位。 （1）%S，%SA，%SB和%SC可以用于任何结点。 （2）%SA，%SB和%SC可以用于保持型线圈-（M）-
%G	代表全局数据变量。这些变量用于几个系统之间的共享数据的访问

表4-3 字（寄存器）变量

类型	描 述
%AI	前缀%AI代表模拟量输入寄存器。模拟量输入寄存器保存模拟量输入值或者其他的非离散值。范围0~32640字，缺省64字
%AQ	前缀%AQ代表模拟量输出寄存器。模拟量输出寄存器保存模拟量输出值或者其他的非离散值。范围0~32640字，缺省64字
%R	前缀%R代表寄存器变量。系统寄存器保存程序数据比如计算结果。范围0~32640字，缺省1024字
%W	保持型海量存储区域，变量为%W（字存储区）类型。范围0~最大至用户RAM上限，缺省0字
%P *	前缀%P代表程序存储器变量。在_MAIN块中存储程序数据。这些数据可以从所有程序块中访问。%P数据块的大小取决于所有块的最高%P变量值。%P地址只在LD程序中可用，包括LD块中调用的C块，P变量不是整个系统范围内可用的。每个程序8192字，缺省8192字

字变量的寻址方式有直接寻址和间接寻址，如%AI0001，表示直接读取AI0001位置中的数据。如果%R00101的值为1000，则@ R00101使用的是%R00100内包含的值则为

间接寻址。

允许设定字的某一位的值，可以将这一位作为二进制表达式输入输出以及函数和调用的位参数，例如% R2. X［0］表示%R2 的第 1 位（最低位),%R2 X［1］表示%R2 的第 2 位。其中［0］和［1］是位索引。位号（索引）必须为常数，不能为变量。

4.1.3.2 PAC 系统参考变量

GE PAC Systems CPU 的系统状态变量为%S,%SA,%SB 和%SC 变量。%S 位是只读位；不要向这些位写数据,%S 变量如表 4-4 所示。

表 4-4 %S 变量

变量名称	名称	描 述
%S0001	#FST_SCN	前的扫描周期是 LD 执行的第一个周期,在停止/运行转换后第一个周期，此变量置位，第一个扫描周期完成后，结点复位
%S0002	#LST_SCN	在 CPU 转换到运行模式时设置，在 CPU 执行最后一次扫描时清除。CPU 将这一位置 0 后，再运行一个扫描周期，之后进入停止或故障停止模式。如果最后的扫描次数设为 0。CPU 停止后将%S0002 置 O，从程序中看不到%S0002 已被清 0
%S0003	#T_10MS	0.01s 定时器结点
%S0004	#T_100MS	0.1s 定时器结点
%S0005	#T_SEC	1.0s 定时结点
%S0006	#T_MIN	1.0min 定时结点
%S0007	#ALW_ON	总为 ON
%S0008	#ALW_OFF	总为 OFF
%S0009	#SY_FULL	CPU 故障表填满之后置 1（故障表缺省值为纪录 16 个故障，可配置），某一故障清除或故障表被清除后，此为置 0
%S0010	#IO_FULL	I/O 故障表满了之后置 1（故障表缺省值为纪录 32 个故障，可配置），某一故障清除或故障表被清除后，此为置 0
%S0011	#OVR_PRE	%I,%Q,%M,%G 或者布尔型的符号变量存储器发生覆盖时置 1
%S0012	#FRC_PRE	Genius 点被强制置 1
%S0013	#PRG_CHK	后台程序检查激活时置 1
%S0014	#PLC_BAT	电池状态发生改变时，这个结点会被更新

故障之后或者清除故障表之后的第一次输入扫描时，才会置位或复位%SA,%SB 和%SC 结点。也可以通过用户逻辑或使用 CPU 监控设备置位或复位%SA,%SB 和%SC 结点。

系统故障变量可以用于精确指定发生的故障的类型，如表 4-5 所示。

表 4-5 系统故障变量

地址	名称	描 述
%SC0009	#ANY_FLT	从上一次上电或者清除故障表之后两个故障表中记录的任何新的故障
%SC0010	#SY_FLT	从上一次上电或者清除故障表之后 PLC 故障表中记录的任何新的故障

续表 4-5

地址	名称	描述
%SC0011	#IO_FLT	从上一次上电或者清除故障表之后 I/O 故障表中记录的任何新的故障
%SC0012	#SY_PRES	PLC 故障表中至少有一个变量
%SC0013	#IO_PRES	I/O 故障表中至少有一个故障
%SC0014	#HRD_FLT	任何硬件故障
%SC0015	#SFT_FLT	任何软件故障

上电时，系统故障变量被清除。如果发生故障，则在故障发生后任何受影响的正向结点转换为 ON 状态。在两个故障表被清空或者整个存储器被清空前，系统故障变量一直会保持 ON 状态。

系统故障变量置位时，附加的故障变量也置位，在其他类型的故障中，可配置故障的故障变量如表 4-6 所示，不可配置故障的故障变量如表 4-7 所示。

表 4-6　可配置故障的故障变量

地址	名称	描述
%SA0008	#OVR_TMP	CPU 操作温度超过正常温度（58℃）时，这一位置位。清除 CPU 故障表或者将 CPU 重新上电后，这一位清 0
%SA0009	#CFG_MM	故障表记录有配置不等故障时，这一位置位。清除 CPU 故障表或者将 CPU 重新上电后，这一位清 0
%SA00012	#LOS_RCK	扩展机架与 CPU 停止通信时，这一位置位。清除 CPU 故障表或者将 CPU 重新上电后，这一位清 0
%SA00013	# LOS_IOC	总线控制器停止与 CPU 通讯时，这一位置位。清除 I/O 故障表或者将 CPU 重新上电后，这一位清 0
%SA00014	# LOS_IOM	I/O 模块停止与 CPU 通讯时，这一位置位。清除 I/O 故障表或者将 CPU 重新上电后，这一位清 0
%SA00015	# LOS_SIO	可选模块停止与 CPU 通讯时，这一位置位。清除 CPU 故障表或者将 CPU 重新上电后，这一位清 0
%SA00022	#IOC_FLT	总线控制器报告总线故障，全局存储器故障或者 I/O 硬件故障时，这一位置位。清除 I/O 故障表或者将 CPU 重新上电后，这一位清 0
%SA00029	#SFT_IOC	I/O 控制器发生软件故障时，这一位置位。清除 I/O 故障表或者将 CPU 重新上电后，这一位清 0
%SA00032	#SBUS_ER	VME 总线背板发生总线错误时，这一位置位。清除 I/O 故障表或者将 CPU 重新上电后，这一位清 0

表 4-7　不可配置故障的故障变量

地址	名称	描述
%SA0001	#PB_SUM	应用程序检测和变量检测不匹配时，这一位置位。如果故障是瞬时错误，再次向 CPU 存储程序时将这个错误清除，如果是严重的 RAM 故障，必须更换 CPU，要清除这一位，清除 CPU 故障表或者将 CPU 重新上电

续表 4-7

地址	名称	描　述
%SA0003	#APL_FLT	应用程序发生故障时置位。清除 CPU 故障表或者将 CPU 重新上电后，这一位清 0
%SA0005	#PS_FLT	电源故障
%SA0010	# HRD_CPU	自诊断检测到 CPU 硬件故障时，这一位置位。清除 CPU 故障表或者将 CPU 重新上电后，这一位清 0
%SA00011	# LOW_BAT	系统内的 CPU 或其他模块电池电压过低信号
%SA00017	#ADD_RCK	系统增加扩展机架时，这一位置位。清除 CPU 故障表或者将 CPU 重新上电后，这一位清 0
%SA00018	#ADD_IOC	系统增加总线控制器时这一位置位。清除 CPU 故障表或者将 CPU 重新上电后，这一位清 0
%SA00019	#ADD_IOM	机架上增加 I/O 模块时，这一位置位。清除 I/O 故障表或者将 CPU 重新上电后，这一位清 0
%SA00020	#ADD_SIO	机架上增加智能可选模块时，这一位置位。清除 I/O 故障表或者将 CPU 重新上电后，这一位清 0
%SA00023	#IOM_FLT	I/O 模块内的点或通道，模块的局部故障
%SA00027	#HRD_SIO	检测到可选模块硬件故障时，这一位置位。清除 I/O 故障表或者将 CPU 重新上电后，这一位清 0
%SA00031	#SFT_SIO	LAN 接口模块的不可恢复的软件错误
%SB0001	#WIND_ER	固定扫描时间模式下，如果没有足够的时间启动编辑器窗口，这一位置位。清除 CPU 故障表或者将 CPU 重新上电后，这一位清 0
%SB0009	NO_PROG	存储器保存的情况下，CPU 上电，如果没有用户程序，这一位置位。清除 CPU 故障表或者将 CPU 重新上电后，这一位清 0
%SB00010	#BAD_RAM	CPU 上电时检测到 RAM 存储器崩溃的情况下，这一位置位。清除 CPU 故障表或者将 CPU 重新上电后，这一位清 0
%SB00011	#BAD_PWD	密码访问侵权时这一位置位。清除 CPU 故障表或者将 CPU 重新上电后，这一位清 0
%SB00012	#NUL_CFG	试图在没有配置数据的情况下，令 CPU 进行运行模式，则这一位置位。清除 CPU 故障表或者将 CPU 重新上电后，这一位清 0
%SB00013	#SFT_CPU	检测到 CPU 操作系统软件故障时这一位置位。清除 CPU 故障表或者将 CPU 重新上电后，这一位清 0
%SB00014	#STOR_ER	编程器存储操作发生故障时这一位置位。清除 CPU 故障表或者将 CPU 重新上电后，这一位清 0

4.2　基本逻辑指令及应用

基本逻辑指令常用于 BOOL 变量的逻辑运算，二进制数只有 0 和 1 这两个数。位逻辑运算的结果保存在状态字的 RLO 位。

4.2.1 继电器触点指令

继电器触点用来监控参考变量的状态，触点能否传递能流，取决于被监控的参考变量的状态及触点类型。如果参考变量的状态是 1，即为 ON；如果参考变量的状态是 0，即为 OFF。继电器触点包含常开、常闭、上升沿、下降沿等常用触点，如表 4-8 所示。

表 4-8 继电器触点指令表

触点	梯形图符号	向右传递能流	可使用操作数
常闭触点（NCCON）	┤/├	如果与之相连的 BOOL 型变量是 OFF	在 I、Q、M、T、S、SA、SB、SC 和 G 存储器中的离散变量。在任意非离散存储器中的符号离散变量
常开触点（NOCON）	┤ ├	如果与之相连的 BOOL 型变量是 ON	
负跳变触点（NEGCON）	┤↓├	如果 BOOL 型输入从 ON 到 OFF	在 I、Q、M、T、S、SA、SB、SC 和 G 存储器中的离散变量、符号离散变量
负跳变触点（NTCON）	┤N├		
正跳变触点（POSCON）	┤↑├	如果 BOOL 型输入从 OFF 到 ON	
正跳变触点 PTCON	┤P├		
顺延线圈 CONTCON	┤+├	如果前面的顺延线圈置为 ON	不使用变量，也没有相关变量
故障触点 FAULT	┤F├	如果与之相连的 BOOL 型或 WORD 变量有一个点有故障	在%I、%Q、%AI、%AQ 存储器中的变量，以及预先确定的故障定位参考变量
无故障触点 NOFLT	┤NF├	如果与之相连的 BOOL 型或 WORD 变量没有一个点有故障	
高位触点 HIALR	┤HA├	如果与之相连的模拟量输入的高位报警位置为 ON	在 AI 和 AQ 中的存储变量
低位触点 LOALR	┤LA├	如果与之相连的模拟量输入的低位报警位置为 ON	

4.2.1.1 常闭触点 NCCON 和常开触点 NOCON

如果常闭触点的操作数是 OFF，则常闭触点作为一个传递能流的开关。如果常开触点的操作数是 ON，则常开触点作为一个传递能流的开关。操作数可以是一个预先确定的系统变量，或是一个自定义变量。

4.2.1.2 跳变触点POSCON和NEGCON

从跳变触点POSCON和NEGCON输出的能流由最后写进与触点相连的BOOL变量决定，从跳变触点PTCON和NTCON输出的能流由与触点相连的BOOL变量决定，该值是跳变触点最后一次被执行时得到的。

如果有实际能流进入POSCON，最后写进与之相连的变量值从OFF到ON，POSCON将向右传递实际能流。

如果有实际能流进入NEGCON，最后写进与之相连的变量值从ON到OFF，NEGCON将向右传递实际能流。

4.2.1.3 跳变触点PTCON和NTCON

PTCON（NTCON）触点与POSCON（NEGCON）触点的本质区别在于每个用于逻辑控制的PTCON和NTCON触点指令都有自己的关联实例数据。该实例数据给出了触点最后一次执行时与触点相关的BOOL变量的状态。

只有当下列全部条件满足时，PTCON向右传递能流：

（1）PTCON的输入使能激活；

（2）与PTCON相连的BOOL变量的当前值是ON；

（3）与PTCON相连的实例数据是OFF（也就是最后一次PTCON指令执行时关联的BOOL变量的值是OFF）。

这些条件满足后，控制能流，PTCON的实例数据被刷新，BOOL变量的当前值被写进实例数据中。

只有当下列全部条件满足时，NTCON向右传递能流：

（1）NTCON的输入使能激活；

（2）与NTCON相连的BOOL变量的当前值是OFF；

（3）与NTCON相连的实例数据是ON（也就是最后一次PTCON指令执行时关联的BOOL变量的值是ON）。

这些条件满足后，控制能流，NTCON的实例数据被刷新，BOOL变量的当前值被写进实例数据中。

4.2.1.4 顺延触点CONTCON

在包含一个顺延线圈的程序块中，一个顺延触点从前次最后执行的一级开始延续梯形图逻辑，顺延触点的能流状态和前次执行的顺延线圈的状态相同。顺延触点没有关联变量。

注意：

（1）如果逻辑流在对顺延触点执行操作之前不对顺延线圈执行操作，顺延触点处于无能流状态。

（2）每次块开始执行时，顺延触点的状态被清除。

（3）顺延线圈和顺延触点不使用参数，也没有与之相连的变量。

（4）一个顺延线圈之后可以有多个含顺延触点的梯级。

（5）一个含顺延触点的梯级之前可以有多个含顺延线圈的梯级。

4.2.1.5 故障触点 FAULT

故障触点用来检测离散或模拟基准地址的故障，或定位故障（机箱、总线、槽、模块）：

（1）为保证正确的模块状态指示，FAULT / NOFLT 触点使用基准地址（%I、%Q、%AI、%AQ）。

（2）为定位故障，FAULT/NOFLT 触点使用机箱、总线、槽、模块故障定位系统变量。当一个与已知模块相连的故障从故障表中被清除时，该模块的故障指示也被清除。

（3）对于 I/O 点故障报告，必须配置 HWC（Hardware Configuration）来激活 PLC 点故障。

（4）如果与 FAULT 相连的变量或存储单元有一个点故障，FAULT 传递能流。

4.2.1.6 高位（HIALR）/低位（LOALR）报警触点

高位报警触点（HIALR）常用来检测模拟量输入的高位报警。高位/低位报警触点的使用必须在 CPU 配置时激活。如果与模拟量输入相连的高位报警位是 ON，高位报警触点传递能流。

低位报警触点（LOALR）常用来检测模拟量输入的低位报警。低位报警触点的使用必须在 CPU 配置时激活。如果与模拟量输入相连的低位报警位是 ON，低位报警触点传递能流。

4.2.2 继电器线圈指令

继电器线圈的工作方式与继电器逻辑图中的线圈的工作方式类似。线圈用来控制离散量参考变量。线圈可以作为触点在程序中被多次引用；如果同一地址的线圈在不止一个程序段中出现，其状态以最后一次运算的结果为准。

如果在程序中执行另外的逻辑作为线圈条件的结果，可以给线圈或顺延线圈、触点组合用一个内部点。

继电器线圈包含输出线圈、取反线圈、上升沿线圈、置位线圈、复位线圈等，输出线圈总在逻辑行的最右边。指令类型及功能表 4-9 所示。

表 4-9 继电器线圈指令

线圈类型	梯形图符号	操作数范围	描 述
非记忆型线圈 COIL	—( )—	%Q、%M、%T、%SA、%SA、%SC、%G。允许是符号离散型变量	当线圈接收到能流时，置相关 BOOL 型变量为 ON，没有接收到能流时，置相关 BOOL 型变量为 OFF。掉电复位
非记忆型取反线圈 COIL	—(/)—		没有接收到能流时，取反线圈置相关 BOOL 型变量为 ON，接收到能流时，置相关 BOOL 型变量为 OFF
顺延线圈 CONTCOIL	—(+)—	不使用参量，也没有相关变量	在 PAC 在下一级顺延触点上延续本级梯形图逻辑能流值。顺延线圈的能流状态传递给顺延触点

续表 4-9

线圈类型	梯形图符号	操作数范围	描　述
非记忆型 置位线圈 SETCOIL	—(S)—	% Q、% M、% T、% SA、% SA、%SC、%G。允许是符号离散型变量	当置位线圈接收到能流时，置离散型点为 ON。当接收不到能流时，不改变离散型点的值，所以不管线圈本身是否连续接收能流，点一直保持 ON，直到点被其他逻辑控制复位，如复位线圈等，掉电不保持
非记忆型 复位线圈 RESETCOIL	—(R)—		当复位线圈接收到能流时，置离散型点为 OFF。当接收不到能流时，不改变离散型点的值，所以不管线圈本身是否连续接收能流，点一直保持 OFF，直到点被其他逻辑控制置位，如置位线圈等
正跳变线圈 POSCOIL	—(↑)—	% I、 % Q、% M、% T、% SA、%SA、%SC、%G。和符号离散型变量	如果变量的跳变位当前值是 OFF，变量的状态位当前值是 ON，输入到线圈的能流当前值是 ON。正跳变线圈把关联变量的状态位转为 ON，其他任何情况下，都转为 OFF，所有的情况下，变量的跳变位都被置为能流的输入值
负跳变线圈 NEGCOIL	—(↓)—		如果变量的跳变位当前值是 ON，变量的状态位当前值是 OFF，输入到线圈的能流当前值是 OFF。负跳变线圈把关联变量的状态位转为 ON，其他任何情况下，都转为 OFF，所有的情况下，变量的跳变位都被置为能流的输入值
正跳变线圈 PTCOIL	—(P)—	在% I、% Q、% M、% T、% SA、%SA、%SC、% G。和符号离散型变量。非离散型存储器或符号非离散型变量里字的位触点	当输入能流为 ON，上次能流的操作结果是 OFF，与 PTCOIL 相关的 BOOL 变量的状态转为 ON，在任何其他情况下，BOOL 变量的状态位转为 OFF
负跳变线圈 NTCOIL	—(N)—		当输入能流为 OFF，上次能流的操作结果是 ON，与 NTCOIL 相关的 BOOL 变量的状态转为 ON，在任何其他情况下，BOOL 变量的状态位转为 OFF

4.2.3　继电器指令使用注意事项

（1）脉冲触点的特点（包括上升沿触点与下降沿触点），其程序及波形如图 4-1 所示。

（2）延续触点与延续线圈每行程序最多可以有 9 个触点，一个线圈，如果超过这个限制则要用到延续触点与延续线圈，注意延续触点与延续线圈的位置关系。延续触点与延续线圈的使用如图 4-2 所示。

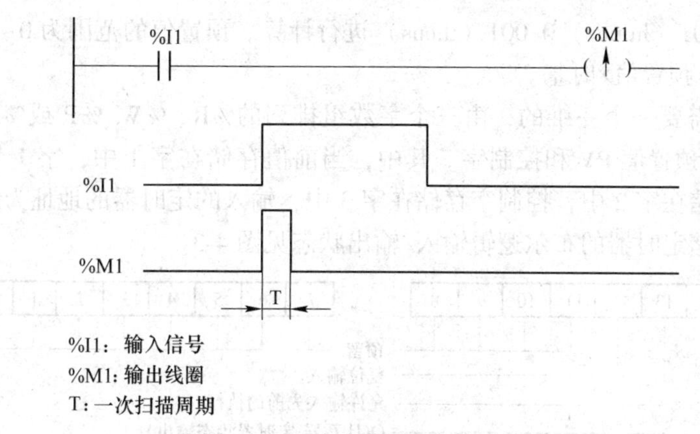

图 4-1 上升沿线圈指令使用举例

图 4-2 延续触点与延续线圈指令使用举例

当%I00001 得电时%M00001 与%M00002 不会得电；只有当%I00001 得电且%I00002 得电时%M00001 与%M00002 才会得电。

（3）带 M 线圈的含义：带 M 线圈说明该线圈具有带断电保护。如果 PLC 失电时，带 M 的线圈数据不会丢失。

（4）在继电器触点指令使用时，一些系统触点的含义只能做触点用，不能做线圈用例如：

1）ALW_ON 常开触点；

2）ALW_OFF 常闭触点；

3）FST_SCN 在开机的第一次扫描时为 1 其他时间为 0；

4）T_10ms 周期为 0.01s 的方波；

5）T_100ms 周期为 0.1s 的方波；

6）T_Sec 周期为 1s 的方波；

7）T_Min 周期为 1min 的方波。

4.2.4 定时器指令

定时器相当于继电器电路中的时间继电器，是 PAC 的重要部件，它用于实现或监控时间序列。GE PAC 定时器分为三种类型，分别是接通延时定时器（TMR），保持型接通延时定时器（ONDTR），断电延时定时器（OFDT），定时器的时基可以按照 1s（sec）

0.1s（tenths）0.01（hunds）0.001（thous）进行计算。预置值的范围为 0~32767 个时间单位，延时时间=预置值×时基。

每个定时器需要一个一维的，由三个字数组排列的%R、%W、%P 或%L 存储器分别存储当前值 CV，预置值 PV 和控制字。其中，当前值存储在字 1 中，字 1 只能读取不能写入，预置值存储在字 2 中，控制字存储在字 3 中，输入的定时器的地址为起始地址。图所示为控制字存储定时器的布尔逻辑输入/输出状态见图 4-3。

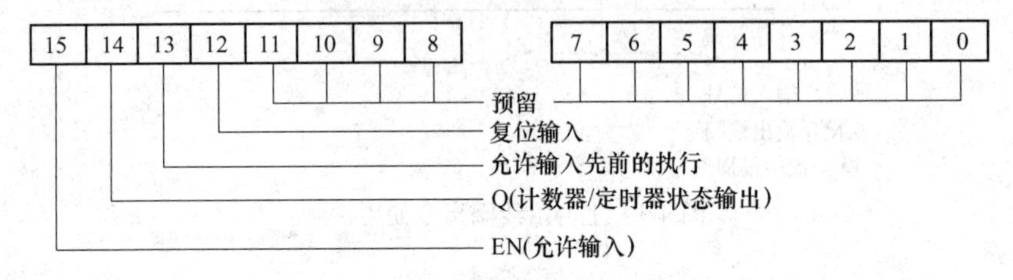

图 4-3 定时器控制字逻辑输入/输出状态

注意：不要使用两个连续的字（寄存器）作为两个定时器或计数器的开始地址。如果寄存器地址重合，逻辑 Developer PLC 不会检查或发出警告。

4.2.4.1 接通延时定时器（TMR）

接通延时定时器通电时，增加计数值，当达到规定的预制值（PV），只要定时器输入使能端保持接通电源，输出端允许输出。当输入电源从开启切换到关闭时，定时器停止累计时间，当前值被复位到零，输出端关闭。指令格式及操作数如表 4-10 所示。

表 4-10 接通延时定时器指令的梯形图格式及操作数

梯形图格式	参量	操作数	描　述
Enable — TMR 0.10s — 输出端 预置值 — PV ???????	Address（????）	R，W，P，L，符号地址	一个由 3 个字组成的数组的起始地址
	PV	除 S、SB、SA、SC 外的任何操作数	预置值，当定时器激活或复位时使用
	CV	除 S、SA、SB、SC 外和常数的任何操作数	定时器的当前值

注意不要在其他指令中使用 Address，Address+1，Address+2 地址。基准地址重叠将导致不确定的定时器操作。

【例 4-1】 接通延时定时器指令应用举例，其程序及波形如图 4-4 所示。

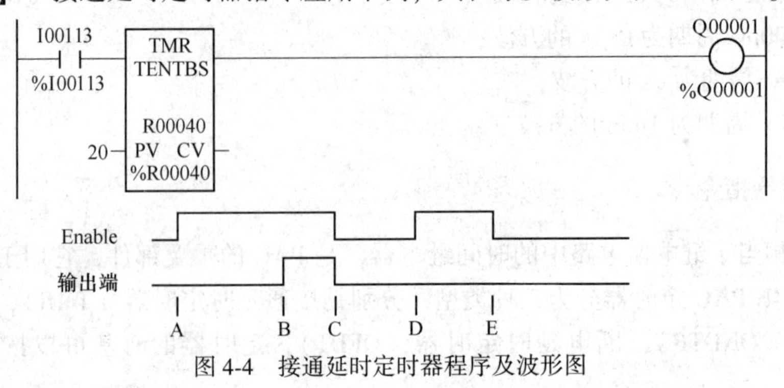

图 4-4 接通延时定时器程序及波形图

A：当 Enable 端由 0 变 1 时，定时器开始计时；

B：当前值 CV = 预置值 PV 时，输出端置 1，定时器继续计时；

C：当 Enable 端由 1 变 0 时，输出端置 0，定时器停止计时，当前值（CV）被清零；

D：当 Enable 端由 0 变 1 时，定时器开始计时；

E：若当前值没有达到预置值时，Enable 端由 1 变 0，输出端仍旧为零，定时器停止计时，当前值被清零。

4.2.4.2　断电延时定时器

当断电延时定时器初次通电时，当前值为零，此时即使预置值为零，输出端为高电平，当定时器输入使能端断开时，输出端仍然保持输出，此时当前值开始计数，当当前值等于预置时，停止计数并且输出使能端断开。指令格式及操作数如表 4-11 所示。

表 4-11　断电延时定时器的梯形图格式及操作数

梯形图格式	参量	操作数	描述
Enable — OFDT 0.10s — 输出端 预置值 — PV ???????	Address（????）	R，W，P，L，符号地址	一个由 3 个字组成的数组的起始地址
	PV	除 S，SB，SA，SC 外的任何操作数	预置值，当定时器激活或复位时使用
	CV	除 S，SA，SB，SC 外和常数的任何操作数	定时器的当前值

【例 4-2】　断电延时定时器指令应用举例，其程序及波形如图 4-5 所示。

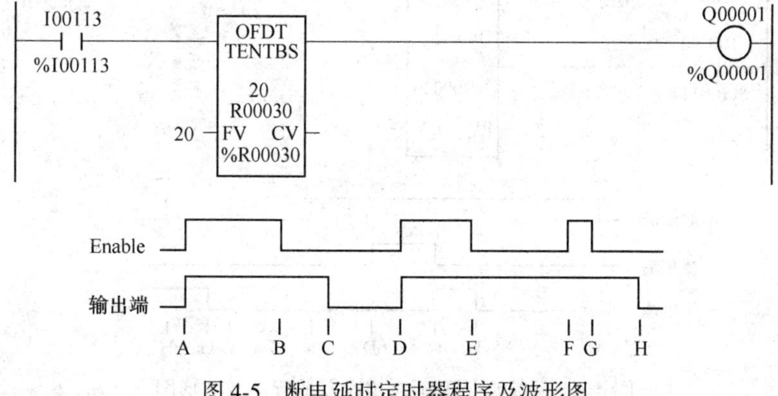

图 4-5　断电延时定时器程序及波形图

A：当 ENABLE 端为 0 变 1 时，输出端也由 0 变 1；

B：当 ENABLE 端为 1 变 0 时，计时器开始计时输出端继续为 1；

C = 当当前值达到预置值时，输出端 1 变 0 计时器停止计时；

D = 当 ENABLE 端由 0 变 1 时，计时器复位，当前值被清零；

E = 当 ENABLE 端由 1 变 0 时，计时器开始计时；

F = 当 ENABLE 又由 0 变 1 时，且当前值不等于预置值时，计时器复位，当前值被清零；

G = 当 ENABLE 端再由 0 变 1 时，计时器开始计时；

H=当当前值达到预置值时，输出端由1变0计时器停止计时。

4.2.4.3 保持型接通延时定时器

当保持型接通延时定时器通电时，增加计数值，当输入使能端断开时，当前值停止计数，并保持。当保持型接通延时定时器再次通电时，该定时器就累计计数，直至达到最大值32767为止。不论输入使能端状态如何，只要当前值大于等于预置值时，输出端都将输出，并且该定时器的位逻辑状态发生改变。当复位端允许时，当前值CV重设为0，输出端断开。

保持型接通延时定时器指令格式及操作数如表4-12所示。

表4-12 保持型接通延时定时器的梯形图格式及操作数

梯形图	参量	操作数	描述
Enable — ONDTR 0.10s — 输出端 复位端 — R 预置值 — PV ???????	Address (????)	R，W，P，L，符号地址	一个由3个字组成的数组的起始地址
	PV	除S，SB，SA，SC外的任何操作数	预置值，当定时器激活或复位时使用
	CV	除S，SA，SB，SC外和常数的任何操作数	定时器的当前值

【例4-3】 保持型接通延时定时器指令应用举例，其程序及波形如图4-6所示。

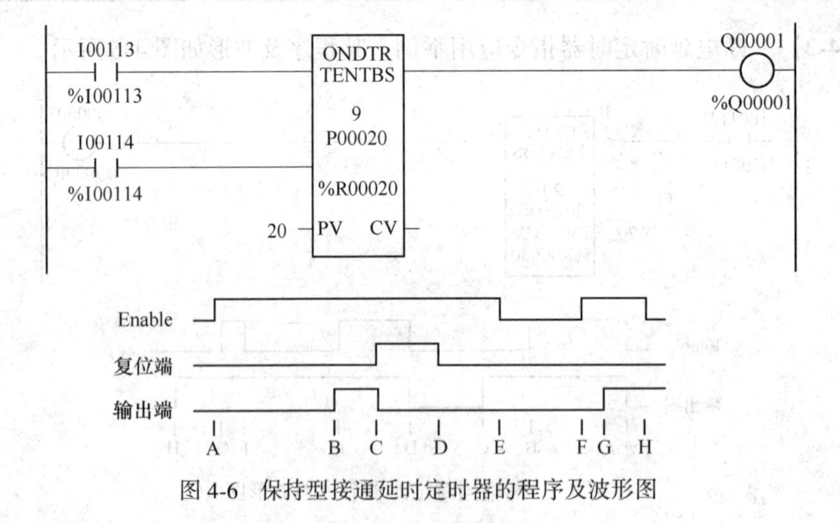

图4-6 保持型接通延时定时器的程序及波形图

A：当ENABLE端由0变1时，定时器开始计时；

B：当计时计到后，输出端置1定时器继续计时；

C：当复位端由0变1时，输出端被清零定时值被复位；

D：当复位端由1变0时，定时器重新开始计时；

E：当ENABLE端由1变0时，定时器停止计时，但当前值被保留；

F：当ENABLE端再由0变1时，定时器从前一次保留值开始计时；

G：CV=PV后，输出端置1，定时器继续计时直到使能端为0，复位端为1或当前值达到最大值；

H：当ENABLE端由1变0时，定时器停止计时，但输出端仍旧为1，注意：每一个定时器需占用3个连续的寄存器变量。

4.2.5 计数器指令

计数器的任务是完成计数，在GE PAC中计数器用于对脉冲正跳变计数。计数器又分为普通计数器和高速计数器两种。本节将对普通计数器进行讲解。GE PAC的普通计数器有两种：减法计数器（DNCTR）和加法计数器（UPCTR）。

计数器和定时器一样，每一个计数器需占用3个连续的寄存器变量，用来分别存储当前值CV，预置值PV和控制字。当向计数器输入时，必须输入三个字数组的起始地址。其中，当前值存储在字1中，字1只能读取不能写入，预置值存储在字2中，控制字存储在字3中，在控制字中存储计数器的布尔型输入，输出状态与定时器类似。

注意：不要在其他指令中使用Address，Address+1，Address+2地址。地址重叠将导致不确定的计数器操作。

4.2.5.1 减法计数器（DNCTR）

减法计数器（DNCTR）功能模块从预置值递减计数。减计数器指令的符号，功能及操作数如表所示。预置值的范围为0~+32767。当计数输入端从OFF变为ON时，当前值CV开始以1为单位递减，当CV≤0时，输出端为ON，若使能端继续有脉冲进入，当前值从0继续递减到最小值-32768，它将保持不变直到复位。当DNCTR复位时，当前值CV被置为预置值PV，当失电时，DNCTR的输出状态被保持，在得电时不会发生自动初始化。减法计数器的梯形图格式及操作数如表4-13所示。

表4-13 减法计数器的梯形图格式及操作数

梯形图	参量	操作数	描述
计数端 — DNCTR — 输出端 复位端 — R 预置值 — PV ???????	Address (????)	R，W，P，L，符号地址	一个由3个字组成的数组的起始地址： Word1：当前值CV Word2：预置值PV Word3：控制字
	R	能流	当R接收到能量流，它将重置CV为PV
	PV	除S、SB、SA、SC外的任何操作数	当计数器激活或复位时PV值复制进的预置值Word2。0≤PV≤32767如果PV超出范围，Word2不能重置
	CV	除S、SA、SB、SC外和常数的任何操作数	定时器的当前值

4.2.5.2 增计数器指令（UPCTR）

增计数器功能模块（UPCTR）从预置值PV递增计数。增计数器指令的符号，操作数如表4-14所示。当计数端输入由0变1时，当前值CV加1，只要当前值CV≥预置值PV时，输出端置1，而且该输出端带有断电自保功能，在上电时不自动初始化。只要当前值CV到达32767时，它将保持，直到复位。该计数器是复位优先的计数器，当复位端为1

时，无须上升沿跃变，当前值与预置值均被清零，如有输出，也被清零。

表 4-14 减法计数器的梯形图格式及操作数

	参量	操作数	描述
计数端 — UPCTR — 输出端 复位端 — R 预置值 — PV ???????	Address (????)	R，W，P，L，符号地址	一个由 3 个字组成的数组的起始地址： Word1：当前值 CV Word2：预置值 PV Word3：控制字
	R	能流	当 R 接收到能量流，它将重置 CV 为 PV
	PV	除 S，SB，SA，SC 外的任何操作数	当计数器激活或复位时 PV 值复制进的预置值 Word2。0≤PV≤32767 如果 PV 超出范围，Word2 不能重置
	CV	除 S，SA，SB，SC 外和常数的任何操作数	定时器的当前值

4.2.6 定时器、计数器应用举例

【例 4-4】 设计一个控制程序，按下启动按钮后，每隔 5s 产生一个宽度为 1 个扫描周期的脉冲。

分析：%I00081 启动按钮，%I00082 停止按钮，%Q00002 信号输出，梯形图如图 4-7 所示。

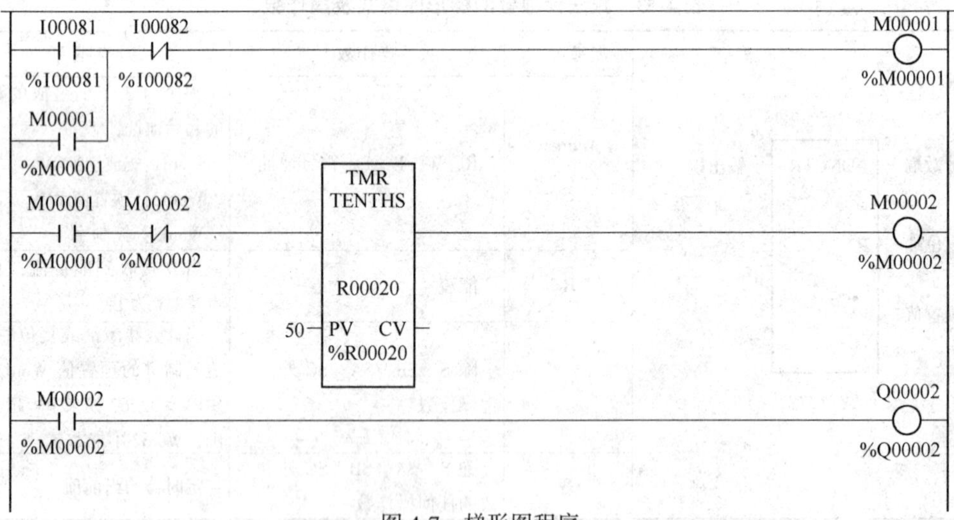

图 4-7 梯形图程序

【例 4-5】 若故障信号%00081 为 1，使%Q00001 控制的指示灯以 1Hz 的频率闪烁；若故障信号%00082 为 1，使%Q00002 控制的指示灯以 0.5Hz 的频率闪烁。若故障已经消失，则指示灯熄灭。

解题思路：指示灯以 1Hz 和 0.5Hz 的频率闪烁，即要分别生成一个周期为 1s 和 2s 的脉冲信号，周期为 1s 的脉冲可以考虑使用系统变量%S00005。周期为 2s 的脉冲可以考虑

对系统变量%S00005 进行 2 分频得到。参考梯形图程序如图 4-8 所示。

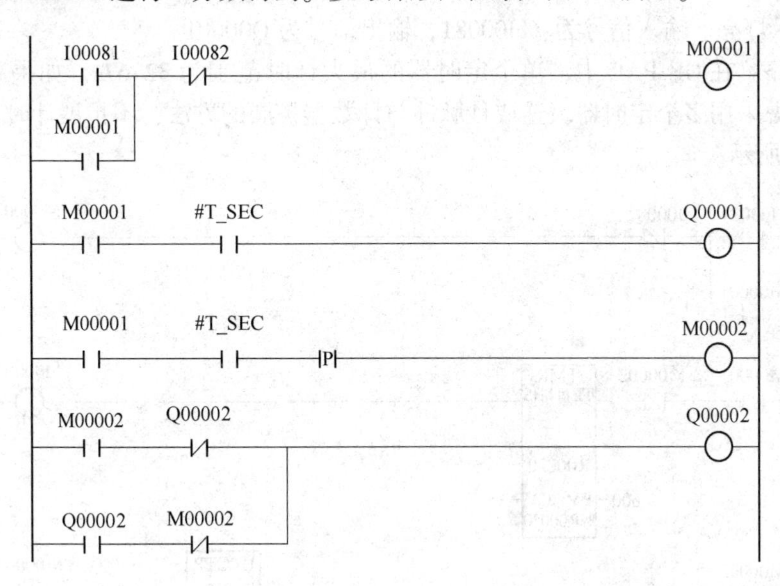

图 4-8 例 4-5 参考程序

【例 4-6】 鼓风机和引风机控制。开启时，先启动引风机，10s 后再启动鼓风机，停止时，先关断鼓风机，20s 后自动关断引风机。

分析:%I00081 系统启动按钮,%I00082 系统停止按钮,%Q00001 引风机驱动信号,%Q00002 鼓风机驱动信号，参考程序如图 4-9 所示。

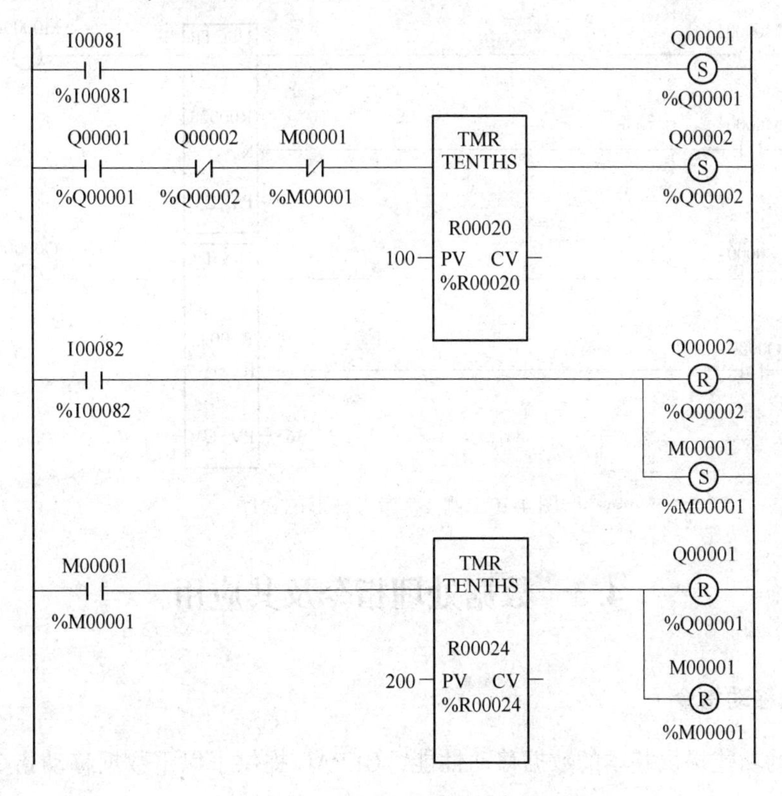

图 4-9 鼓风机和引风机控制参考程序

【例 4-7】 设计一个延时时间为 1 年的控制任务，要求接通输入信号后，开始定时，1 年后，指示灯亮。输入信号为:%I00081，输出信号为 Q00001。

解题思路：在 GE PAC 中，单个定时器的最大计时范围为 32767s，如果超过这个范围，可以考虑采用多个定时器级连或秒脉冲与计数器扩展的方法，不扩展计时范围，梯形图如图 4-10 所示。

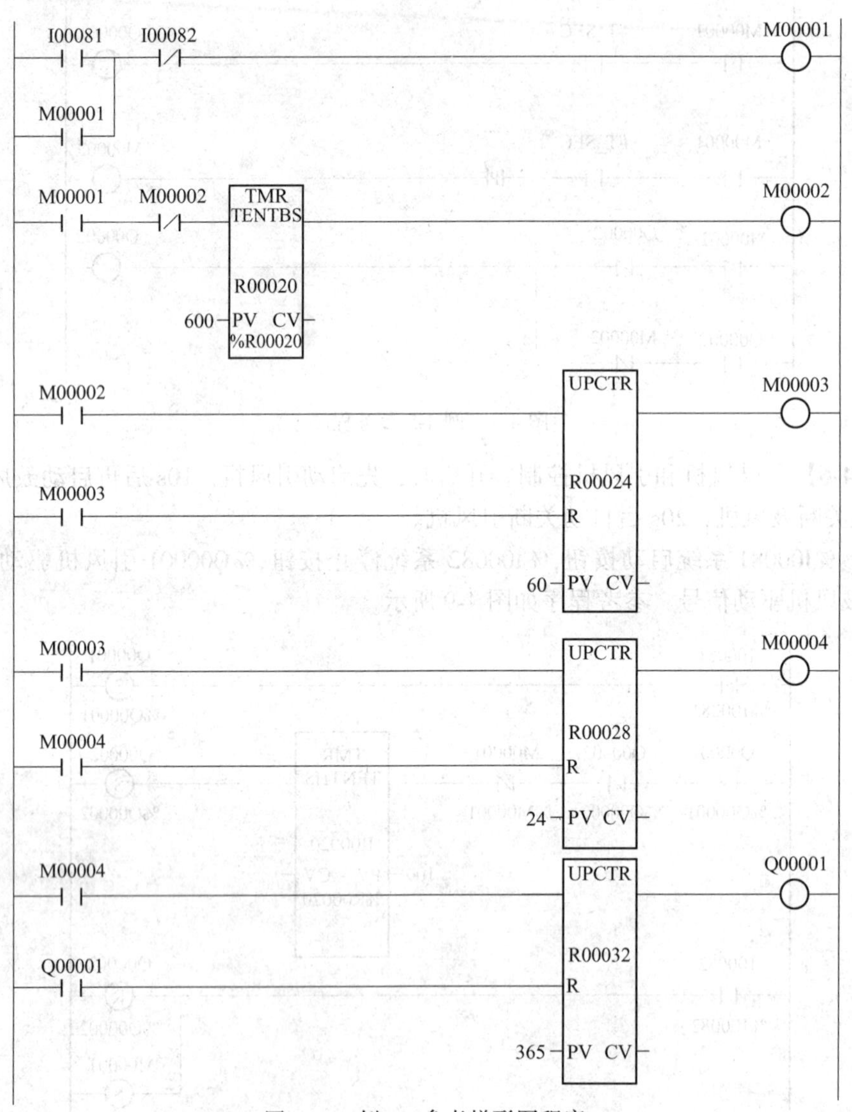

图 4-10　例 4-7 参考梯形图程序

4.3　数据处理指令及其应用

4.3.1　数据移动指令

数据移动功能提供基本的数据移动性能，GEPAC 提供了以下数据移动指令：MOVE、

BLKMOV、SHFR、SWAP、COMMREQ，指令的助记符及功能描述如表4-15所示。

表4-15　数据移动指令的助记符与功能描述

功能	助记符	功 能 描 述
传送数据	MOVE _ BOOL	可以复制单个位的数据，所以新的存储单元不必是相同的数据类型，允许最大长度是256个字，MOV _ BOOL是256个位
	MOVE _ INT	
	MOVE _ REAL	
	MOVE _ WORD	
块移动	BLKMOV	把一个7常数的块复制到指定的存储单元，输入常数作为功能块的一部分
块清除	BLKCLR	数据块的全部内容被零替代，该功能用于清除一个布尔逻辑区（%I、%Q、%M、%G）或字存储区（%R、%AI、%AQ）。允许最大长度为256个字
移位寄存器	SHFR _ BIT	把一个或几个数据位或数据字从一个参考变量存储单元移位一个指定的存储区，存储区内原先存在的数据被移出，允许最大长度为256个字或256个位
	SHFR _ WORD	
位序列	BTISEQ	时序移位指令
翻转指令	SWAP	翻转一个字中高字节或低字节的位置或一个双字中两个字的前后位置
通信指令	COMMREQ	用于CPU读取智能模块的数据

4.3.1.1　传送指令（MOVE）

传送指令可以将单个数据或多个数据从源区传送到目标区域，主要用于PAC内部数据的流转。当MOVE功能块接通时，它把指定数量的数据存储单元以单个位或字的形式从IN端复制到输出端Q。由于数据是以位的形式复制的，所以新的存储单元不必与原存储单元具有相同的数据类型。该指令支持如下数型：INT、UINT、DINT、BIT、WORD、DWORD、REAL。MOVE指令的梯形图格式、操作数范围如表4-16所示。

表4-16　MOVE指令的梯形图格式、操作数范围

梯形图	参量	操作数	描述
Enable — MOVE_ INT — ?? — IN　Q — ?? 被复制字串　LEN 00001　复制后字串	IN	%I、%Q、%M、%T、%SA、%SA、%SC、%R、%AI、%AQ里面的数据或常数	要移动的第一个数据项的存储单元
	Q	%I、%Q、%M、%T、%G、%R、%AI、%AQ里面的地址	第一个目标数据项的存储单元
	LEN	常数	允许的数据长度

当Enable端为“1”时（无须上升沿跃变），该指令执行如图4-11所示的操作。

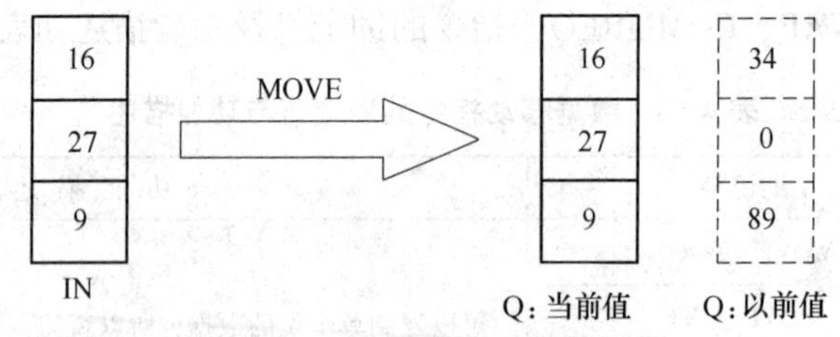

图 4-11 MOVE 指令的操作示例

4.3.1.2 块移动指令（BLKMOV）

当块传送功能块（BLKMOV）接通时，可将七个常数复制到指定的存储单元。BLKMOV 指令的数据类型可以是 INT、WORD、REAL。指令的梯形图格式、操作数范围如表 4-17 所示。

表 4-17 BLKMOV 指令的梯形图格式、操作数范围

梯形图格式	参量	操作数	描述
Enable — BLKMOV INT — ?? — IN1 Q — ?? 常数 输出参数 ?? — IN2 常数 ?? — IN3 常数 ?? — IN4 常数 ?? — IN5 常数 ?? — IN6 常数 ?? — IN7 常数	IN1～IN7	常数	被复制的对象
	Q	%I、%Q、%M、%T、%SA、%SA、%SC、%G、%R、%AI、%AQ 里面的地址	复制后存储在 Q 指定的首地址的连续 7 个存储单元

当 Enable 端为“1”时（无须上升沿跃变），BLKMOV 指令执行如图 4-12 所示的操作。

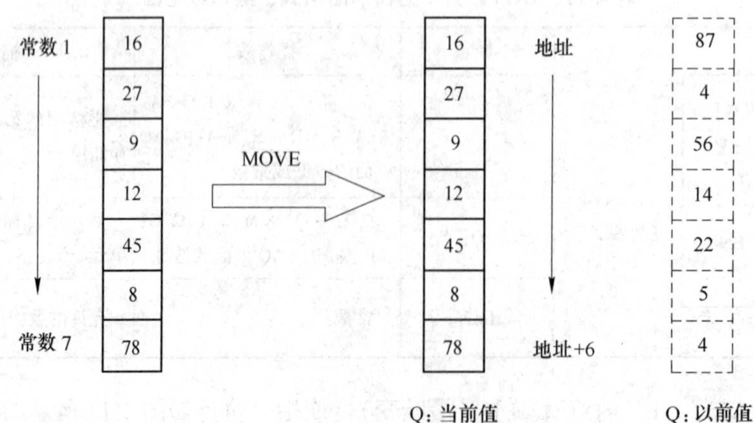

图 4-12 BLKMOV 指令的操作示例

4.3.1.3　块清零指令（BLKCLR）

当块清零功能块（BLKCLR）接通时，对指定的地址区清零。BLKCLR 指令支持的数据类型只有 WORD，要清零的数据长度为 1～256 个字。BLKCLR 指令的梯形图格式及操作数范围如表 4-18 所示。

表 4-18　BLKCLR 指令的梯形图格式及操作数范围

梯形图	参量	操作数	描述
Enable — BLK CLR_ WORD ？？— IN 被清零数据起始地址 LEN 00001	IN	%I、%Q、%M、%G、%T、%SA、%SC、%R、%AI、%AQ 里面的地址	指定等清零区域的首地址
	LEN	常数	指定清零区域的长度，范围为：1～256

当 Enable 端为“1”时（无须上升沿跃变），BLKCLR 指令执行如图 4-13 所示的操作。

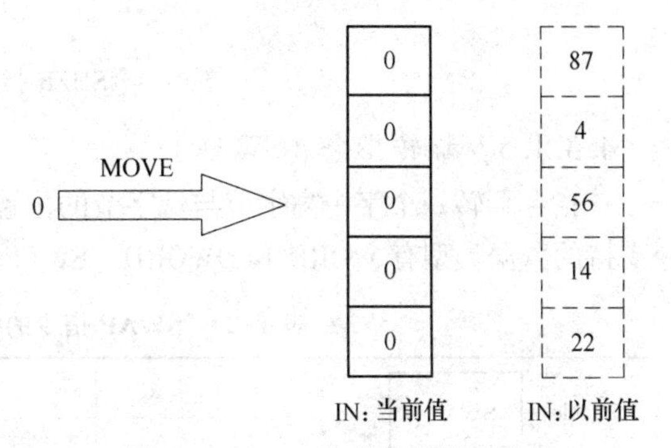

图 4-13　BLKCLR 指令的操作示例

4.3.1.4　移位寄存器指令（SHFR）

当移位寄存器指令（SHFR）接通时，将一个或多个数据字或数据位从一个给定的存储单元移位到存储器的指定单元。SHFR 指令支持的数据类型有 BIT 和 WORD。指令的梯形图格式及操作数如表 4-19 所示。

表 4-19　指令的梯形图格式及操作数

梯形图	参量	操作数	描述
Enable — SHFR_ WORD 复位端 — R　Q — ?? 移出值(最后一个) LEN 00001 ?? — N 移动位数 ?? — IN 移入值 ?? — ST 被移动字串	R	%I、%Q、%M、%G、%T 等 BOOL 型变量	R 复位端，该指令为复位优先指令，当复位端为 1 时所有移位字串被清零
	N	常数	每执行一次指令，移位的位数
	IN	%I、%Q、%M、%T、%SA、%SA、%SC、%R、%AI、%AQ 里面的数据或常数	移入移位寄存器的数值
	ST	%I、%Q、%M、%G、%T、%SA、%SC、%R、%AI、%AQ 里面的地址	移位寄存器的起始地址
	Q		保存移出移位寄存器的最后一个值
	LEN	常数	指定移位寄存器的长度，范围为：1～256

当 Enable 端为“1”时（无须上升沿跃变），SHFR 指令执行如图 4-14 所示的操作。

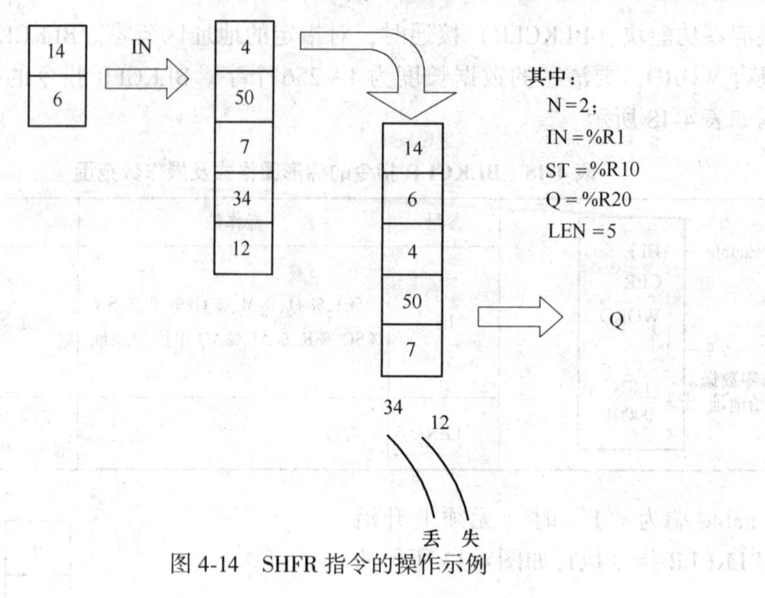

图 4-14　SHFR 指令的操作示例

4.3.1.5　翻转指令（SWAP）

该指令翻转一个字中高字节与低字节的位置或一个双字中两个字的前后位置。SWAP 指令支持的数据类型有 WORD 和 DWORD。SWAP 指令的梯形图格式及操作数如表 4-20 所示。

表 4-20　SWAP 指令的梯形图格式及操作数

梯形图	参量	操作数	描述
Enable — SWAP_WORD；?? — IN　Q — ??；翻转前字的地址；翻转后字的地址；LEN 00001	IN	%I、%Q、%M、%G、%T、%SA、%SC、%R、%AI、%AQ 里面的地址	翻转前的字串起始地址
	Q	%I、%Q、%M、%G、%T、%SA、%SC、%R、%AI、%AQ 里面的地址	翻转后的字串起始地址
	LEN	常数	字串长度

当 Enable 端为“1”时（无须上升沿跃变），SWAP 指令执行如图 4-15 所示的操作。

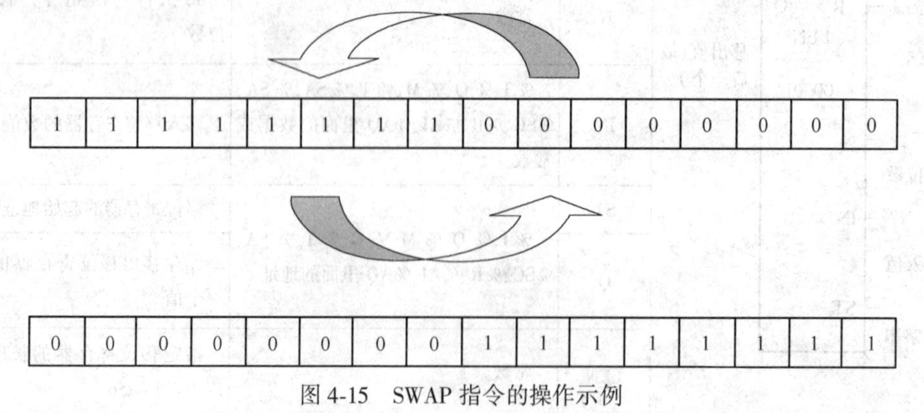

图 4-15　SWAP 指令的操作示例

4.3.2　数据转换指令

转换功能是把一个数据从一种数据类型变为另一种数据类型。很多程序指令，像数学函数等，必须使用一种类型的数据，因此在使用这些指令前转换数据是必要的，常用转换指令的梯形图格式及操作数如表4-21所示。

表4-21　常用转换指令的梯形图格式及操作数范围

梯形图格式	参量	操 作 数	描述
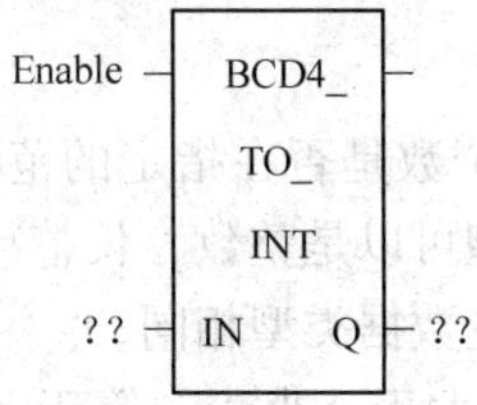 Enable — BCD4_ TO_ INT — ?? — IN　Q — ??	IN	%I、%Q、%M、%G、%T、%R、%AI、%AQ、常数	被转换值 数据类型为：BCD _4
	Q	%I、%Q、%M、%G、%T、%R、%AI、%AQ、	转换值 数据类型为：INT
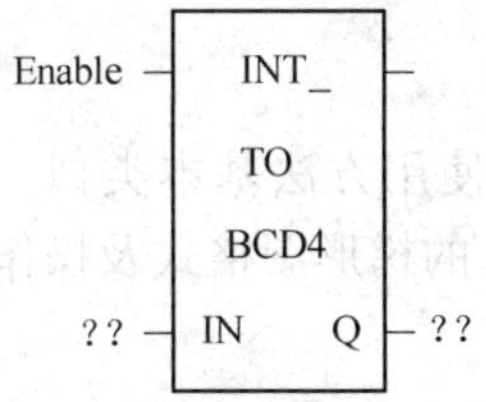 Enable — INT_ TO BCD4 — ?? — IN　Q — ??	IN	%I、%Q、%M、%G、%T、%R、%AI、%AQ、常数	被转换值 数据类型为：INT
	Q	%I、%Q、%M、%G、%T、%R、%AI、%AQ	转换值 数据类型为：BCD _4
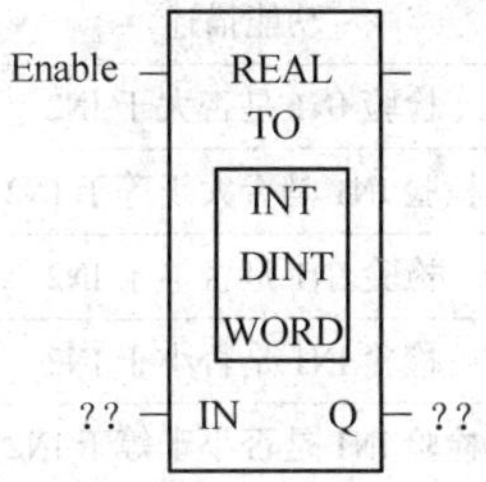 Enable — REAL TO [INT DINT WORD] — ?? — IN　Q — ??	IN	%R、%AI、%AQ、常数	被转换值数据类型为：REAL
	Q	%I、%Q、%M、%G、%T、%R、%AI、%AQ	转换值 数据类型为：INT、DINT、WORD
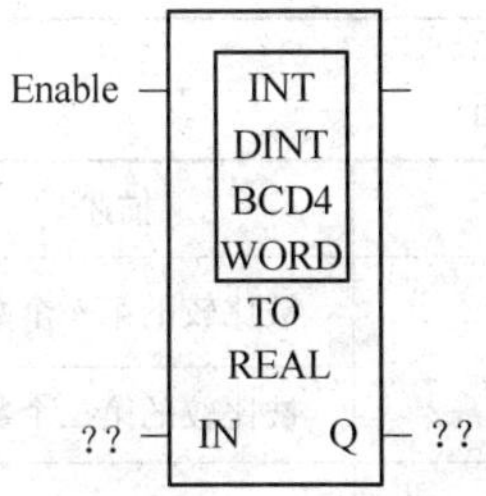 Enable — [INT DINT BCD4 WORD] TO REAL — ?? — IN　Q — ??	IN	%I、%Q、%M、%G、%T、%R、%AI、%AQ、常数	被转换值 数据类型为：INT、DINT、BCD _4、WORD
	Q	%R、%AI、%AQ	转换值 数据类型为：REAL

由于该组指令使用方法大同小异，这里以BCD-4 TO INT为例介绍其使用方法。梯形图如图4-16所示。

在图4-16中，每当%I00002被激活时，在输入存储单元%I00017到%I00032内的整数BCD _4数据转换成等效的INT数据，其结果存储到存储单元%Q00033到%Q00048内。线圈%Q01432用来为成功变换进行检查。

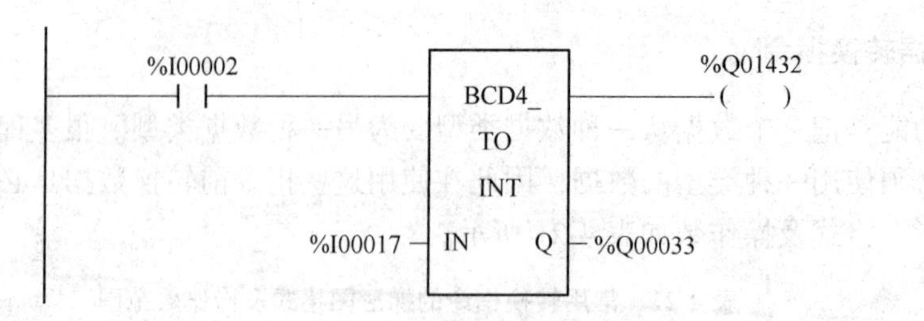

图 4-16　BCD-4 TO INT 指令使用示例

4.3.3　比较指令

比较指令是比较两个具有相同数据类型的数的值或决定一个数是否在指定的范围内，原值不受影响。比较时应确保两个数的数据类型相同，数据类型可以是整数、长整数、实数或无符号数。若要比较不同的数据类型，首先使用转换指令使数据类型相同。

在 GE PAC 中提供了 4 种类型，6 种关系的比较指令（即大于、小于、等于、不等于、大于等于、小于等于）和范围。

4.3.3.1　普通比较指令

表 4-22 列出了普通比较指令的 6 种关系。普通比较指令的使用方法基本类似。下面以等于指令为例介绍指令的梯形图格式，等于指令（EQ _ INT）的梯形图格式及操作数范围如表 4-23 所示。

表 4-22　普通比较指令的 6 种关系

功能	助记符	数据类型	功能描述
大于	GT	DINT、INT、REAL、UINT	检验 IN1 是否大于 IN2
大于等于	GE	DINT、INT、REAL、UINT	检验 IN1 是否大于等于 IN2
等于	EQ	DINT、INT、REAL、UINT	检验 IN1 是否等于 IN2
小于	LT	DINT、INT、REAL、UINT	检验 IN1 是否小于 IN2
小于等于	LE	DINT、INT、REAL、UINT	检验 IN1 是否小于等于 IN2
不等于	NE	DINT、INT、REAL、UINT	检验 IN1、IN2 两个数是否相等

表 4-23　等于指令的梯形图格式及操作数范围

<table>
<tr><td rowspan="4">Enable — EQ_ INT — OK
?? — IN1　Q — 条件满足输出值
被比较值
?? — IN2
比较值</td><td>参量</td><td>操作数</td><td>描述</td></tr>
<tr><td>IN1</td><td rowspan="2">%I、%Q、%M、%G、%T、%R、%AI、%AQ</td><td>被比较的第一个数值</td></tr>
<tr><td>IN2</td><td>被比较的第二个数值</td></tr>
<tr><td>Q</td><td>位变量</td><td>如果 IN1 = IN2，那么 Q 被接通，如果不相等，Q 断开</td></tr>
</table>

等于指令功能：比较 IN1 和 IN2 的值，如满足指令条件，且当使能输入为“1”时，比较输入 IN1 和输入 IN2 的值，这些操作数必须是相同的数据类型，如果 IN1 = IN2，该指令接通右边 Q 端置“1”，否则置“0”；当使能输入为“1”时，OK 端即为“1”除非输

入 IN1 和 IN2 不是数值。其他几种关系指令使用方法与 EQ 指令相似，这里不再介绍。

4.3.3.2 CMP 指令

CMP 指令可同时执行：IN1 = IN2、IN1>IN2、IN1<IN2 三种比较关系，其指令的梯形格式及操作数如表 4-24 所示。

表 4-24 CMP _ INT 指令的梯形格式及操作数

梯形格式	参量	操作数	描述
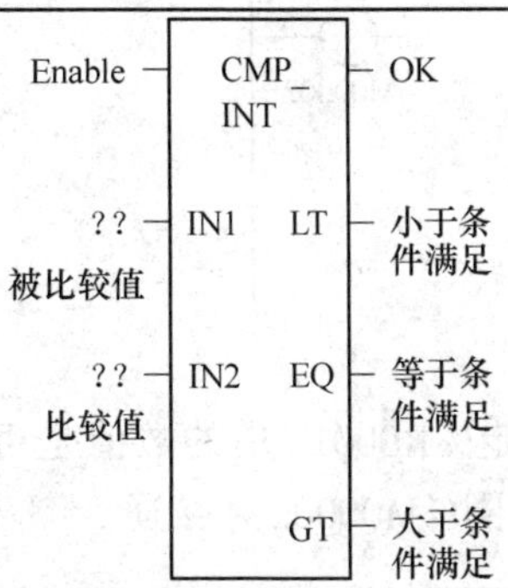 Enable — CMP_INT — OK ?? — IN1 LT — 小于条件满足 被比较值 ?? — IN2 EQ — 等于条件满足 比较值 GT — 大于条件满足	IN1	%I、%Q、%M、%G、%T、%R、%AI、%AQ	被比较的第一个数值
	IN2		被比较的第二个数值
	LT	%Q、%M、%G、%T 的位变量	如果 IN1 > IN2，LT 被接通；如果 IN1 = IN2，EQ 被接通；如果 IN1 < IN2 则 GT 被接通
	EQ		
	GT		

CMP 指令功能：比较 IN1 和 IN2 的值，如满足指令条件，即当使能输入为“1”时，比较输入 IN1 和输入 IN2 的值，如果 IN1 > IN2，GT 端置“1”；如果 IN1 = IN2，EQ 端置“1”；如果 IN1 < IN2，则 LT 端置“1”。当使能输入为“1”时，OK 端即为“1”除非输入 IN1 和 IN2 不是数值。

IN1 和 IN2 可以为 DINT、INT、REAL 或 UINT，但必须是相同的数据类型。

4.3.3.3 RANGE 指令

当范围功能块被激活时，它将输入 IN 与操作数 L1 和 L2 限定的范围进行比较。L1 和 L2 中的任一个都可是上限或下限。当 L1≤IN≤L2 或 L2≤IN≤L1 时，输出参数 Q 设置为“1”。否则，Q 置为“0”。如果操作成功，它向右传送能流。L1、L2 和 IN 可以为 DINT、INT、UINT、WORD 或 DWORD，但必须是相同的数据类型，RANG _ DWORD 指令的梯形图格式及操作数如表 4-25 所示。

表 4-25 RANG _ DWORD 指令的梯形图格式及操作数

梯形图格式	参量	操作数	描述
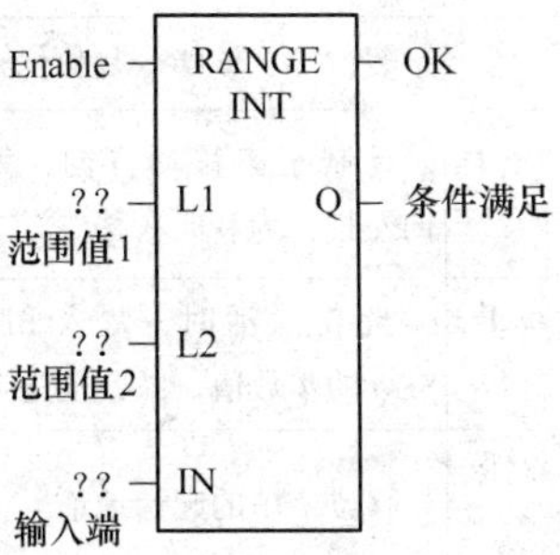 Enable — RANGE INT — OK ?? — L1 Q — 条件满足 范围值1 ?? — L2 范围值2 ?? — IN 输入端	IN	%I、%Q、%M、%G、%T、%R、%AI、%AQ	与 L1 和 L2 界定的范围相比较的数值
	L1	%Q、%M、%G、%T	范围的起始点，可以是上限值，也可以是下限值
	L2		范围的终点，可以是上限值，也可以是下限值
	Q	%I、%Q、%M、%G、%T 的位变量	IN 在 L1 和 L2 界定的范围内，则 Q 置“1”，否则置“0”

当 Enable 为 1 时，无须上升沿跃变，该指令比较输入端 IN 是否在 L1 和 L2 所指定的

范围内 L1≤IN≤L2 或 L2≤IN≤L1 如条件满足，Q 端置“1”否则置“0”；当 Enable 为 1 时，OK 端即为“1”，除非 L1、L2 和 IN 不是数值。

RANG 指令应用举例，其程序如图 4-17 所示。

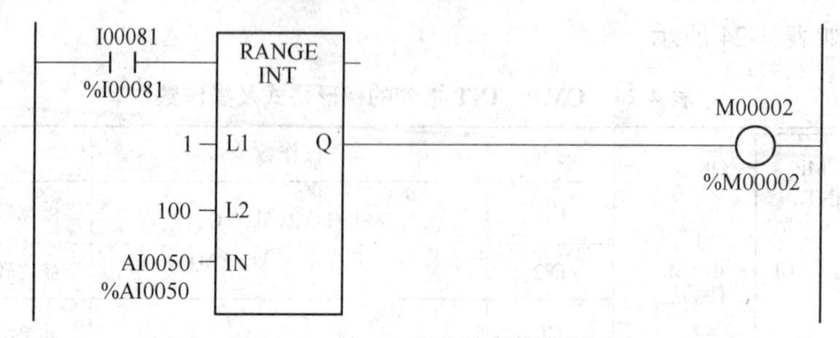

图 4-17 RANG 指令应用举例程序

当 RANGE _ INT 从常开触点%I00081 接收能量流，它测定%R00013 中的数值是否包含在 0 到 100 的范围内，只有 0≤%AI00050≤100 时，输出线圈%M00002 才接通。

4.3.4 位操作指令

GEPAC 提供的位操作功能包括与、或、非操作指令、移位指令、循环移位指令、位测试指令、位置位与位清零指令、定位指令和屏蔽比较指令。位操作功能对 1 ~256 个占用相邻内存位置的 WORD 或 DWORD 数据执行操作。位操作功能把 WORD 或 DWORD 数据当作一个连续的位串，第一个 WORD 或 DWORD 的第一位是最低位（LSB），最后一个 WORD 或 DWORD 的最后一位是最高位（MSB）。

4.3.4.1 位排序指令（BIT _ SEQ）

位排序（BIT _ SEQ）功能执行从头到尾一连串的位序变化功能。每个 BIT _ SEQ 指令需要一个一维的，由三个字数组排列的存储器分别存储当前步数、位列长度和控制字。BIT _ SEQ 指令的梯形图格式及操作数如表 4-26 所示。

表 4-26 BIT _ SEQ 指令的梯形图格式及参数

梯形图格式	参量	操作数	描述
Enable — BIT SEQ ??? 1 — R — DIR — N — ST	???	%I、%Q、%M、%G、%T、%R、%AI、%AQ	控制块的起始地址，是一个 3 个字的数组
	R	FLOW	复位端，该指令复位优先
	DIR	FLOW	控制字串移动方向，为 1 向左移，为 0 向右移
	N	%I、%Q、%M、%G、%T、%R、%AI、%AQ、常数	当 R 激活时，置入 BIT _ SEQ 的步数值。缺省值为 1
	ST	%I、%Q、%M、%G、%T、%R、%AI、%AQ	移位字串的起始地址
	1（LEN）	%I、%Q、%M、%G、%T、%R、%AI、%AQ、常数	移位字串的长度，1~256

如果 ST 在%M 存储器里，长度为 3 的话，BIT _ SEQ 占用 3 位，字节里的其他 5 个位不用，因为%M 存储器是按位访问的。如果 ST 在%R 存储器里，长度是 17 的话，BIT _ SEQ 用完%R1 和%R2 存储器全部的 4 个字节，这是因为%R 存储器是按字访问的。

BIT _ SEQ 的执行取决于复位端（R）的值和使能电流输入端（EN）的前周期值及当前值的状态，即 BIT _ SEQ 指令的执行需要上升沿跳变，复位输入端（R）优先于使能电流（EN）的输入，总可以对定序器复位。BIT _ SEQ 指令在不同状态下运行情况如表 4-27 所示。

表 4-27　BIT _ SEQ 指令在不同状态下的运行情况

R 当前值	EN 前周期状态	EN 当前状态	位定序器状态
ON	ON/OFF	ON/OFF	位定序器复位
OFF	OFF	ON	位定序器增/减 1
		OFF	位定序器不执行
	ON	ON/OFF	位定序器不执行

当 R 端导通时，N 值指定步数位置 1，其他置 0。当 R 端不导通时，EN 为上升沿跳变，N 值指定的步数置 0，N+1 或 N-1 步数置 1，取决于方向操作数 DIR。

BIT _ SEQ 指令应用举例，程序如图 4-18 所示。

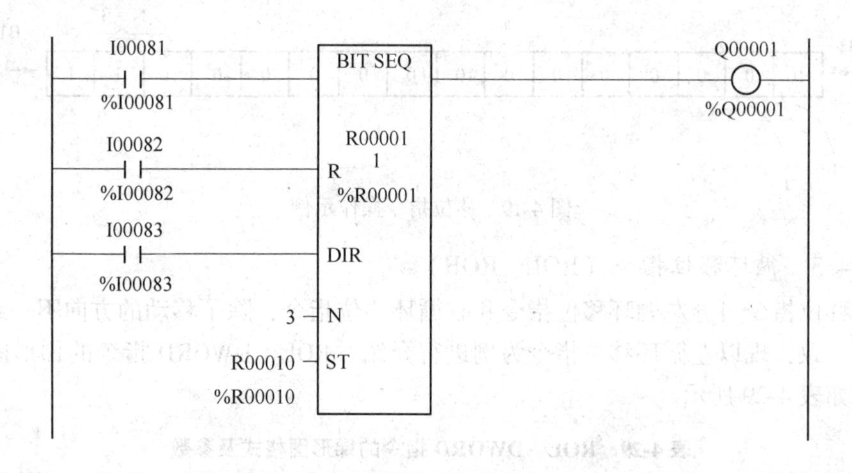

图 4-18　程序图

BIT _ SEQ 对存储器% R00001 操作，它的静态数据存储在存储器% R000002 和% R000003 中，当%I00082 激活时，BIT _ SEQ 复位，当前步数置位 N = 3，%R00010 的第 3 位置 1，其余位置 0。当%I00081 激活时而%I00082 不激活时，步数 3 的位清零，步数 2 或步数 4 的位置 1（取决于%I00083 是否激活）。

4.3.4.2　移位指令（SHIFTL、SHIFTR）

移位指令可分为左移指令与右移指令，除了移动的方向不一致外，其余参数都一致，现以左移指令为例进行介绍。SHIFTL 指令的梯形图格式及参数说明如表 4-28 所示。

表 4-28　SHIFTL 指令的梯形图格式及参数

梯形图格式	参量	操作数	描述
Enable — SHL_ WORD — ?? — IN　B2 — LEN 00001 ?? — N　Q — ?? — B1	IN	%I、%Q、%M、%G、%S、%T、%R、%AI、%AQ	需移位字串的起始地址
	N	%I、%Q、%M、%G、%T、%R、%AI、%AQ、常数	每次移位移几位（0<N<LEN）
	LEN		移位字串的长度，1~256
	B1	FLOW	移入字串的位的值，0 或 1（为一继电器触点）
	B2	FLOW	溢出位（保留最后一个溢出位）即最后一个移出字串的位的值
	Q	%I、%Q、%M、%G、%SA、%SB、%SC、%T、%R、%AI、%AQ	移位后的值的地址，如要产生循环移位的效果，Q 端与 IN 端的地址应该一致

当 Enable 端为 1 时，无须上升沿跃变，SHL _ WORD 指令执行移位操作，其功能如图 4-19 所示。

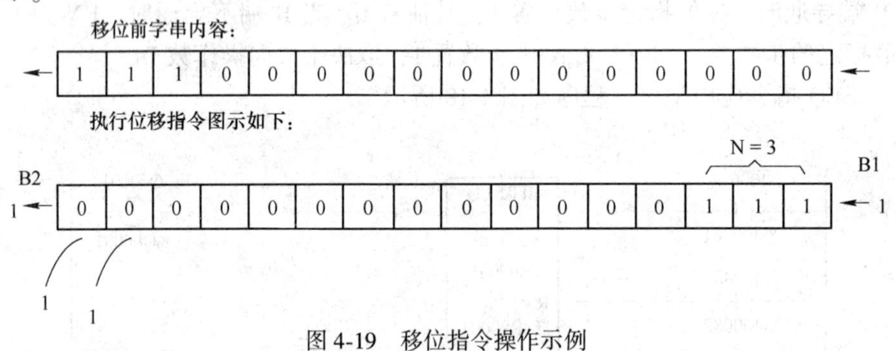

图 4-19　移位指令操作示例

4.3.4.3　循环移位指令（ROL、ROR）

循环移位指令可分左循环移位指令和右循环移位指令，除了移动的方向不一致外，其余参数都一致，现以左循环移位指令为例进行介绍。ROL_ DWORD 指令的梯形图格式及参数说明如表 4-29 所示。

表 4-29　ROL _ DWORD 指令的梯形图格式及参数

梯形图格式	参量	操作数	描述
Enable — ROL_ WORD — ?? — IN　Q — ?? LEN 00001 ?? — N	IN	%I、%Q、%M、%G、%S、%T、%R、%AI、%AQ	需移位字串的起始地址
	N	%I、%Q、%M、%G、%T、%R、%AI、%AQ、常数	每次移位移几位（0<N<LEN）
	Q	%I、%Q、%M、%G、%SA、%SB、%SC、%T、%R、%AI、%AQ	移位后的值的地址，如要产生循环移位的效果，Q 端与 IN 端的地址应该一致
	LEN	%I、%Q、%M、%G、%T、%R、%AI、%AQ、常数	移位字串的长度，1~256

当使能输入有效时，循环左移功能模块（ROL _ DWORD 和 ROL _ WORD）将分别向左循环一个单字或双字串的 N 位，指定的位数从输入字串一端移出，回到字串的另一端。

当 Enable 端为 1 时，无须上升沿跃变，ROL _ WORD 指令执行移位操作，其功能如图 4-20 所示。

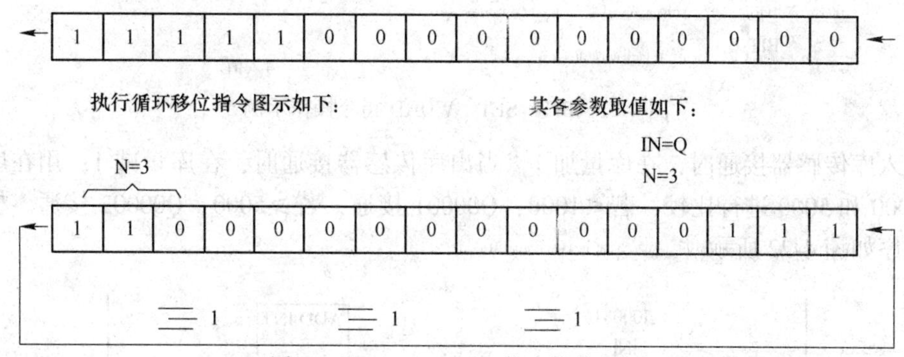

图 4-20 ROL _ WORD 指令操作示例

4.3.4.4 位置位（BSET）与位清零指令（BCLR）

位置位与位清零指令功能相反，但参数一致，现以位置位指令为例进行介绍。位置位（BIT _ SET _ DWORD 和 BIT _ SET _ WORD）功能是把位串中的一个位置 1。位清零功能是通过把位串中的一个位置 0 来清除该位，指令的梯形图格式及参数说明如表 4-30 所示。

表 4-30 BIT _ SET _ WORD 指令的梯形图格式及参数说明

梯形图格式	参量	操作数	描述
Enable — BIT_ SET_ WORD — ?? — IN LEN 00001 ?? — BIT	IN	%I、%Q、%M、%G、%S、%T、%R、%AI、%AQ	要处理的数据第一个 WORD 或 DWORD
	BIT	%I、%Q、%M、%G、%SA、%SB、%SC、%T、%R、%AI、%AQ、常数	在 IN 中要置位或清零的位数（1<位<16×字长）
	LEN	%I、%Q、%M、%G、%T、%R、%AI、%AQ、常数	在位串中，WORD 或 DWORD 的数目，1~256

注意：当使用位置位或位清除功能时，位的编号是 1 至 16，而不是 0 至 15。

当 Enable 端为 1 时，无须上升沿跃变，BIT _ SET _ WORD 指令执行移位操作，其功能如图 4-21 所示。

4.3.5 数据处理指令应用举例

【例 4-8】 一自动仓库存储某种货物，最多 6000 箱，需对所存的货物进出计数，货物不多于 1000 箱，灯 HL1 亮，货物不少于 5000 箱，灯 HL2 亮。请设计此程序。

分析：根据控制要求分配 I/O 点：%I00081 为进库传感器，%I00082 为出库传感器，%Q00001 为 HL1 指示灯，%Q00002 为 HL2 指示灯。R00090 作为仓库在库量计数器。

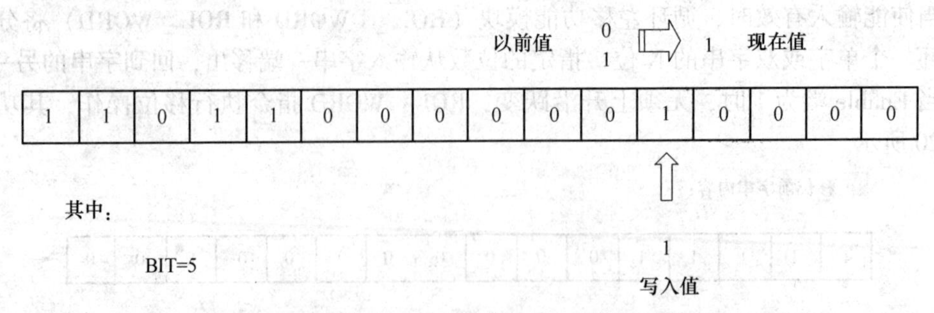

图 4-21 BIT_SET_WORD 指令操作示例

当入库传感器接通时，在库量加 1，当出库传感器接通时，在库量减 1；用在库量分别与 1000 和 5000 进行比较，若≤1000，Q00001 接通，若≥5000，Q00002 接通。梯形图参考程序如图 4-22 所示。

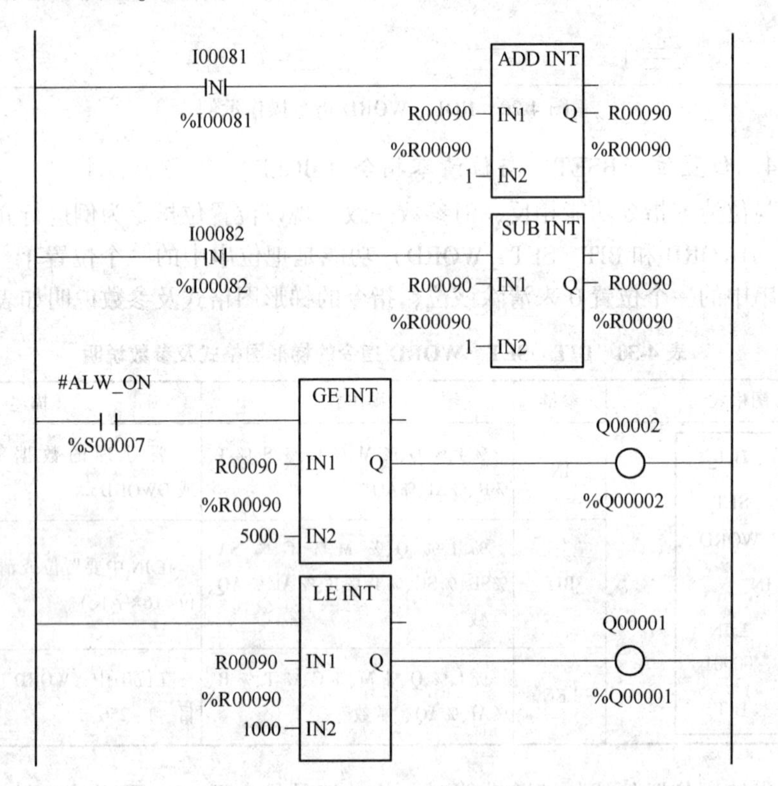

图 4-22 程序图

【例 4-9】 试设计一个简易定时报时器。具体控制要求如下：

（1）早上 6 点，电铃每秒钟响一次，六次后自动停止。

（2）9：00~17：00，启动住宅报警系统。

（3）晚上 6 点开园内照明。

（4）晚上 10 点关园内照明。

解题思路：根据控制要求分配 I/O 点：I00081，系统启动开关 QS；I00082，校时粗调按钮 SB1；校时微调按钮 SB2；Q00001 电铃；Q00003，启动住宅报警系统继电器 KA1；

Q00002，开/关园内照明继电器 KA2。

程序设计思路：完成本例的控制要求要解决以下几个问题：

（1）产生一个实时时钟，即一个周期为 24h 循环的时钟信号。利用内部时钟脉冲信号和计数器结合使用即可构成，从控制要求来看，时钟的定时精度不高，故可按每 15min 为一设定单位，共 96 个时间单元。

（2）能进行校时。定时器的时间要是实时时间，就必须能够进行校时，可设计一个周期为 0.02s 的脉冲信号作为粗调脉冲，结合开关进行控制粗调校时，采用按钮进行微调校时。

（3）能按设定时间进行控制。应用计数器产生的实时时间，与设定值时行比较，利用比较结果进行相关控制。

梯形图参考程序如图 4-23 所示。

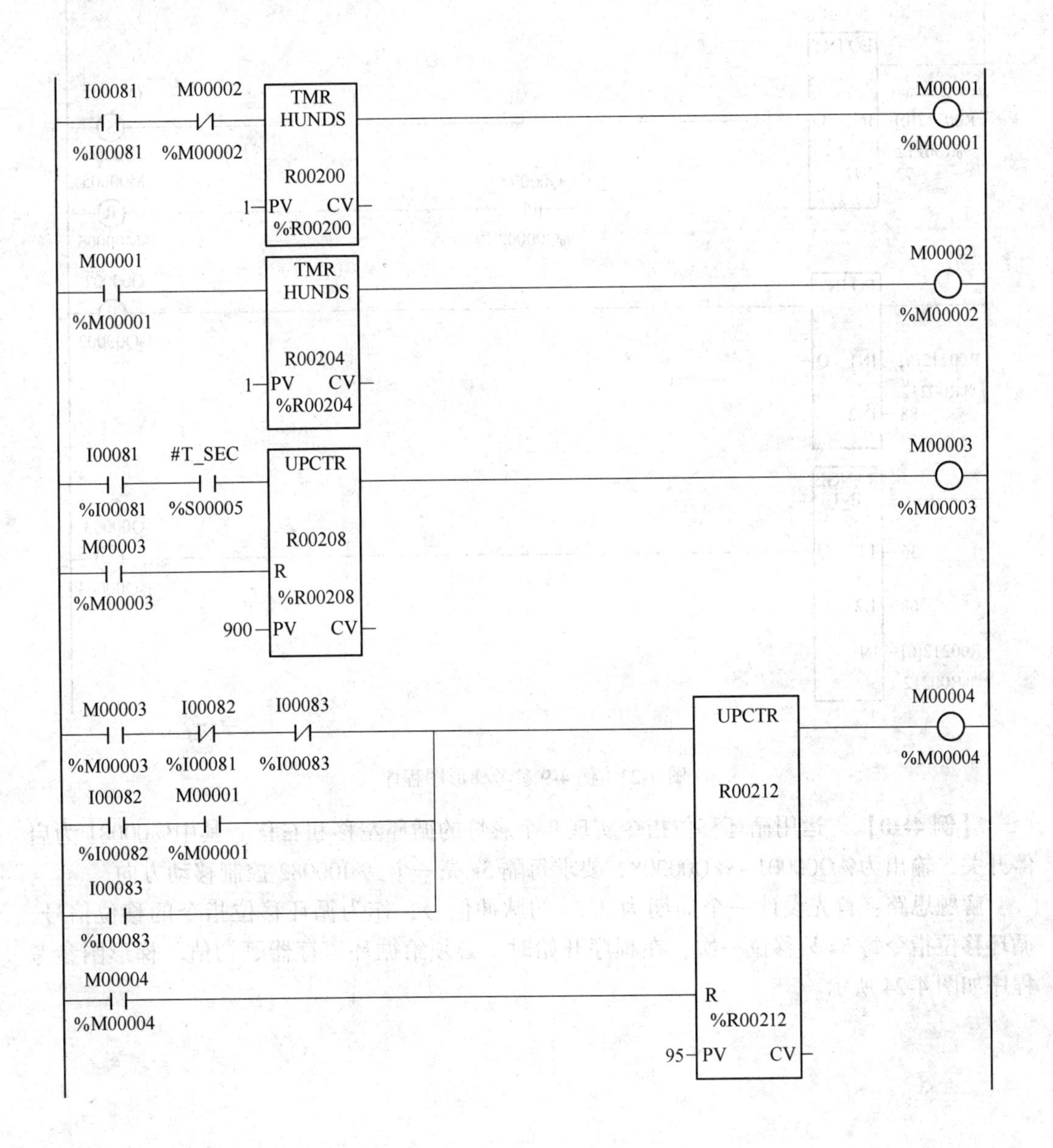

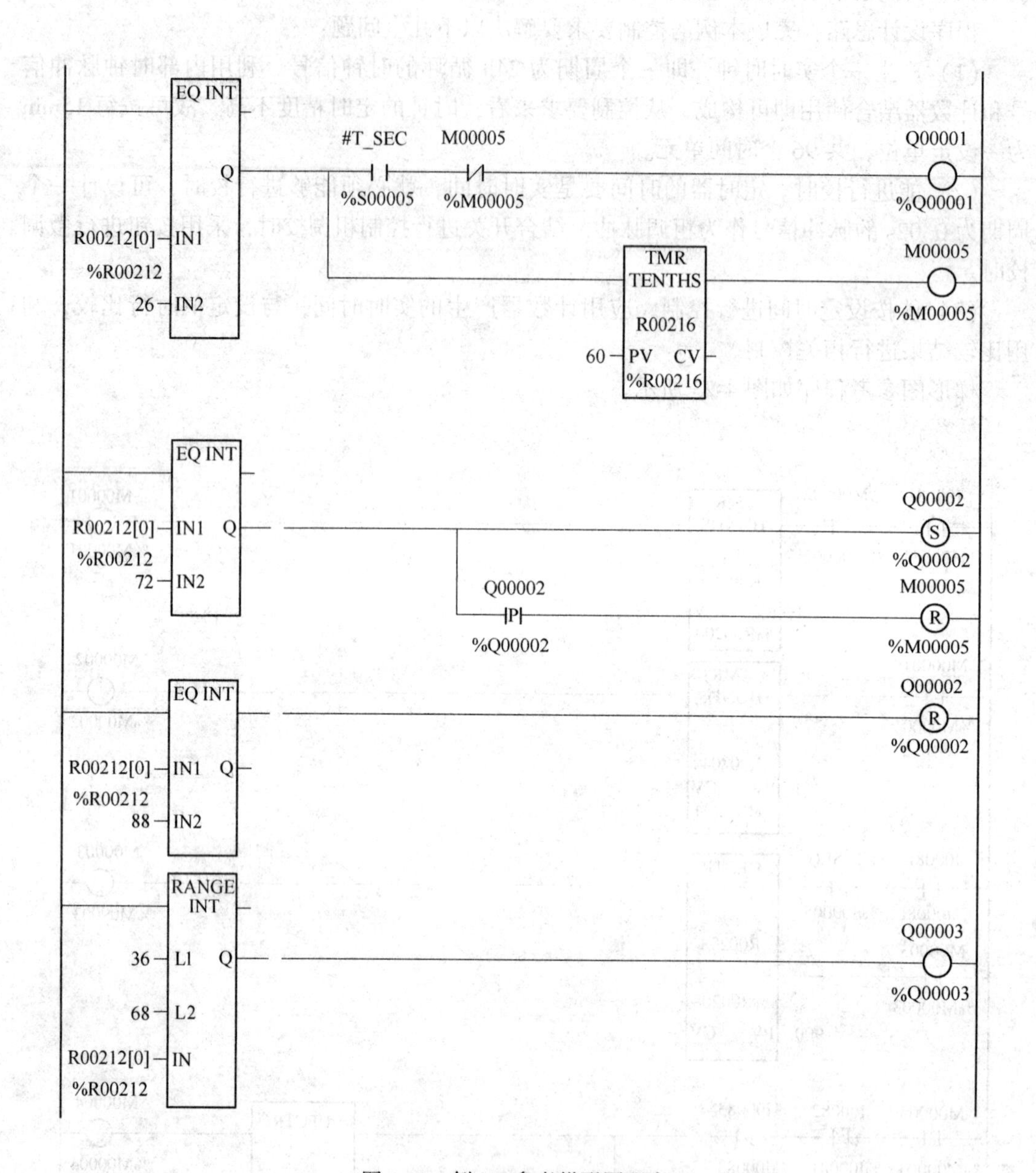

图 4-23　例 4-9 参考梯形图程序

【例 4-10】　运用循环移位指令实现 8 个彩灯的循环左移和右移。其中%00081 为启停开关，输出为%Q00001～%Q00008，要求每隔 5s 亮一个，%I00082 控制移动方向。

解题思路：首先设计一个周期为 2.5s 的脉冲信号，作为循环移位指令的移位信号，循环移位指令每 5s 只移位一次，在程序开始时，必须给循环寄存器赋初值。梯形图参考程序如图 4-24 所示。

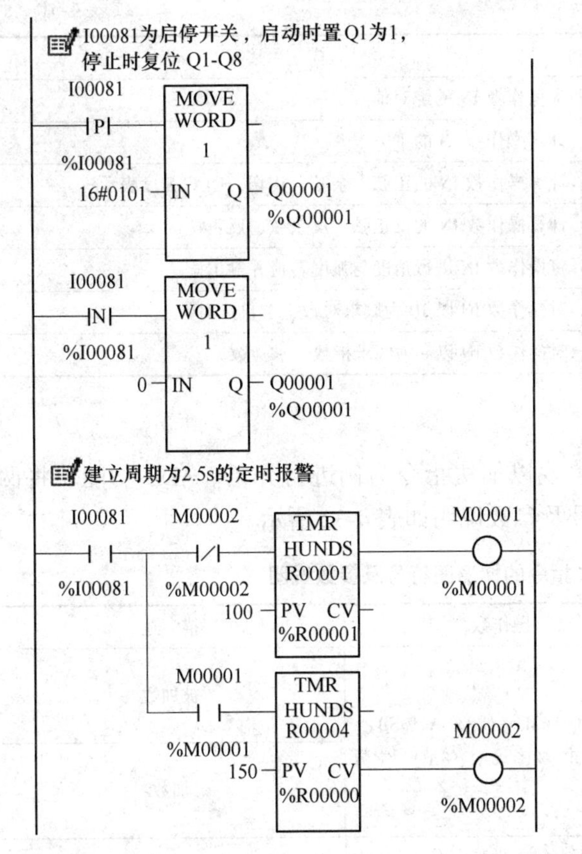

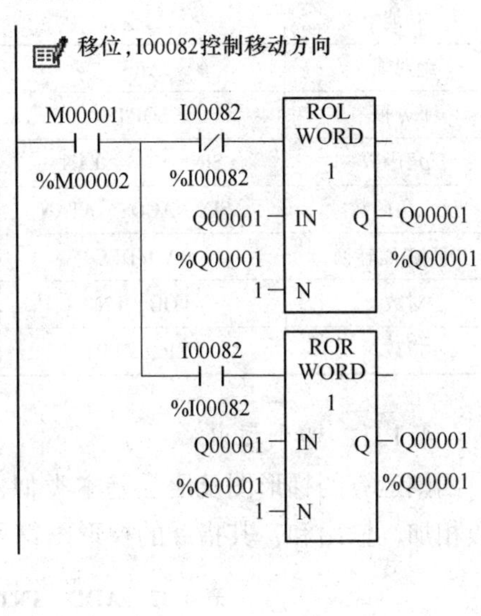

图 4-24　例 4-10 参考梯形图程序

4.4　数学运算指令及应用

4.4.1　数学运算指令

数学运算指令包括加、减、乘、除四则运算、绝对值，平方根及常用函数指令等。数学运算指令的助记符及功能描述如表 4-31 所示。

数学运算指令操作数的数据类型可以是单精度整数（INT），双精度整数（DINT），实数（REAL），双精度浮点实数（LREAL），无符号的单精度整数（UINT）。

表 4-31　数学运算指令列表

功能	助记符	描　述
加	ADD	将两个数相加，输出和
减	SUB	从一个数中减去另一个，输出差
乘	MUL	两个数相乘，输出积
除	DIV	一个数除以另一个数，输出商
模数	MOD	一个数除以另一个数，输出余数

续表 4-31

功能	助记符	描　述
绝对值	ABS	求操作数 IN 的绝对值
平方根	SQRT	计算操作数 IN 的平方根
三角函数	SIN、COS、TAN	计算操作数 IN 的正弦、余弦、正切、IN 以弧度表示
反三角函数	ASIN、ACOS、ATAN	计算操作数 IN 的反正弦、反余弦、反正切
角度/弧度转换	RAD/DEG	将操作数 IN 进行角度与弧度转换并输出
对数	LOG、LN	对操作数 IN 以 10 为底求对数、求自然对数
指数	EXP、EXPT	对操作数 IN 以 e 为底求指数、求指数

4.4.1.1 四则运算

四则运算的梯形图及语法基本类似，现以加法指令为例进行介绍。ADD 功能块将两个数相加，输出和，其指令的梯形图符号及参数说明如表 4-32 所示。

表 4-32 ADD _ INT 指令的梯形图符号及参数说明

梯形图格式	参量	操作数	描　述
Enable — ADD_INT — OK ?? — IN1 Q — ?? 被加数 和 ?? — IN2 加数	IN1	%I、%Q、%M、%G、%SA、%SB、%SC、%T、%R、%AI、%AQ、常数	被加数
	IN2		加数
	Q	%I、%Q、%M、%G、%T、%R、%AI、%AQ	和，IN1+IN2=Q

在 IN1 端为被加数，IN2 端为加数，Q 为和，当 Enable 为 1 时，无须上升沿跃变，指令就被执行，IN1、IN2 与 Q 是三个不同的地址时，Enable 端是长信号或脉冲信号没有不同。

当 IN1 或 IN2 之中有一个地址与 Q 址相同时，即 IN1（Q）= IN1+IN2 或 IN2（Q）= IN1+IN2，其 Enable 端要注意是长信号还是脉冲信号，是长信号时，该加法指令成为一个累加器，每个扫描周期执行一次，直至溢出，是脉冲信号时，当 Enable 端为 1 时执行一次。

当计算结果发生溢出时 Q 保持当前数型的最大，如果是带符号的数，则用符号表示是正溢出还是负溢出。

当 Enable 端为"1"时，指令正常执行没有发生溢出时，OK 端为"1"除非发生以下情况：对 ADD 来说，（+∞）+（-∞）；对 SUB 来说：（±∞）-（-∞）；对 MUL 来说，（0）×（∞）；对 DIV 来说 0/0、1/∞；IN1 和（或）IN2 不是数字。

在执行加、减、乘、除运算时，如果运算结果出现溢出，则结果为带有符号的最大值，并且输出使能端断开，如果没有溢出，除法运算则向下四舍五入进位到整数。若两个 16 位的数相乘产生 32 位的结果，即 Q（32BIT）= IN1（16BIT）* IN2（16BIT）时，选用 MIXED 功能块。

图 4-25 为乘、除指令的操作示意图。

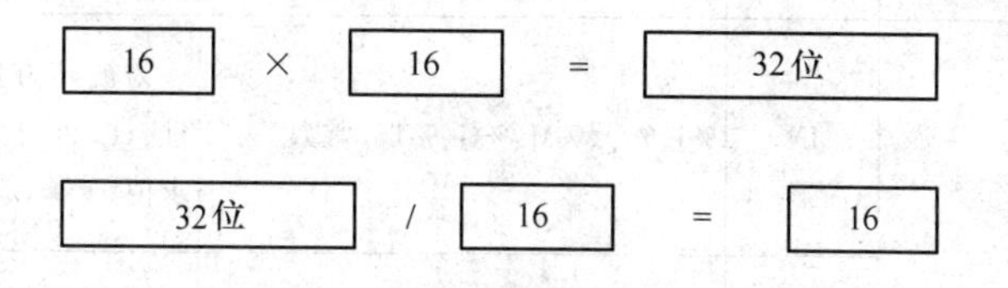

图 4-25 乘、除指令的操作示意图

注意：在四则运算中，只有相同的数据类型才能进行运算。

4.4.1.2 三角函数

PAC 提供 6 种三角函数，分别是正弦函数、余弦函数、正切函数、反正弦函数、反余弦函数、反正切函数。其指令格式和使用方法大致相同，现以正弦函数为例进行介绍三角函数的一般用法。正弦函数指令的梯形图格式及参数如表 4-33 所示。

表 4-33 正弦函数指令的梯形图格式及参数

梯形图格式	参量	操作数	描述
Enable — SIN_REAL — OK ?? — IN Q — ?? 待求值 正弦值	IN	%R、%AI、%AQ、常数	被处理的常量或参考实数
	Q	%R、%AI、%AQ	输出 IN 的三角函数值

SIN 功能块用来计算输入为弧度的正弦。当这些功能模块接收到能流，它计算 IN 的正弦值并把结果存入输出点 Q 中。其输入、输出端的取值范围如表 4-34 所示。

表 4-34 三角函数取值定义

功能函数	输入端	输出端
SIN	$-2^{63}<IN<2^{63}$	$-1\leqslant Q\leqslant 1$
COS	$-2^{63}<IN<2^{63}$	$-1\leqslant Q\leqslant 1$
TAN	$-2^{63}<IN<2^{63}$	$-\infty\leqslant Q\leqslant\infty$
ASIN	$-1\leqslant IN\leqslant 1$	$-\pi/2\leqslant Q\leqslant\pi/2$
ACOS	$-1\leqslant IN\leqslant 1$	$-\pi/2\leqslant Q\leqslant\pi/2$
ATAN	$-\infty\leqslant IN\leqslant\infty$	$-\pi/2\leqslant Q\leqslant\pi/2$

4.4.1.3 平方根

求平方根指令的梯形图格式及参数如表 4-35 所示。

表 4-35 SQRT _ INT 指令的梯形格式及参数

梯形图格式	参量	操作数	描述
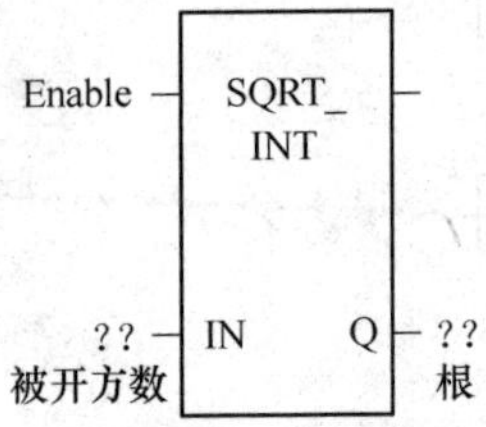 Enable — SQRT_ INT — ?? — IN Q — ?? 被开方数 根	IN	%I、%Q、%M、%G、%T、常数	为被开方数保持一常数或参考地址，IN 小于零，则功能块无能流待求值
	Q	%I、%Q、%M、%G、%T	输出 Q 为 IN 的平方根输出 Q 为 IN 的绝对值

求 IN 端的平方根，当 Enable 为“1”时，Q 端为 IN 的平方根（整数部分）。

当 Enable 为“1”时，OK 端就为“1”除非发生下列情况：IN<0；IN 不是数值。

4.4.1.4　绝对值

求绝对值指令的梯形图格式如表 4-36 所示，绝对值指令支持以下数型：INT、DINT、REAL。

表 4-36 绝对值指令的梯形格式及参数

梯形图格式	参量	操作数	描述
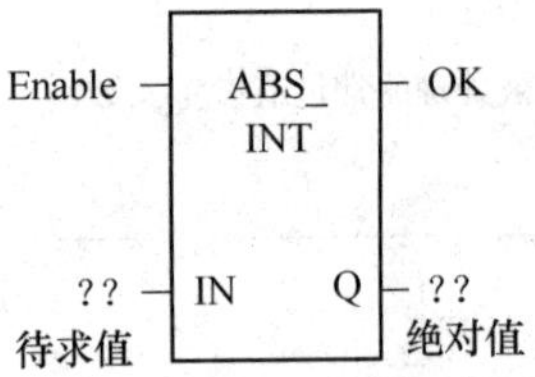 Enable — ABS_ INT — OK ?? — IN Q — ?? 待求值 绝对值	IN	%I、%Q、%M、%G、%T、%R、%AI、%AQ、常数	待求值
	Q	%I、%Q、%M、%G、%T、%R、%AI、%AQ	输出 Q 为 IN 的绝对值

求 IN 端的绝对值，当 Enable 为“1”时，Q 端为 IN 的绝对值。

当 Enable 为“1”时，OK 端就为“1”，除非发生下列情况：对数据类型 INT 来说，IN 是最小值；对数据类型 DINT 来说，IN 是最小值；对数据类型 REAL 来说，IN 不是数值。

4.4.1.5　角度、弧度的转换

角度值和弧度值的转换只支持浮点数。当 DEG _ TO _ RAD 和 RAD _ TO _ DEG 功能块被激活时，对输入 IN 的值作弧度或角度的转换，把结果放在输出点 Q 中。如果计算结果无溢出，DEG _ TO _ RAD 和 RAD _ TO _ DEG 向右传递能流，除非 IN 不是数字。以弧度向角度转换为例。DEG _ TO _ RAD 指令的梯形图格式和参数如表 4-37 所示。

表 4-37 DEG _ TO _ RAD 指令的梯形图格式及参数

梯形图格式	参量	操作数	描述
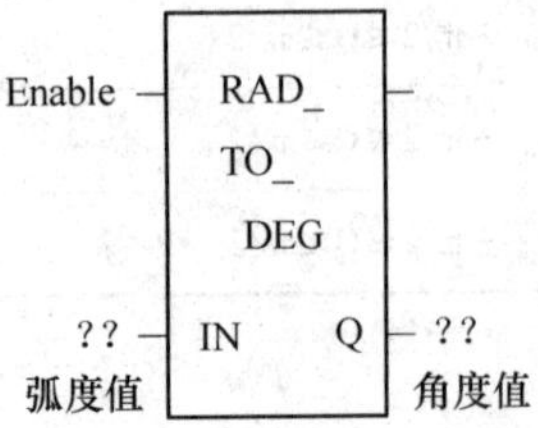 Enable — RAD_ TO_ DEG — ?? — IN Q — ?? 弧度值 角度值	IN	%R、%AI、%AQ、常数	弧度值
	Q	%R、%AI、%AQ	输出 Q 为 IN 的角度值

4.4.2 逻辑运算指令

逻辑运算功能块有与（AND）、或（OR）、非（NOT）、异或（XOR）操作，数据类型有 WORD 或 DWORD。指令的梯形图格式如图 4-26 所示。

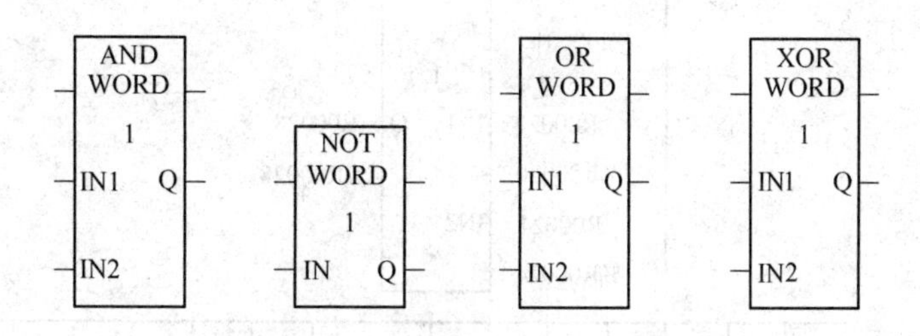

图 4-26 逻辑运算指令梯形图格式

每次逻辑运算功能块有使能输入，逻辑运算功能检查 IN1 和 IN2 位串中相应的位，从位串最小有效位开始，串长可以确定在 1~256 个字或双字之间，IN1 和 IN2 位串可以部分重叠。

与、或、非、异或指令的操作数基本一致，现以 AND 指令为例进行介绍。AND 指令的梯形图格式及参数说明如表 4-38 所示。

表 4-38 AND _ WORD 指令的梯形图格式及参数说明

梯形图格式	参量	操作数	描述
Enable — AND_WORD — ?? — I1 Q — ?? LEN 00001 ?? — I2	IN1	%I、%Q、%M、%G、%SA、%SB、%SC、%T、%R、%AI、%AQ、常数	要处理的数据第一个 WORD 或 DWORD
	IN2		在 IN 中要置位或清零的位数（1<位<16×字长）
	LEN	%I、%Q、%M、%G、%T、%R、%AI、%AQ、常数	执行与指令字的长度，IN1、IN2 和 Q 指出起始地址 LEN 指出长度
	Q	%I、%Q、%M、%G、%SA、%SB、%SC、%T、%R、%AI、%AQ	执行与操作后的结果

4.4.2.1 逻辑“与”

如果逻辑“与”功能检查的两个位都是 1，“与”功能块在输出位串 Q 中相应位置放 1。如果这两个位有一个是 0 或者两个都是 0，“与”功能块在输出位串 Q 中相应位置放 0。“与”功能块只要使能激活，就能传递能流。

可以利用逻辑“与”功能屏蔽或筛选位，仅有某些对应于屏蔽控制字中 1 的位状态信息可以通过，其他位被置 0。

图 4-27 为 AND 指令的操作示例，在图中，当 Enable 端%I00001 为 1 时，无须上升沿跃变，AND _ WORD 指令执行与操作。%R00020 与%R00024 的内容作与运算，结果存入

R00028 中。该指令最多对 256 个字，128 个双字进行与操作，当 Enable 端为 1 时 OK 端即为 1。AND 指令的操作示例如图 4-27 所示。

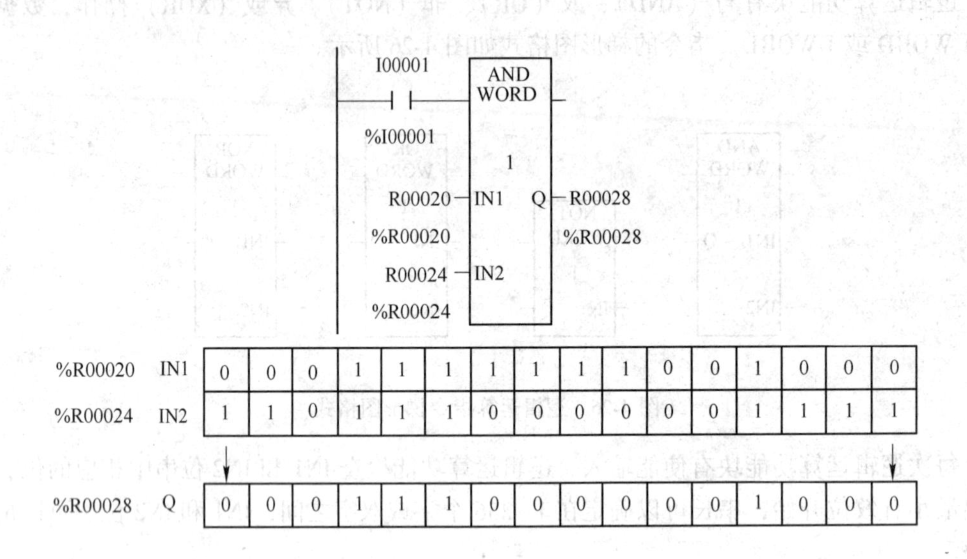

图 4-27　AND_ WORD 指令操作示例

4.4.2.2　逻辑“或”

如果逻辑“或”功能块检查的任一位是 1，“或”功能块在输出位串 Q 中相应如果置放 1。如果这两个位都是 0，“或”功能块在输出位串 Q 中相应如果置放 0。“或”功能块只要使能激活，就能传递能流。

可以利用逻辑“或”功能设计一个简单的逻辑结构组合串或者控制很多输出，例如可以利用逻辑“或”功能根据输入点状态直接驱动指示灯，或使状态灯闪烁。

4.4.2.3　逻辑“异或”

当逻辑“异或”功能块接收到信息流时，就对位串 IN1 和 IN2 中每个相应的位进行比较，如果某对位的状态不同，逻辑“异或”功能块就在输出位串 Q 中相应的位置放入 1。逻辑“异或”功能块使能激活，就向右传递能流。

可以利用逻辑“异或”快速比较两个位串，或者使一个组位以每两次扫描一次 ON 的速率闪烁。

4.4.3　数学运算指令应用举例

【例 4-11】　试编程实现（cos40°+sin60°）＊e^3的计算，程序如图 4-28 所示。

【例 4-12】　在工业控制中，经常使用传感器来检测一些模拟量，如使用温度传感器来检测温度，但是传感器采集到的是电信号。如何把传感器采集到的值转换成物理量的实际值，这就需要按比例放大模拟值。例如，温度传感器在最低测温度 T_{min}（R00096）时，电压为 V_{min}（R00112），在最高检测温度 T_{max}（R00100）时，起输出电压为 V_{max}（R00124），需要找到输出电压为 V 时所对应的温度 T。这一问题可以通过 PLC 的四则运算来实现，其梯形图程序如图 4-29 所示。

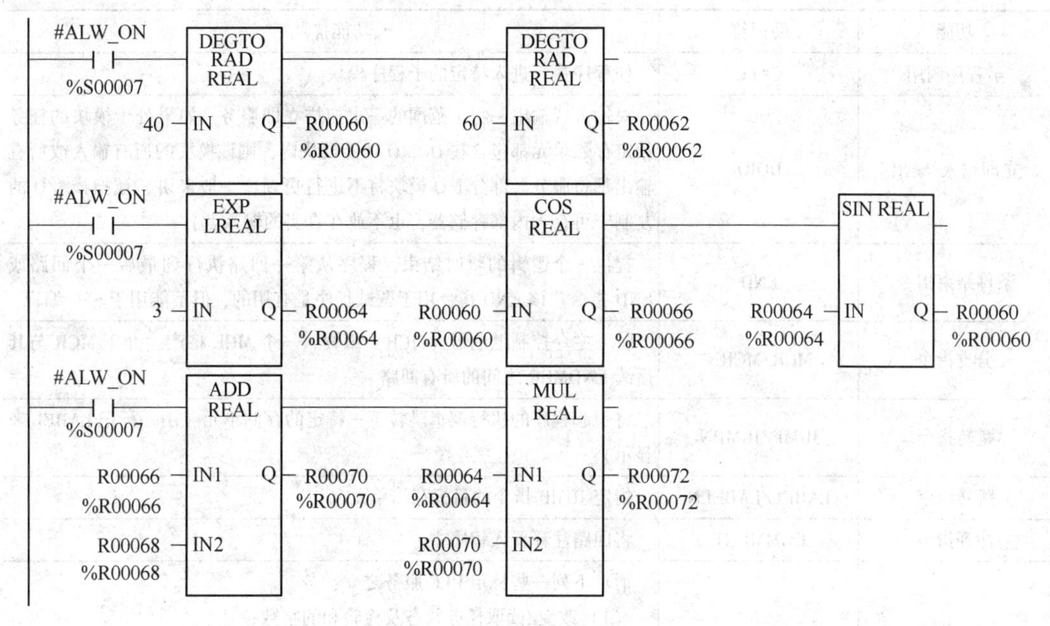

图 4-28 程序图

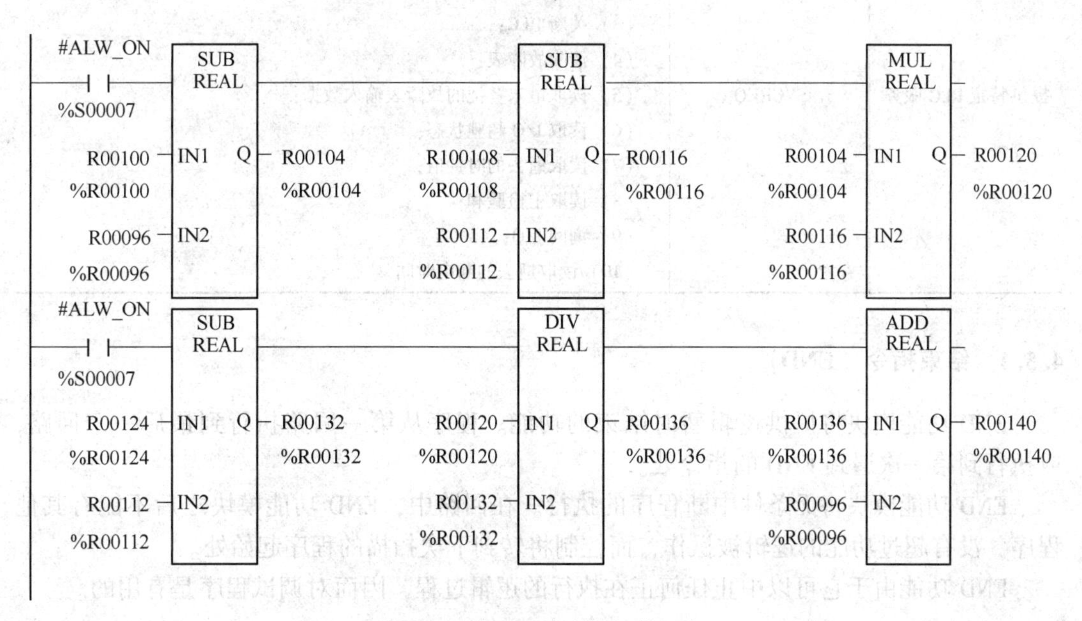

图 4-29 按比例放大模拟值程序

4.5 控制指令及应用

GE PAC 提供以下控制指令功能指令：CALL、DODI、END、MCR 与 MCRN、JUMP 与 JUMPN、LABEL 与 LABELN、COMMENT、SVCREQ 及 PID。这组指令提供控制 PLC 程序运行顺序的功能。控制类功能指令如表 4-39 所示。

表 4-39 控制类功能指令列表

功能	助记符	功能描述
子程序调用	CALL	使程序执行进入特定的子程序模块
立即输入/输出	DOIO	对输入或输出一特定范围的一次扫描立即服务。如果处于模块的任务给定存贮单元都包含在 DOI/O 功能模块内，则该模块的所有输入或所有输出都将服务。部分 I/O 模块将不进行更新，一般来讲，被扫描 I/O 的复制宁可存入内部存储器，也不放在真实的输入点上
条件结束指令	END	提供一个逻辑的暂时结束，程序从第一回路执行到最后一个回路或 END 指令。该 END 指令用于调试程序是有用的，但不能用于 SFC 编程
分支指令	MCR/MCRN	将一主令控制继电器（MCR）编程，一个 MCR 将产生介于 MCR 与其后续 ENDMCR 之间的所有回路
跳转指令	JUMP/JUMPN	将引起程序的执行逻辑跳转至一特定的存储单元（由一标记 LABEL 来显示）
跳转结束	LABEL/LABELN	指定 JUMP 指令的目标存储单元
注释指令	COMMENT	将回路注释置入程序中
提供特定 PLC 服务	SVCREQ	请求下列一些特定 PLC 服务之一： （1）改变/读取任务状态及检验和的字数； （2）改变/读取日历时钟时值； （3）关断 PLC； （4）清除故障表； （5）读取最末登记的故障表输入数据； （6）读取 I/O 超驰状态； （7）读取逝去的时钟值； （8）读取主检验和； （9）询问 I/O； （10）读取逝去的断电时间

4.5.1 结束指令（END）

END 功能模块将提供逻辑暂时结束的功能。程序从第一回路执行到最后一个回路，或执行到第一次遇到 END 的指令处。

END 功能模块将无条件中断程序的执行。在回路中，END 功能模块之后不能有其他程序。没有超过功能的逻辑被操作，而控制将转到下次扫描的程序起始处。

END 功能由于它可以中止任何正在执行的逻辑过程，因而对调试程序是有用的。

4.5.2 跳转与标号指令（JUMP/LABEL）

跳转指令可以使 PLC 编程的灵活性大大提高，使主机可根据不同的条件判断，选择不同的程序段执行程序。跳转指令由 JUMPN 和 LABELN 组成。

跳转指令（JUMP）可以跳过一部分程序逻辑。程序的执行将在规定的 LABEL 处再继续进行。当 JUMP 起作用时，其范围内的所有线圈均将脱离其以前的状态。这将包括一些与定时器、计数器、锁存器和继电器相关的线圈。JUMP/LABEL 指令的梯形图格式及操作数如表 4-40 所示。

表 4-40 JUMP/LABEL 指令的梯形图格式及操作数

梯形图格式	操作数	描述
??? JUMP 跳转指令	???? 跳转标号	跳转的目标标号名称，不能以数字开头
LABEL1 跳转标号指令		跳转指令中的标号与标号指令中的标号相同

图 4-30 是跳转指令在梯形图中应用的例子。图中 JUMPN 有一个与之相关联的标号（LABEL02）。当 M00002 为 1 时，跳转条件成立，该指令执行如下功能：

（1）JUMPN 和 LABELN 之间的程序被忽略不执行。程序将跳到 JUMPN 所关联的 LABEL02 处继续运行。

（2）JUMPN 和 LABELN 之间的程序段中若有子程序将不被调用。

（3）JUMPN 和 LABELN 之间的所有线圈保持它们先前的状态，包括定时器、计数器、锁存器和继电器相关联的线圈。

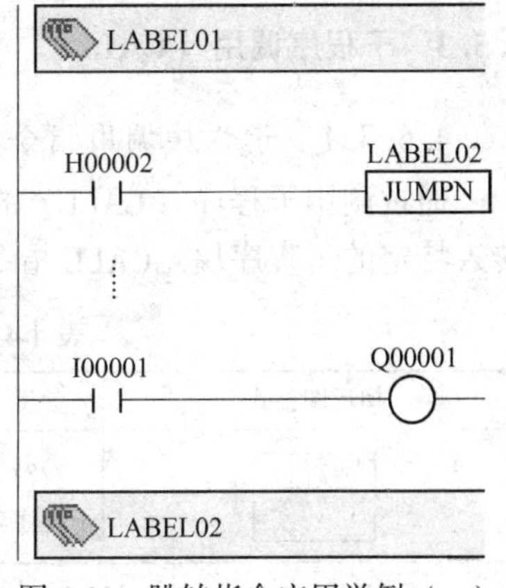

图 4-30 跳转指令应用举例（一）

（4）任何 JUMPN 能向前跳转也能向后跳转，跳转指令及标号必须同时在主程序内或同一子程序内，同一终端服务程序内，不可由主程序跳转到中断服务程序或子程序，也不可由中断服务程序或子程序跳转到主程序。

注意：

当控制开关 I00081 闭合时，第一条跳转指令条件不满足，顺序执行 JUMPN AA 与 LABELN AA 之间的程序段，当控制开关 I00081 断开时，第一条跳转指令条件满足，程序跳过 JUMPN AA 与 LABELN AA 之间的程序段，执行 LABELN AA 之后的程序段。

【例 4-13】 用 JUMPN 指令编写一个程序，当闭合控制开关（I00081）时，灯 1（Q00003）亮，经过 10s 后灯 1 灭。当断开控制开关时，灯 2（Q00002）开始闪烁（亮 0.5s 灭 0.5s）经过 5s 后灯 2 灭。程序如图 4-31 所示。

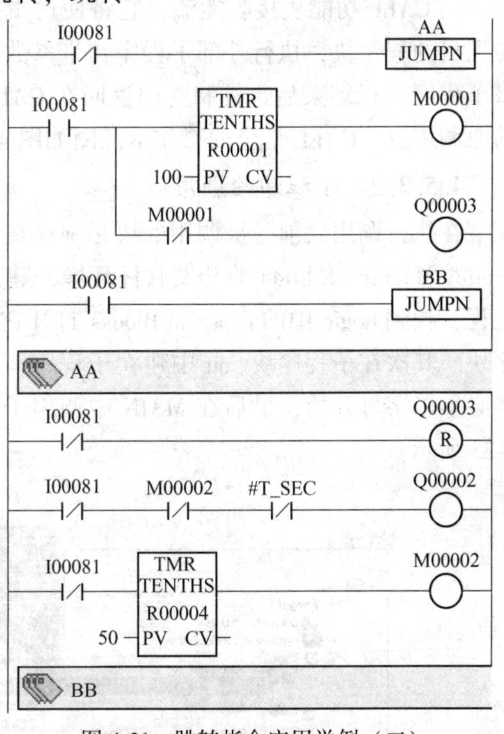

图 4-31 跳转指令应用举例（二）

（1）跳转指令 JUMPN 和跳转标号指令 LABELN 的所关联的标号必须一致。

（2）为了避免由向前或向后 JUMPN 指令建立一个死循环，一个向后 JUMPN 应该包含一条有条件的路径。

（3）一个 JUMPN 指令的右端不连接任何指令或语句。

（4）多条跳转指令可对应同一标号，但不允许一个跳转指令对应多个相同标号，即在程序中不能出现两个相同的标号。

（5）一个 JUMPN 与和它相关联的 LABELN 能放在程序的任何地方，只要 JUMPN/LABELN 在下面的范围内：

不与 MCRN/ENDMCRN 对的范围重叠；

不与 FOR_LOOP/END_FOR 对的范围重叠。

4.5.3　子程序调用（CALL）

4.5.3.1　子程序调用指令

通过调用子程序（CALL）指令可以实现模块化程序的功能。CALL 指令可以使程序转入特定的子程序块。CALL 指令的梯形图符号及参数如表 4-41 所示。

表 4-41　CALL 指令的梯形图符号及参数

梯形图格式	参量	操作数	描述
CALL ????	???? 子程序名	不超过 7 个字符	子程序的名称必须以字母开始

当 CALL 功能块接收能流，它将使逻辑执行立即跳转到目的程序块，执行外部子程序（带参数或无参数）。该子程序执行结束后，控制立即返回在 CALL 指令之后的原调用点。CALL 指令的操作示意图如图 4-32 所示。

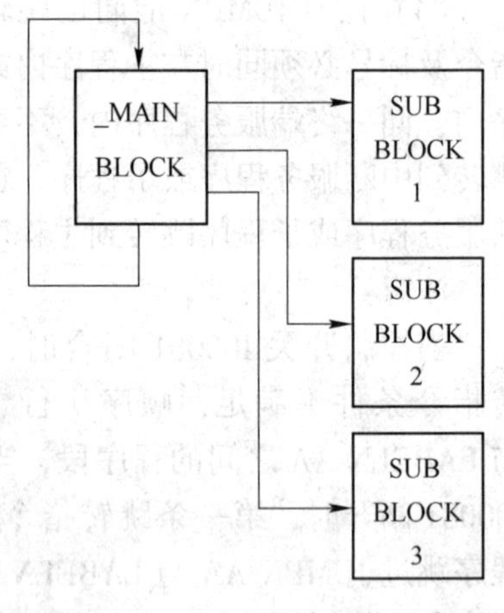

图 4-32　CALL 指令操作示意

4.5.3.2　子程序的调用

在执行调用之前，被调用的块必须存在。首先打开 Proficy Machine Edition 的开发软件环境，建立一个新的工程，找到 Logic 中的 Program Blocks 打开它，建立子程序块。其次在子程序块 you 中建立子程序，子程序的命名必须以字母开始，最后在 MAIN 中调用子程序。如图 4-33 所示。

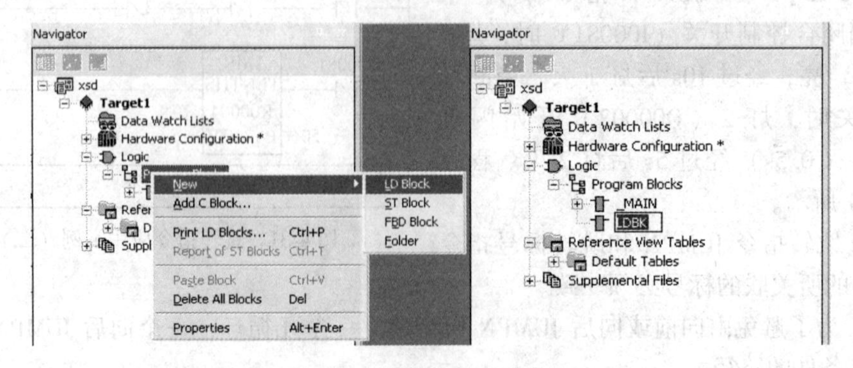

图 4-33　新建梯形图子程序

其次，在子程序块中建立子程序，子程序的名称可以修改，命名必须以字母开始，最后在 MAIN 中调用子程序。还可以根据需要建立多个子程序，但最多不超过 512 个，如图 4-34 所示。

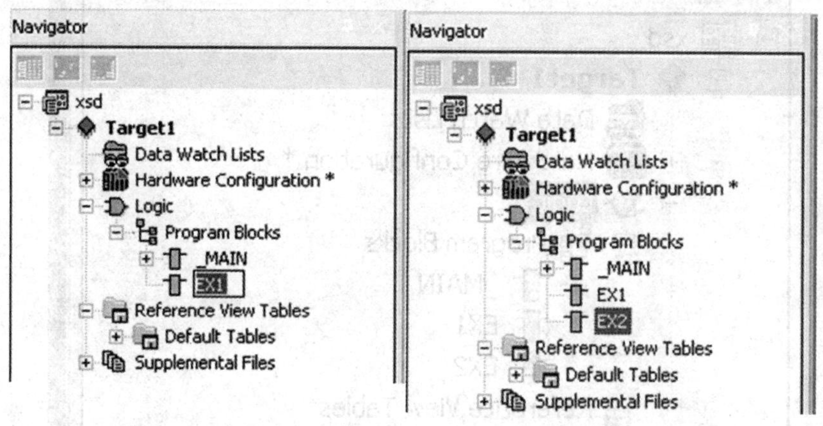

图 4-34 修改子程序名称

然后打开子程序的属性窗口，配置子程序的参数，对带有参数调用子程序的使用，PAC 软件中程序编写应该注意设置参数，结合自己编写的程序来设置 Inputs 中的 Data Type（数据类型），Pass By（路径）和 Outputs 中的 Data Type（数据类型），如图 4-35 所示。带参数子程序与不带参数子程序的符号有所不同，如图 4-36 所示。

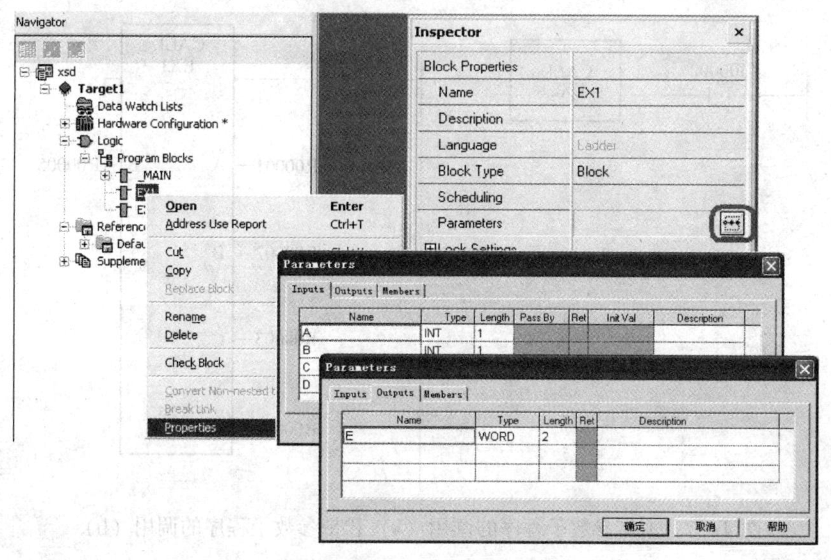

图 4-35 配置子程序参数

最后在主程序中调用子程序，如图 4-37 所示。

4.3.3.3 子程序调用注意事项

注意：

(1) 一个 CALL 功能块能在任何程序块中使用，包括_ MAIN 块或一个带参数块。但不能在一个外部块中使用。

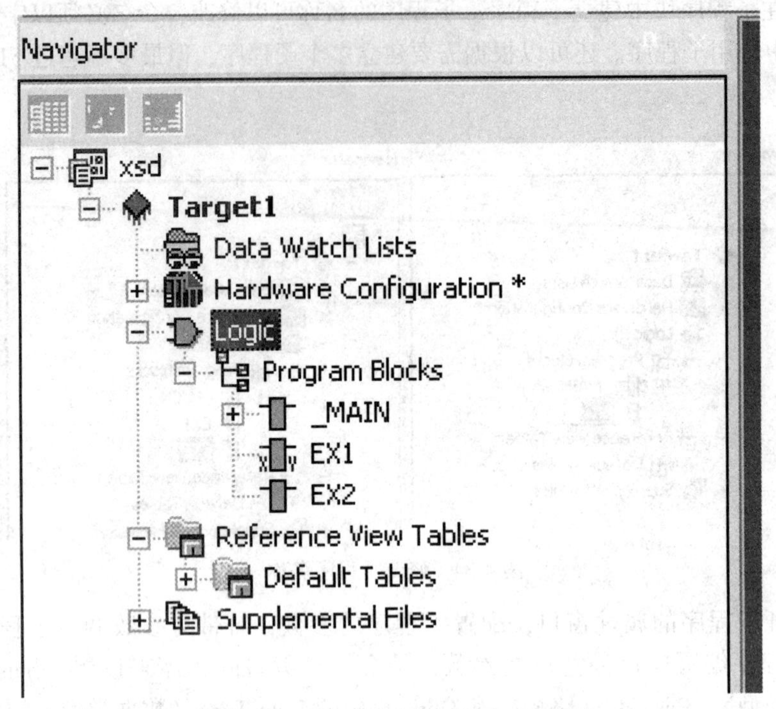

图 4-36 带参数子程序与不带参数子程序

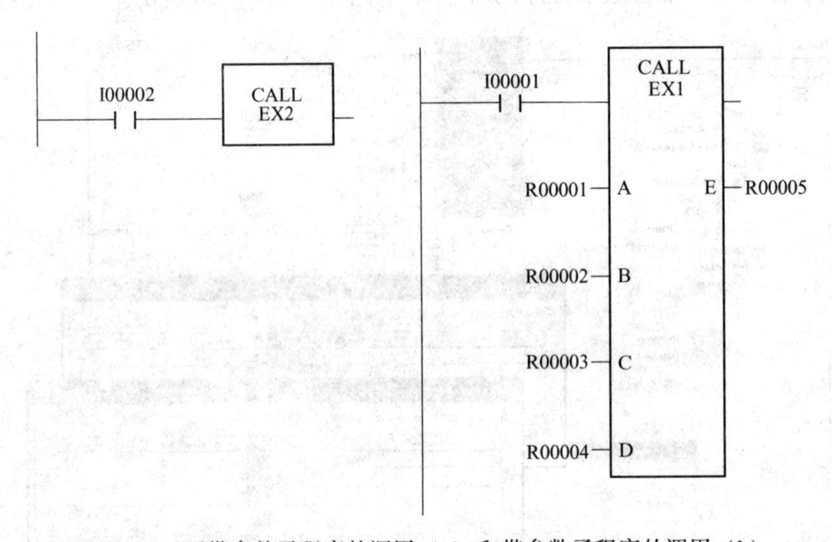

图 4-37 不带参数子程序的调用（a）和带参数子程序的调用（b）

（2）不能调用一个_MAIN 块。

（3）执行调用之前，被调用的块必须存在。

（4）一个已知块的调用和被调用的次数没有限制。

（5）通过调用块本身可以形成递归子程序。当堆栈容量配置为默认值（64K），PLC 保证在“应用堆栈溢出”。溢出错误发生之前 8 个嵌套调用中最小一个调用。

（6）当一个程序块、带参模块或外部 C 块的 Y0 参数返回 ON 时，CALL 向右传递能流，当返回为 OFF 时，CALL 不向右传递能流。

4.5.4　程序控制类指令应用举例

【例 4-14】　彩灯控制。设计一彩灯控制程序要求能实现如下功能：前 64s，16 个输出（Q00001～Q00016），初态为 Q00001 闭合，其他打开，依次从最低位到最高位移位闭合，循环 4 次；后 64s，16 个输出（Q00001～Q00016），初态为 Q00016 和 Q00015 闭合，其他打开，依次从最高位到最低位两两移位闭合，循环 8 次。

【控制方案设计】

（1）根据控制要求，分配输入输出端口。

启动开关：I00001；　16 个彩灯：QW0

（2）梯形图程序设计。

根据控制要求，可以把控制任务分解成以下几个小问题，分别用子程序来实现：

1）设计一个周期为 128s，占空比为 50%的连续脉冲信号。根据控制要求，彩灯的点亮方式有两种：前 64s，单灯循环点亮，后 64s，双灯循环点亮，整个循环周期则是 128s，故可以采用设计的脉冲信号作为彩灯循环点亮的启动信号。

2）设计单灯循环点亮的子程序。

前 64s，要求 16 个灯从低位到高位依次循环点亮，每次亮一个灯，可以采用字循环左移指令实现。

3）设计双灯循环点亮的子程序。

后 64s，要求 16 个灯从高位到低位依次循环点亮，每次亮两个灯，可以采用字循环右移指令实现。

彩灯控制的梯形图程序如图 4-38～图 4-42 所示。

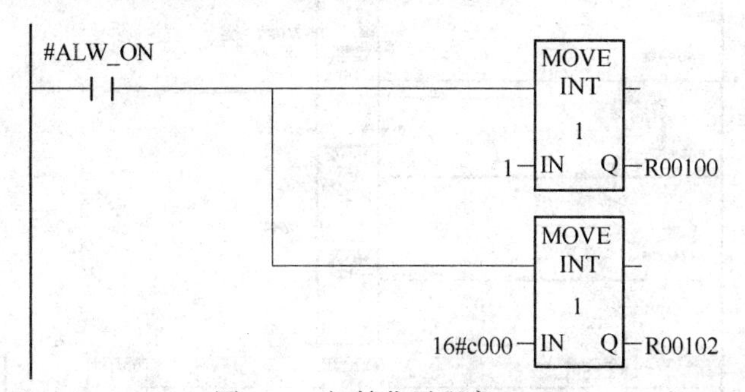

图 4-38　初始化子程序 init

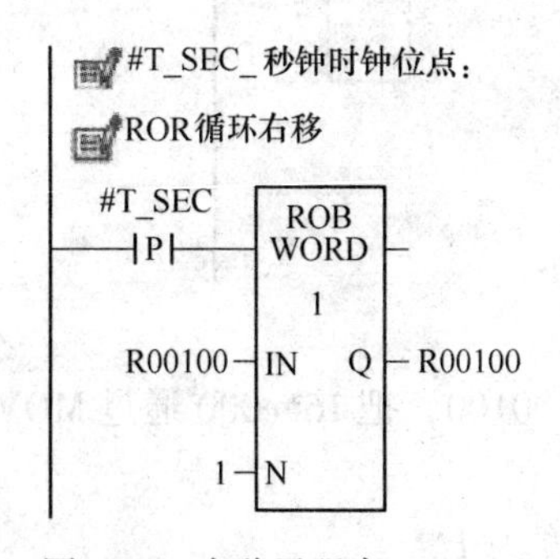

图 4-39　右移子程序 youflash

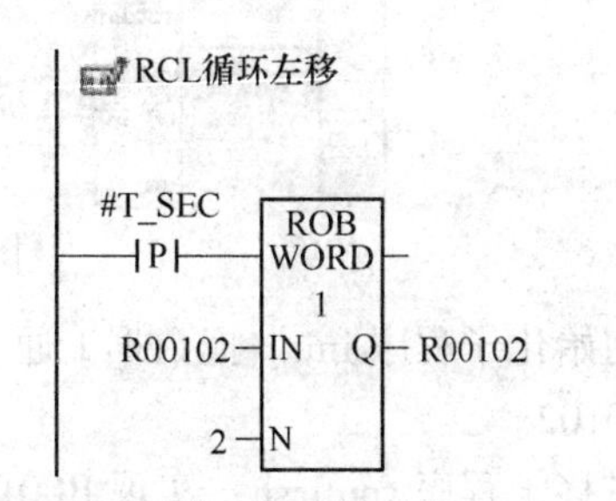

图 4-40　子程序 zuoflash

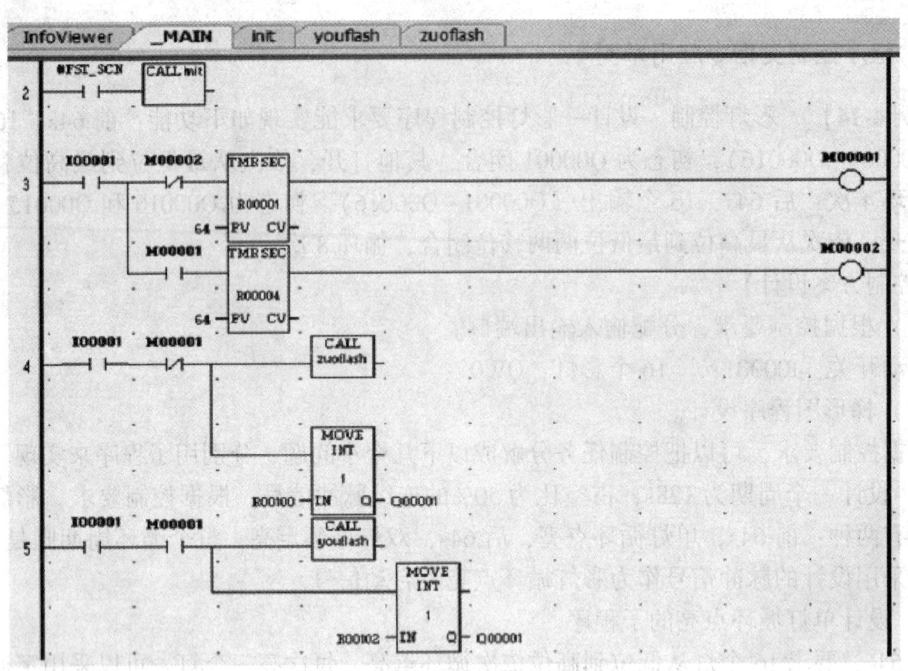

图 4-41 彩灯控制主程序 MAIN

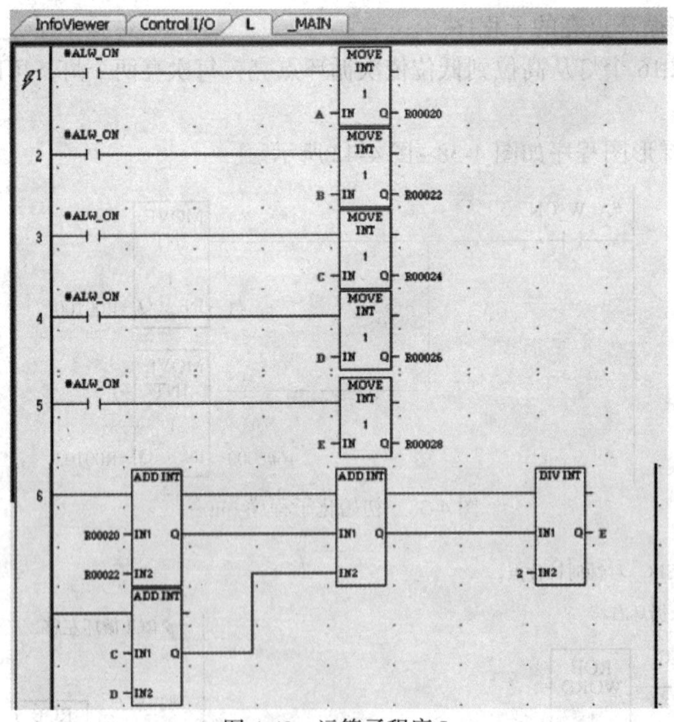

图 4-42 运算子程序 L

初始化子程序 init。把数据 1 通过 MOVE 指令给 R00100，把 16#c000 通过 MOVE 指令给 R00102。

右移子程序 youflash：实现 R00100 的右移移动长度为 1。

子程序 zuoflash，实现 R00102 的左移，移动长度为 2。

在主程序 MAIN 中，程序运行开始首先调用初始化子程序 init，I00001 接通，产生周期为 128s 的脉冲，前 64s 调用左移子程序，后 64s 调用右移子程序。

【例 4-15】 设计一个带参数传递的子程序，实现数学运算等式：(6+8+12+10)/2 =18。

【控制方案设计】

在带参数的子程序调用中，对梯形图编辑时，先在子程序中建立参数，再对子程序参数进行编辑，最后再在主程序中引入程序块。

（1）设计运算子程序。其参考程序如图 4-42 所示。

（2）设置子程序的参数：

在对子程序的梯形图设计完毕之后，接着是对子程序调用输入与输出端口的设置。用鼠标右击子程序 L，接着用鼠标移动到 Properties 选项，会出现 Inspector 对话框；在 Inspector 对话框点击 Parameters，对子程序的参数输入输出进行设置如图 4-43~图 4-46 所示。

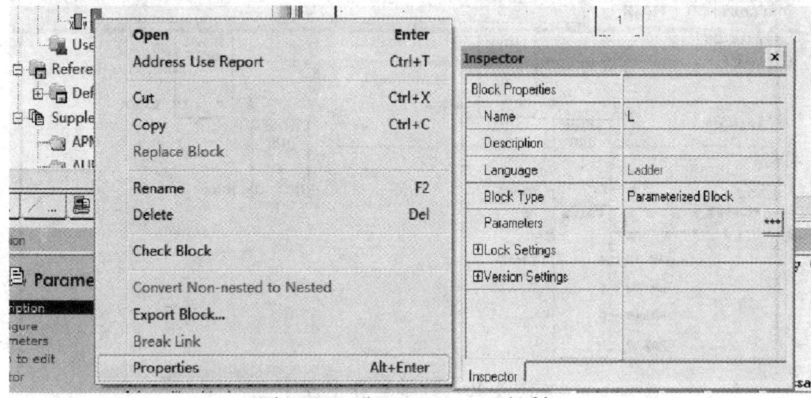

图 4-43 进入 Inspector 对话框

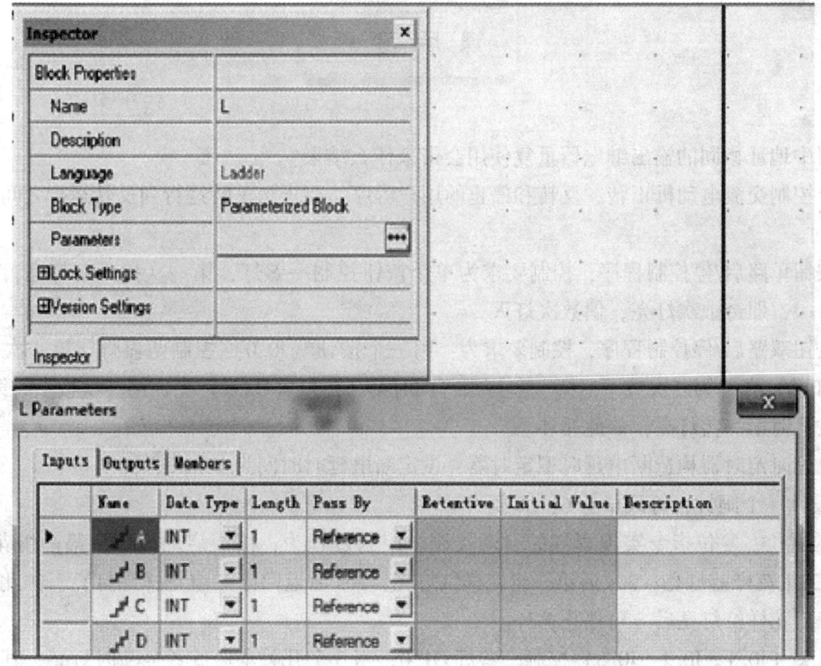

图 4-44 子程序输入参数设置

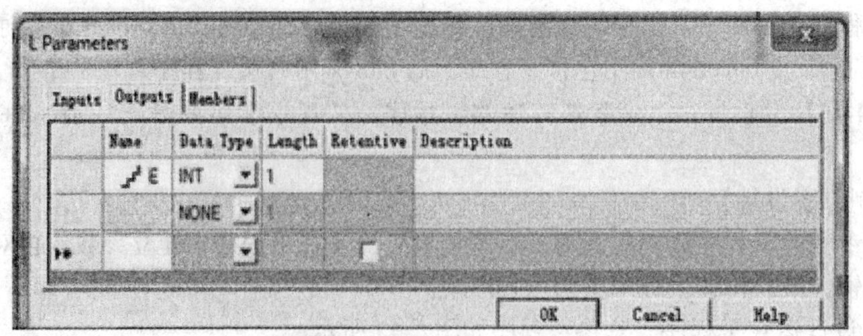

图 4-45　子程序输出参数设置

（3）主程序：传递数据，并实现数学运算。

带参数子程序调用，输入的数据给子程序，并且将子程序的结果输出。参考程序如图 4-46 所示。

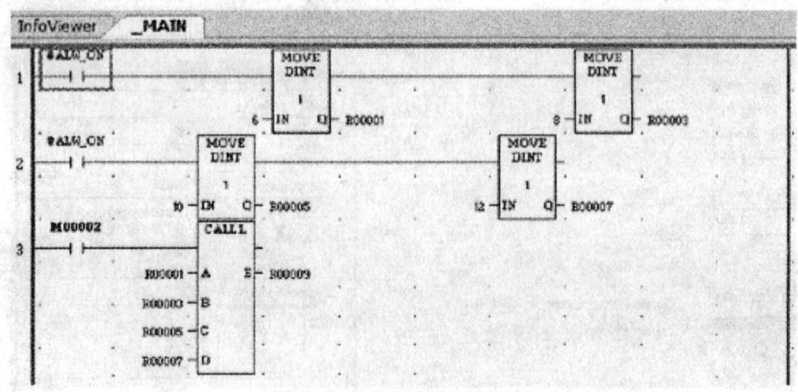

图 4-46　数学运算主程序

课 后 习 题

1. 在梯形图中地址相同的输出继电器重复使用会带来什么结果？
2. 设计一个控制交流电动机正转、反转和停止的用户程序，要求从正转运行到反转运行之间的切换必须有 2s 延时。
3. 编写单按钮单路启/停控制程序，控制要求为单个按钮控制一盏灯，第一次按下时灯亮，第二次按下时灯灭，…，即奇数次灯亮，偶数次灯灭。
4. 编写单按钮双路启/停控制程序，控制要求为：用一个按钮（I0.0）控制两盏灯，第一次按下时第一盏灯（Q0.0）亮，第二次按下时第一盏灯灭，同时第二盏灯（Q0.1）亮，第三次按下时第二盏灯灭，第四次按下时第一盏灯亮，如此循环。
5. 请用通电延时定时器构造断电延时型定时器，设定断电延时时间为 10s。
6. 用 PLC 设计一个闹钟，每天早上 6：00 闹铃。
7. 用 PLC 的置位、复位指令实现彩灯的自动控制。控制过程为：按下启动按钮，第一组花样绿灯亮；10s 后第二组花样蓝灯亮；20s 后第三组花样红灯亮，30s 后返回第一组花样绿灯亮，如此循环，并且仅在第三组花样红灯亮后方可停止循环。
8. 用 3 个开关（I0.1、I0.2、I0.3）控制一盏灯 Q1.0，当 3 个开关全通或者全断时灯亮，其他情况灯灭

(提示：使用比较指令)。

9. 用3台电动机相隔5s启动，各运行20s，循环往复。使用移位指令和比较指令完成控制要求。

10. 现有3台电动机M1、M2、M3，要求按下启动按钮I0.0后，电动机按顺序启动（M1启动，接着M2启动，最后M3启动），按下停止按钮I0.1后，电动机按顺序停止（M3先停止，接着M2停止，最后M1停止）。试设计其梯形图并写出指令表。

11. 如图6-47所示为两组带机组成的原料运输自动化系统，该自动化系统的启动顺序为：盛料斗D中无料，先启动带机C，5s后再启动带机B，经过7s后再打开电磁阀YV，该自动化系统停机的顺序恰好与启动顺序相反。试完成梯形图设计。

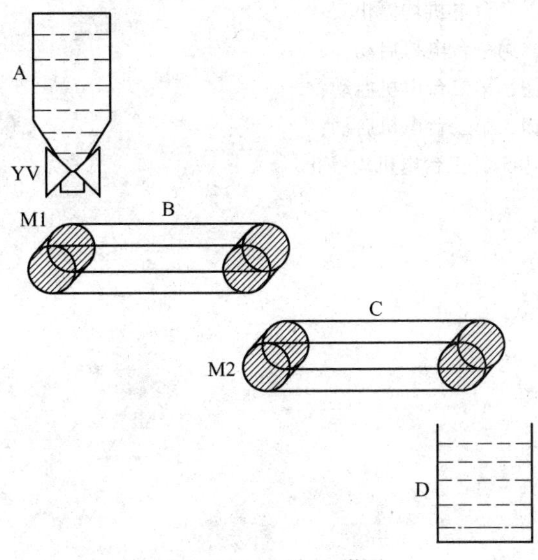

图4-47　习题11附图

12. 如图4-48所示，若传送带上20s内无产品通过则报警，并接通Q0.0。试画出梯形图并写出指令表。

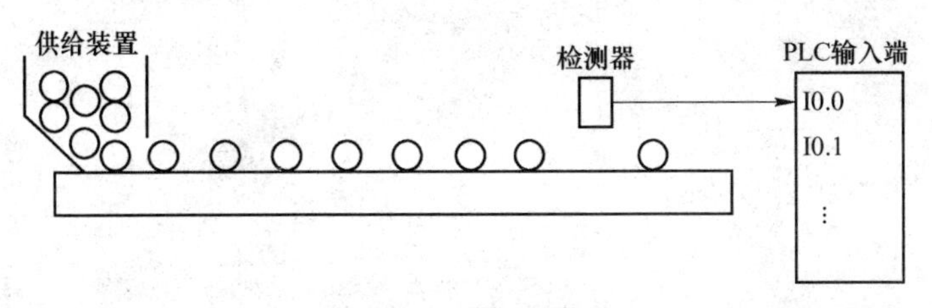

图4-48　习题12附图

13. 移位指令构成移位寄存器，实现广告牌字的闪耀控制。用HL1～HL4四只灯分别照亮“欢迎光临”四个字，其控制要求见表4-42，每步间隔1s。

表4-42　广告牌字闪耀流程

流　程	1	2	3	4	5	6	7	8
HL1	√				√		√	
HL2		√			√		√	
HL3			√		√		√	
HL4				√	√		√	

14. 使用带参数的子程序实现一位数加法计算器计算结果的显示：

（1）计算结果存放在%R00001 中，数据类型为 INT 型；

（2）第一个数码管显示计算结果的十位数，第二个数码管显示计算结果的个位数。

15. 试编程实现三台电机启动停止的问题：

（1）用一个点动按钮实现电机的启动和停止控制，即：第一次按动按钮，三台电机分别隔 2s 顺序启动；第二次按动按钮，三台电机分别隔 2s 反序停止。

（2）第一次按动按钮，第一台电机启动；
第二次按动按钮，第二台电机启动；
第三次按动按钮，第三台电机启动；
第四次按动按钮，三台电机均停止。

（3）一次性按动按钮，第一台电机启动；
连续按动两次按钮，第二台电机启动；
连续按动三次按钮，第三台电机启动；
长时间按动按钮达 5s，三台电机均停止。

5 PAC人机界面与iFIX组态

人机界面是在操作人员和机器设备之间作双向沟通的桥梁，用户可以自由地组合文字、按钮、图形、数字等来处理或监控管理及应付随时可能变化信息的多功能显示屏幕。随着机械设备的飞速发展，以往的操作界面需由熟练的操作员才能操作，而且操作困难，无法提高工作效率。但是使用人机界面能够明确指示并告知操作员机器设备目前的状况，使操作变得简单生动，并且可以减少操作上的失误，即使是新手也可以很轻松地操作整个机器设备。

5.1 人机界面与组态软件介绍

人机界面也称为用户界面或使用者界面，从广义上来说是指人与计算机（包括PLC）之间传递、交换信息的媒介和对话接口，是计算机系统的重要组成部分。人机界面是系统和用户之间进行交互和信息交换的媒介，它可实现信息的内部形式与人类可以接受形式之间的转换。凡参与人机信息交流的领域都存在着人机界面。

在控制领域，人机界面一般是指操作人员与控制系统之间进行对话和相互作用的接口设备。人机界面可以用字符、图形和动画形象生动地动态显示现场数据和状态，操作人员通过输入单元（比如触摸屏、键盘、鼠标等）发出各种命令和设置的参数，通过人机界面来控制现场的被控对象。此外人机界面还有报警、数据存储、显示和打印报表、查询等功能。人机界面可以在比较恶劣的工作环境中长时间地连续运行，一般安装在控制屏上，能够适应恶劣的现场环境，可靠性好，是PLC的最佳搭档。如果在工作环境条件较好的控制室内，也可以采用计算机作为人机界面装置。

随着工业自动化技术和计算机的发展，需要计算机对现场控制设备（比如PLC、智能仪表、板卡、变频器等）进行监控的要求越来越强烈，于是数据采集与监视控制（Supervisory Control And Data Acquisition，简称SCADA）系统应运而生。凡是具有数据采集和系统监控功能的软件，都可以称为组态软件，它是建立在PC基础之上的自动化监控系统，SCADA系统的应用领域很广，它可以应用于电力系统、航空航天、石油、化工等领域的数据采集与监视控制以及过程控制等诸多领域。

5.1.1 人机界面与触摸屏

人机界面是自动化系统的标准配置，是操作人员与控制对象之间双向沟通的桥梁，很多的工业控制对象要求控制系统具有很强的人机界面功能，用来实现操作人员与控制系统之间的对话和相互作用。人机界面装置可以显示控制对象的状态和各种系统信息，也可以接收操作人员发出的各种命令和设置的参数，并把它们传送到PLC。人机界面一般都安装在控制柜上，所以其必须能够适应比较恶劣的现场环境，对其可靠性的要求也比较高。

过去人们将常用按钮、开关和指示灯等作为人机界面，而这些装置提供的信息量比较少，操作困难，需要技术熟练的操作人员来操作。现在的人机界面几乎都使用液晶显示屏，小尺寸的液晶显示屏只能显示数字和字符，称为文本显示器（Text Display，TD），大一些的可以显示点阵组成的图形，显示器颜色有单色、8色、16色、256色或更多颜色。

触摸屏是人机界面的发展方向，是一种最新的电脑输入设备，它是目前最简单、方便的一种人机交互方式。触摸屏输入是靠触摸显示器的屏幕来输入数据的一种新颖的输入技术。用户可以在触摸屏的画面上设置具有明确意义和提示信息的触摸式按键。其优点是操作简便直观、面积小、坚固耐用和节省空间。

触摸屏由触摸检测部件和触摸屏控制器组成；触摸检测部件安装在显示器屏幕前面，用于检测用户触摸位置，接收后送到触摸屏控制器。而触摸屏控制器的主要作用是从触摸点检测装置上接收触摸信息，并将它转换成触点坐标，再送给CPU，它同时能接收CPU发来的命令并加以执行。按照触摸屏的工作原理和传输信息的介质，把触摸屏分为四种，分别为电阻式、电容感应式、红外线式以及表面声波式。每一类摸屏都有其各自的优缺点，要了解哪种触摸屏适用于哪种场合，关键就在于要懂得每一类触摸屏技术的工作原理和特点。具体的相关知识读者可以参阅相关的专业资料来进一步熟悉。在控制系统中主要是以应用为主。

5.1.2 人机界面的组成

人机界面由硬件和软件共同组成：

（1）HMI硬件：一般分为运行组态软件程序的工控机（或PC）和触摸屏两大类。

（2）HMI软件：运行于PC Windows操作系统下的组态软件，比如GE公司的上位机iFIX组态软件、西门子公司的组态软件WinCC；运行于触摸屏上的组态软件，不同公司的触摸屏有不同的组态软件，比如西门子触摸屏的组态软件WinCC Flexible、台达触摸屏编程软件Screen Editor、GE公司的QuickPanel View/Control触摸屏仍旧在PME软件中进行开发编程。

5.2 PAC触摸屏的基本结构

QuickPanel View/Control是当前最先进的紧凑型控制计算机，它提供不同的配置来满足用户的使用需求，既可以作为全功能的HMI（人机界面），也可以作为HMI与本地控制器和分布式控制器应用的结合。无论是网络环境还是单机，QuickPanel View/Control都是工厂人机界面及控制地很好的解决方案。

QuickPanel View/Control采用Windows CE.NET作为其操作系统，它是一个图形界面的完全32位操作系统。是Win32应用编程接口的一个子集，简化了现有软件从Windows其他版本的移植过程。

QuickPanel View/Control提供了从6″到15″各种尺寸的显示器，可选择单色、STN色或TFT色显示，可扩展内存和各种现场总线卡以及微型闪存、QuickPanel View/Control配有各种类型的存储器来满足甚至是最为苛刻的应用。

QuickPanel View/Control是为最大限度的灵活性而设计的多合一微型计算机。它将多种 I/O 选项结合到一个高分辨率的操作员接口。通过选择这些标准接口和扩展总线，可以将它与大多数的工业设备连接。下面以 6″QuickPanel View/Control 为例介绍其结构。QuickPanel View/Control 的外观如图 5-1 所示，其 CF 卡插槽及各端口布局图如图 5-2 和图 5-3 所示。各端口的布局图如图 5-3 所示。

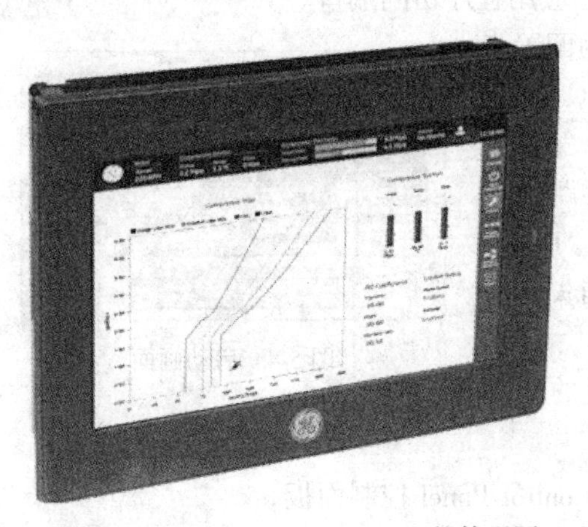

图 5-1　QuickPanel View/Control 的外观图

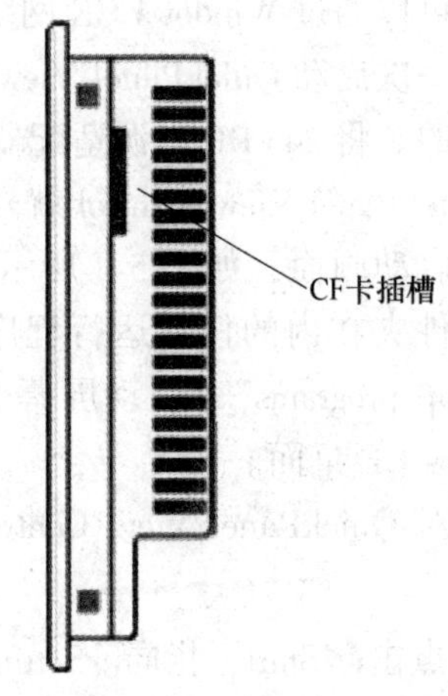

图 5-2　QuickPanel View/Control 的 CF 卡插槽

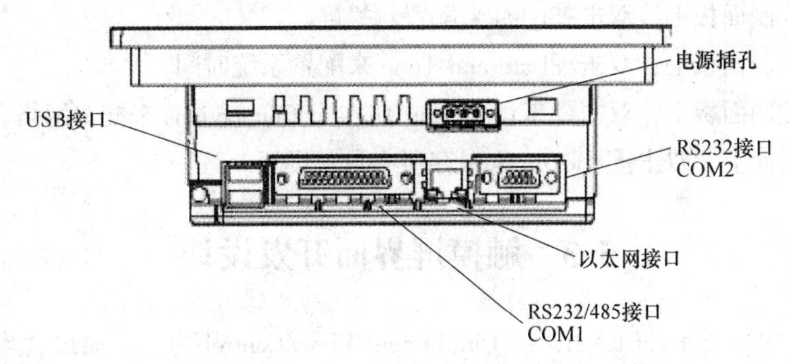

图 5-3　端口布局图

QuickPanel View/Control 工作时由外部提供 24VDC 工作电压，通过电源插孔接入。QuickPanel View/Control 可以通过以太网、串行接口或现场总线与 PAC 之间建立通信。其配置的端口说明如下：

（1）CF 端口。QuickPanel View/Control 装备了一个 CF 端口，可以插入附加的闪存卡来增加其容量。通过 CF 卡拷贝工程，可以实现 Machine Edition 工程在各 QuickPanel View/Control 模块间的转移。

（2）串行数据通信端口。QuickPanel View/Control 有两个串行数据通信端口，即 COM1 和 COM2。COM1 端口是普通用途的双向串行数据通道，支持 EIA232C 和 EIA485 电气标准，COM1 端口上可以直接拨号与远程网络连接，也可以作为终端会话使用的端口（仅限调制解调器连接）或通过用户创建的应用程序进行访问和配置。配置后可以连接支持 TCP/IP 协议的网络。COM2 端口为 DB9P 公连接器。

（3）USB 端口。QuickPanel View/Control 有两个全速的 USB V1.1 主机端口，可使用多种第 3 方 USB 外围设备，每个 USB 设备都有其特定的驱动程序。

QuickPanel View/Control 自带了可选的键盘支持驱动，其他设备需要安装特定的驱动软件。

（4）以太网端口。QuickPanel View/Control 有 1 个 10/100Base T 自适应以太网端口，可以通过外壳底部 RJ45 连接器将以太网电缆连接到模块上。端口上的 LED 指示灯指示通道状态，可以通过 Windows CE 网络通信或用户应用程序访问端口。

当第一次启动 QuickPanel View 时，下面的配置步骤是必需的。将 24VDC 电源适配器供上交流电，一旦上电，QuickPanel View/Control 就开始初始化。第一个显示的是启动画面，如图 5-4 所示。如果想要跳过包括启动文件夹在内的任何运行程序，请点击“Don't run Start Up programs”，启动屏幕 5s 后自动消失，展现 Windows CE 桌面。

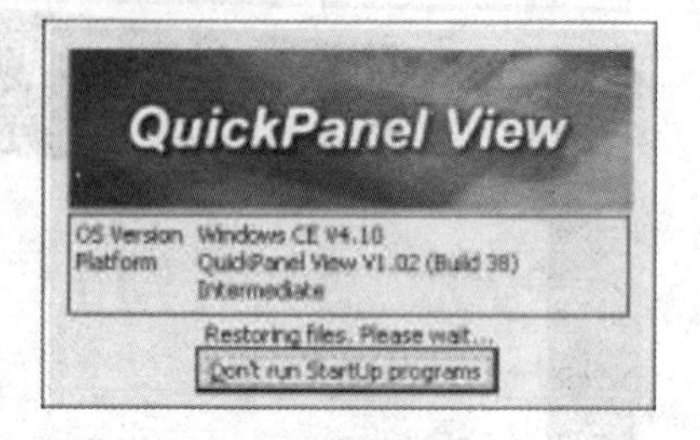

图 5-4 启动画面

首次对 QuickPanel View/Control 进行设置的步骤如下：

（1）点击 Start，指向 Settings，点击 Control Panel 控制面板。

（2）在控制面板上，双击 Display 来配置 LCD 显示屏。

（3）在控制面板上，双击 Stylus 来配置触摸屏。

（4）在控制面板上，双击 Date and Time 来配置系统时间。

（5）在控制面板上，双击 Network and Dial-up Connections 来配置网络。

（6）在桌面上，双击 Backup 来保存所有最新设置。

5.3 触摸屏界面开发设计

本节结合 PAC System RX3i，以 QuickPanel View/Control 为例，通过“电动机正反转控制的人机界面”这个任务，介绍 QuickPanel View/Control 人机界面的开发设计的内容与步骤。

5.3.1 配置 QuickPanel View/Control 的 IP 地址

QuickPanel View/Control 通过网线连接到 PAC System RX3i 的以太网模块 IC695ETM301 的 RJ-45 端口上，此时，运行编程软件 PME 的 PC 机、PAC System RX3i、QuickPanel View/Control 通过网线连接在一起构成局域网。为了确保它们互连互通，必须在这 3 个设备上配置相应的 IP 地址和子网掩码。Quick Panel View/Control 启动后，在 Windows CE 的控制面板上点击 Network and Dial-up Connection 窗口，双击 LAN1 图标，出现“Built 10/100 Ethernet Port Setting”对话框，选择一种方法：“Specify an IP address”手动选项或“Obtain an IP address via DHCP”自动选项，建议选择手动方式，通过软键盘，输入 IP Address（IP 地址）和 Subnet Mask（子网掩码），输入完毕后单击“OK”按钮。运行 Backup 程序保存设置。重启 QuickPanel View/Control 即可完成 QuickPanel View/Control 的 IP 地址配置。

如果选择 DHCP 方式，QuickPanel View/Control 在初始化过程中，网络服务器会自动分配一个 IP 地址。当连接到网络上时，网络服务器为 QuickPanel View/Control 自动分配一个 IP 地址后，用网线连接 PC 与 QuickPanel View/Control 后就可以访问任何有权限的网络驱动器或共享资源，还可以在 PC 机的 DOS 窗口中输入“ping 192. 168. 0. 22”指令来检查 IP 地址的设置是否正确。

注意，该 IP 地址必须和 PC、PAC 的 IP 地址在同一网段中，且不能相同。设置完毕后，在 PC 上通过 Ping 命令，验证网络的连通性。

5.3.2 编制控制程序

5.3.2.1 新建工程和项目

启动 Proficy Machine Edition 软件，新建工程，名字为 Motor _ Control。在此工程中，新建任务 Target1，控制器选择为 PAC System RX3i。

5.3.2.2 硬件配置

依据 PAC System RX3i 的实际硬件配置，在 Proficy Machine Edition 软件中对硬件进行组态，其最终结果如图 5-5 所示。

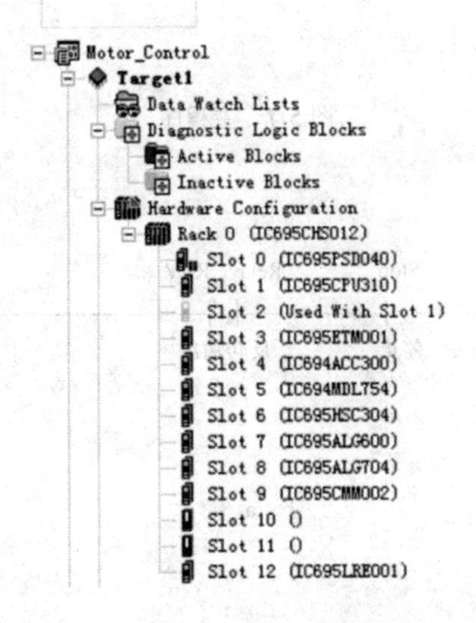

图 5-5 新建的工程、任务和硬件组态的结果

5.3.2.3 建立变量表

需要建立的变量如表 5-1 所示，建立后的变量表如图 5-6 所示。

表 5-1 I/O 地址、变量表

序号	输入地址	变量名	描述	序号	输出地址	变量名	描述
1	%M00001	Forward _ start	正转启动按钮	1	%Q00001	Relay _ FRW	正转接触器线圈
2	%M00002	Reverse _ start	反转启动按钮	2	%Q00002	Relay _ REV	反转接触器线圈
3	%M00003	Stop	停止按钮				

```
Variable List: Sorted by Name, Filter = No System Variables
    Target1.Forward_start
    Target1.Relay_FRW
    Target1.Relay_REV
    Target1.Reverse_start
    Target1.Stop
```

图5-6 建立后的变量表

5.3.2.4 编写梯形图程序

梯形图程序结构采用主程序调用子程序的结构，两个子程序命名为Forward _ motor和Reverse _ motor。主程序如图5-7所示，子程序如图5-8所示。

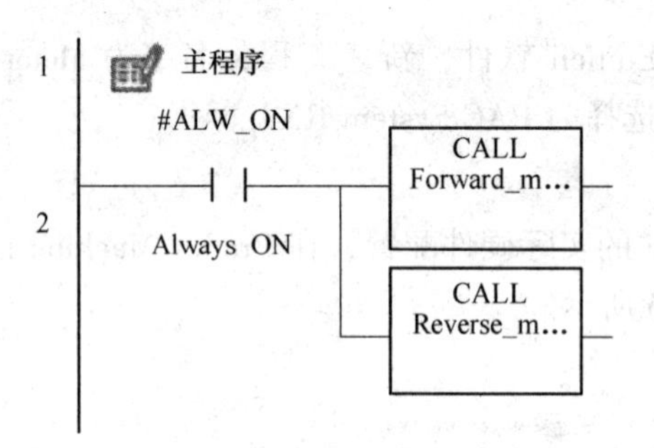

图5-7 主程序

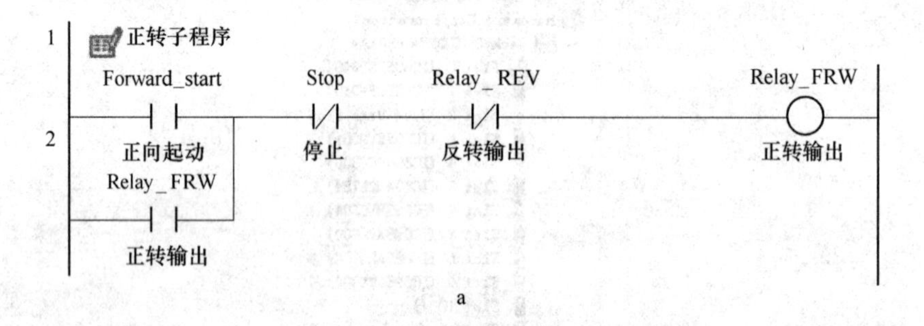

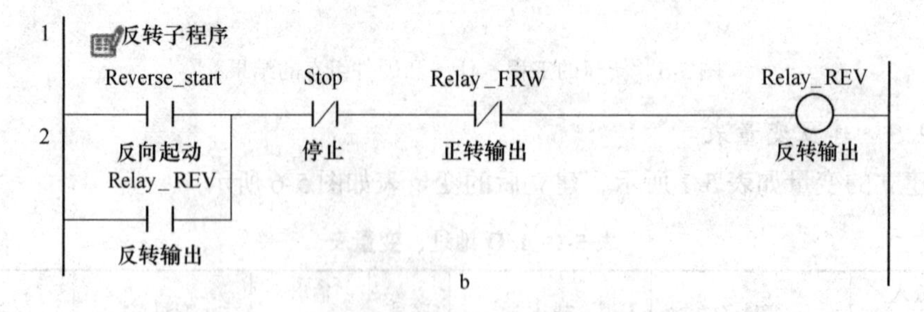

图5-8 子程序

a—正转子程序；b—反转子程序

5.3.2.5 程序下载

连接PAC与PC之间的硬件，把梯形图程序编译并下载到PAC中，准备运行。

5.3.3 设计人机界面

5.3.3.1 新建 QP 界面

在 Proficy Machine Edition 软件中，右键单击已经建好的项目 Motor _ Control，选择“Add Target>QuickPanel View/Control>QP Control 6” TFT，如图 5-9 所示，建立一个 Quick PanelView/Control 任务，默认名字为 Target2。

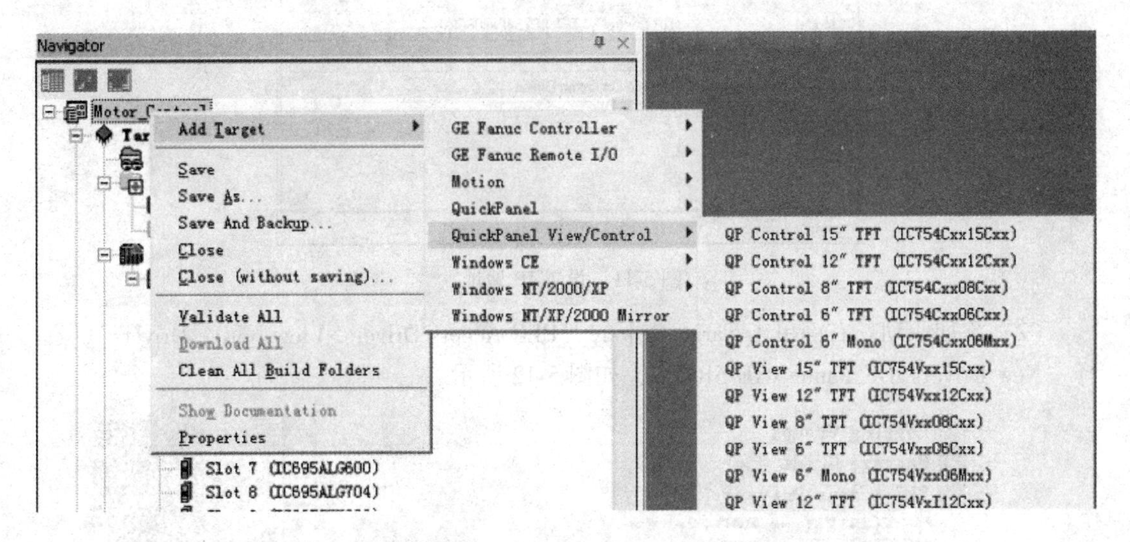

图 5-9 建立 QuickPanel View/Control 任务

5.3.3.2 创建触摸屏

右键单击新建任务 Target 2，选择“Add Component>HMI”，如图 5-10 所示，打开编辑画面。

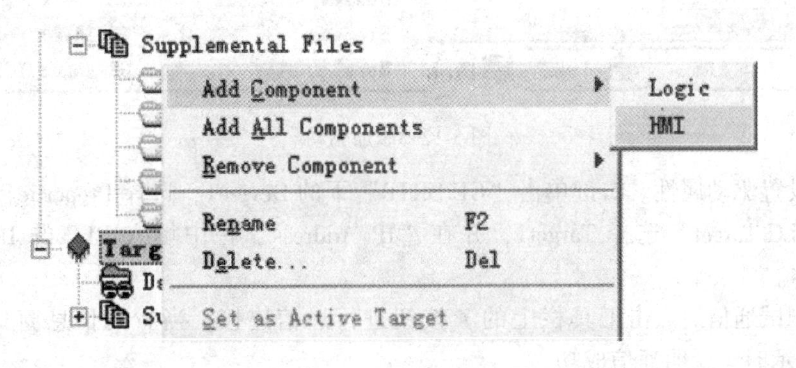

图 5-10 创建 HMI

5.3.3.3 通信设置

（1）添加 QuickPanel View/Control 的 IP 地址。单击 Target2，选择 Properties，出现其属性窗口。将其属性栏中的“User Simulator（用户仿真）”选择 False，并在“Computer Address”中填入 QuickPanel View/Control 的 IP 地址，如图 5-11 所示。如将“User Simulator”选择 True，下载运行时不写入 QP，而使用软件在计算机上仿真。

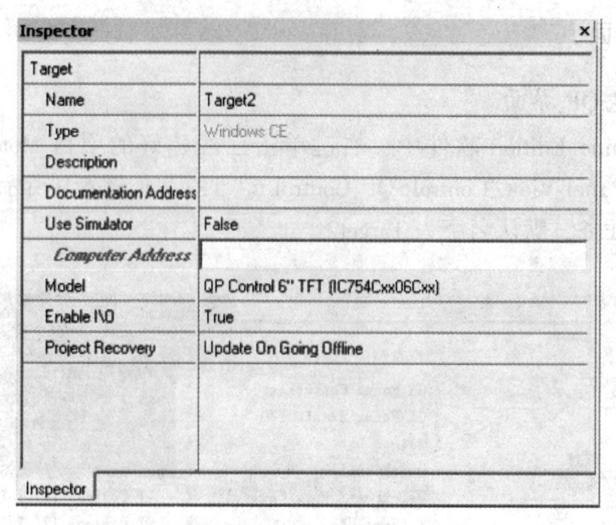

图5-11 设置IP地址

（2）添加驱动。右键单击Target 2下的“PLC Access Drivers>View Native Drivers”，选择“New Drivers>GE Fanuc>GE SRTP”，如图5-12所示。

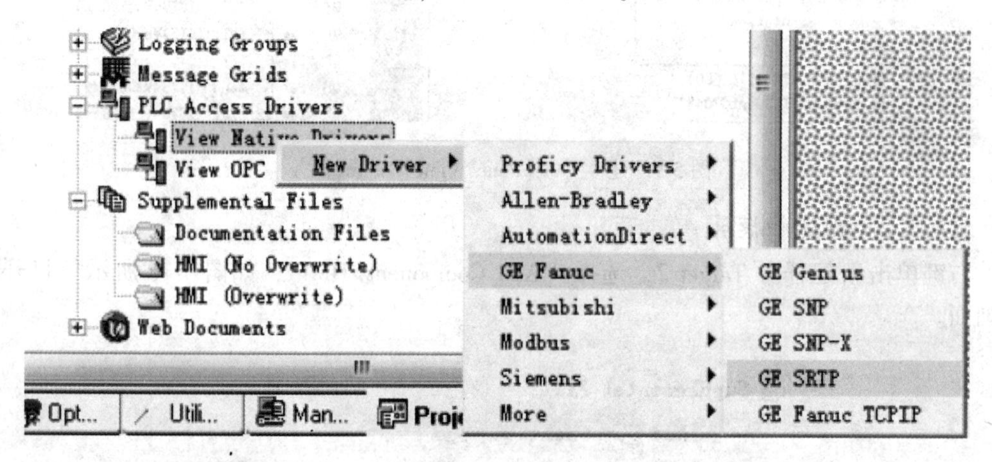

图5-12 添加驱动

（3）设置驱动属性。右键单击“GE SRTP”下的Device1，选择Properties，在属性栏中，将“PLC Target”选择Target1，并在“IP Address”栏中填入PLC的IP地址，如图5-13所示。

（4）测试通信。点击工具栏上的⚡按钮进行通信连接，当看到信息窗口出现如图5-14所示提示时，说明通信成功。

通信成功后，即可开发触摸屏界面。当需要多个界面时，可右键单击“Graphical Panels”，选择“New Panel”，添加新界面，如图5-15所示。

触摸屏界面开发完毕后，便可进行下载和调试。使用工具检查后下载到QuickPanel。

注意目前该工程下有Target1和Target 2两个任务，而这两个任务只能有一个处于当前有效状态时，可使用“Set as Active Target”命令进行切换，如图5-16所示。

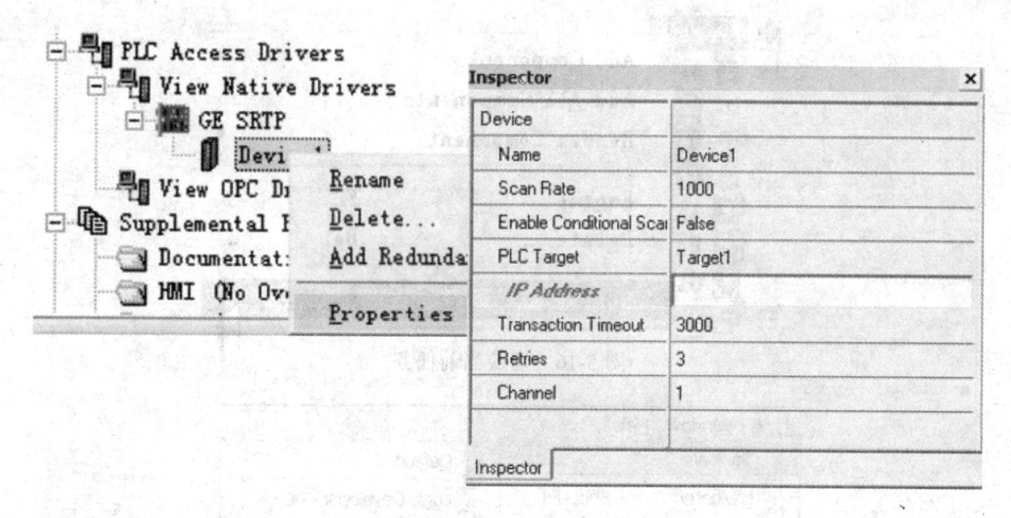

图 5-13　设置 PLC 的 IP 地址

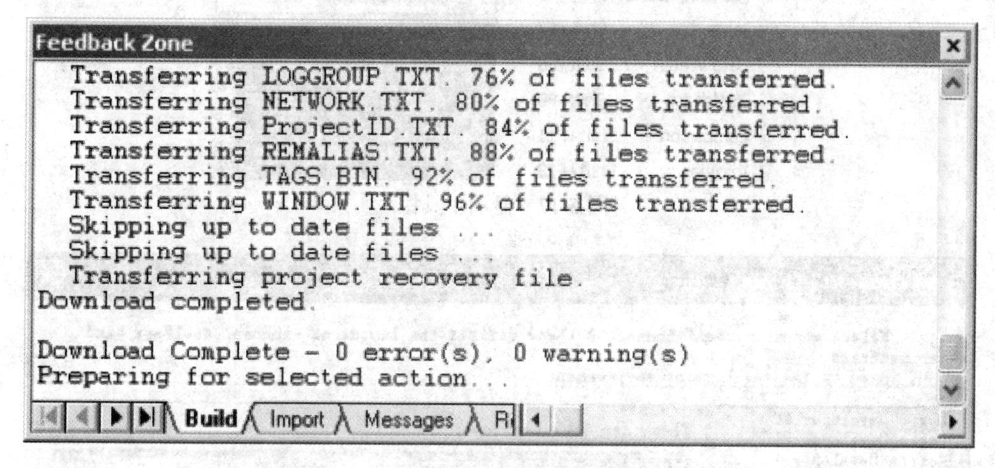

图 5-14　通信成功

图 5-15　添加新界面

5.3.3.4　绘制画面

双击“Graphical Panels”下的 Panel1，便可看到触摸屏的编辑画面。

选择菜单“Tools>Toolbars”，如图 5-17 所示，可显示工具栏。

选择“Windows>Apply Theme”菜单，选择 View Developer 编辑界面，也可以显示出工具栏，如图 5-18 所示。View Developer 编辑界面是 QP 的专用画面编辑界面。

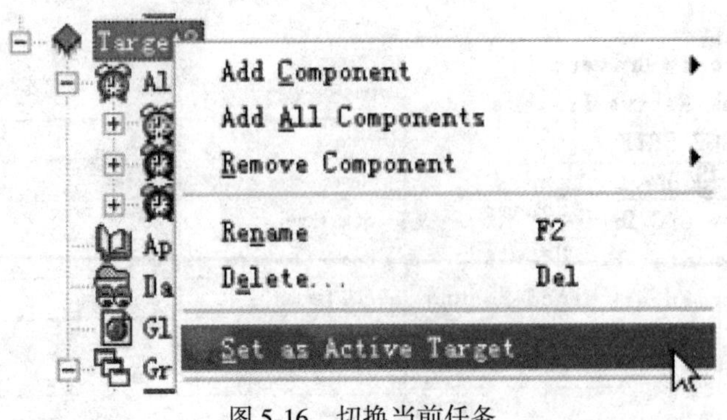

图5-16　切换当前任务

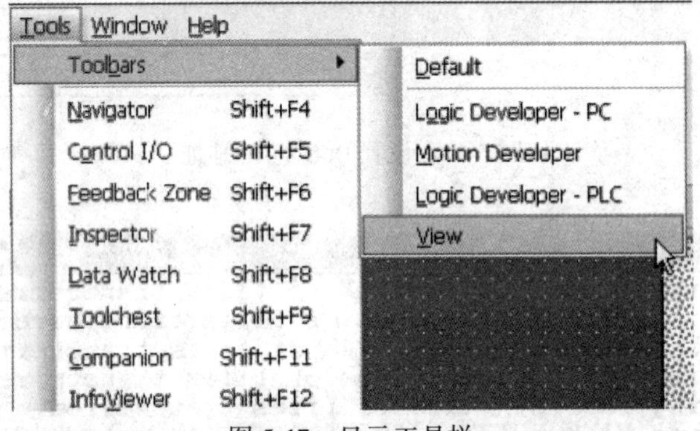

图5-17　显示工具栏

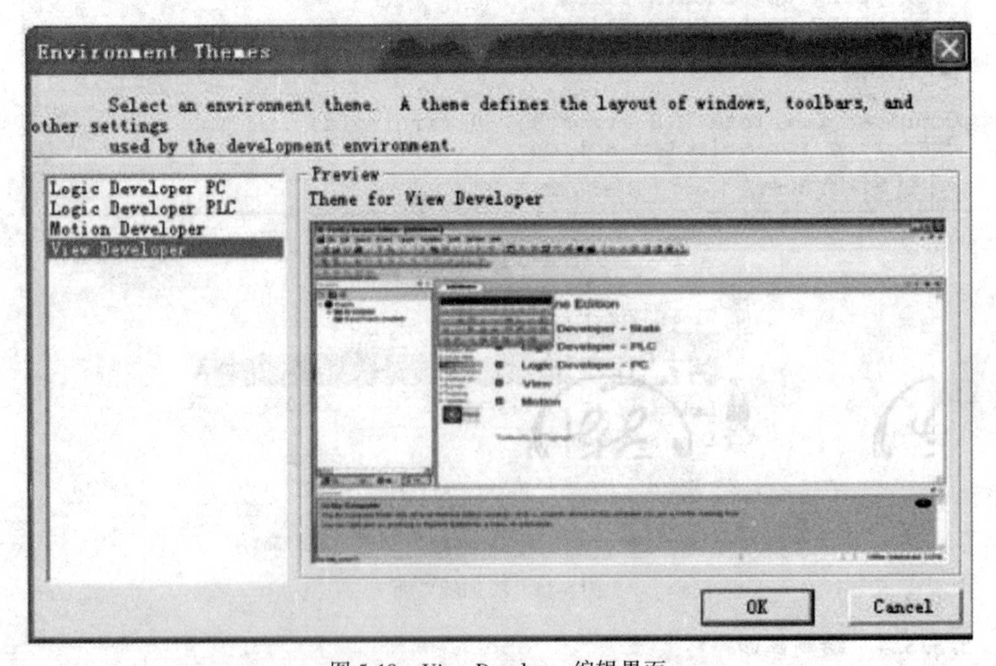

图5-18　View Developer编辑界面

QuickPanel的画图工具栏功能强大，几乎与组态软件无异，如图5-19所示。

利用Text Tool（文本工具）、Button Tool（按钮工具）、Circle Tool（画圆工具）绘制简单的画面，如图5-20所示。

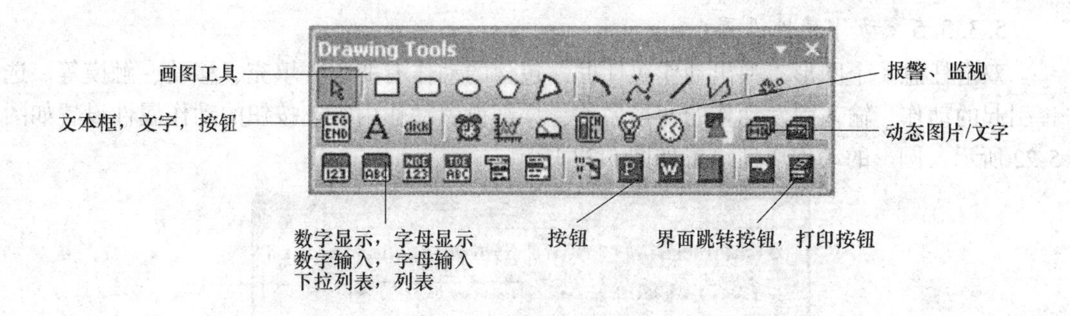

图 5-19 画图工具栏

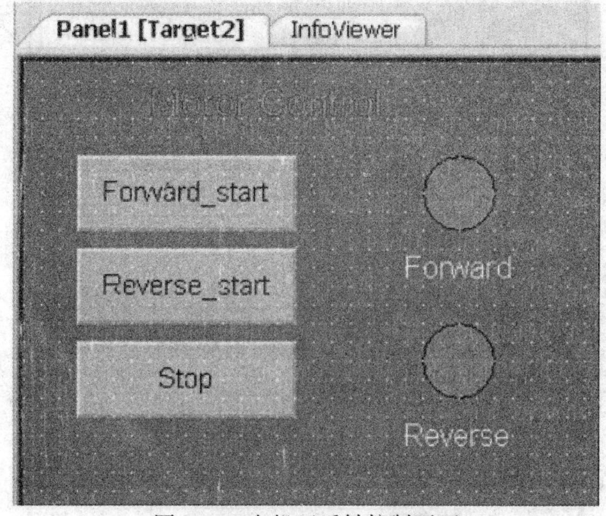

图 5-20 电机正反转控制画面

画好图形后，右键单击该图形，选择 Properties，显示该图形的属性检查窗口，如图 5-21 所示。显示的属性包括名字、填充颜色、背景颜色条、字体颜色等。

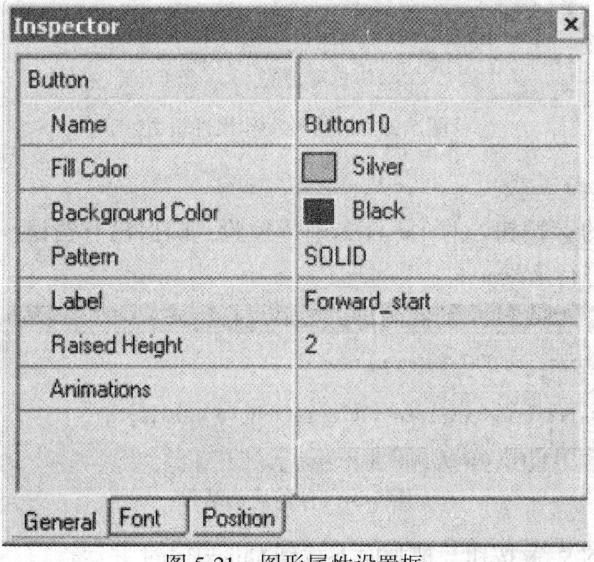

图 5-21 图形属性设置框

5.3.3.5 动作属性设置

双击任意一个图形，弹出动作属性框，包含的动作有变色、填充、移动、触摸等。选择引起的动作，输入引发动作的变量名称，详细设置动作内容。按钮的动作属性设置如图5-22所示，圆形的动作属性设置如图5-23所示。

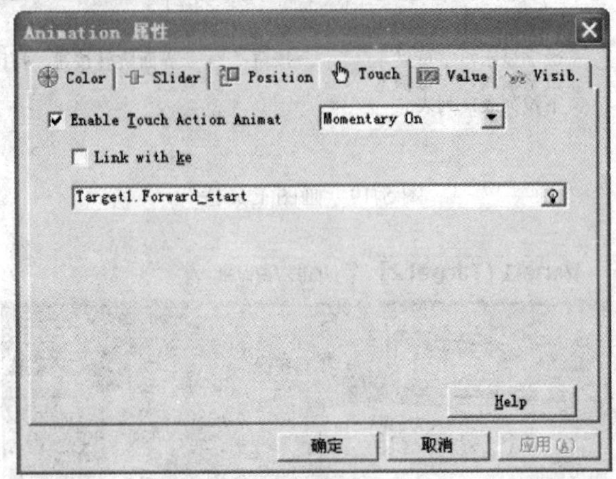

图5-22 按钮的动作属性设置

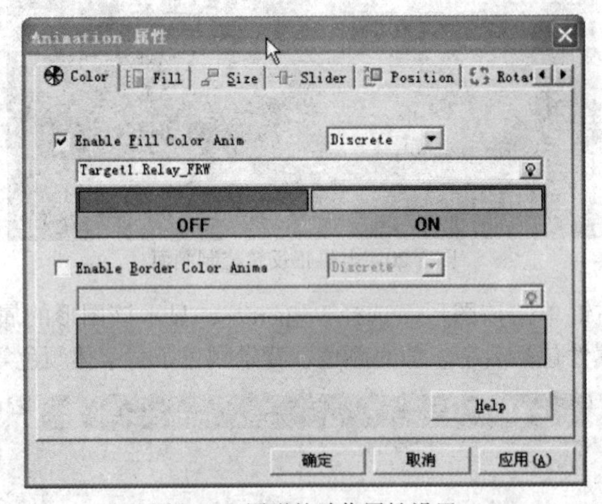

图5-23 圆形的动作属性设置

5.3.3.6 校验与下载

单击工具栏上的✓按钮，对Target 2进行校验，确保没有错误，如图5-24所示。出现错误，根据提示进行修改。

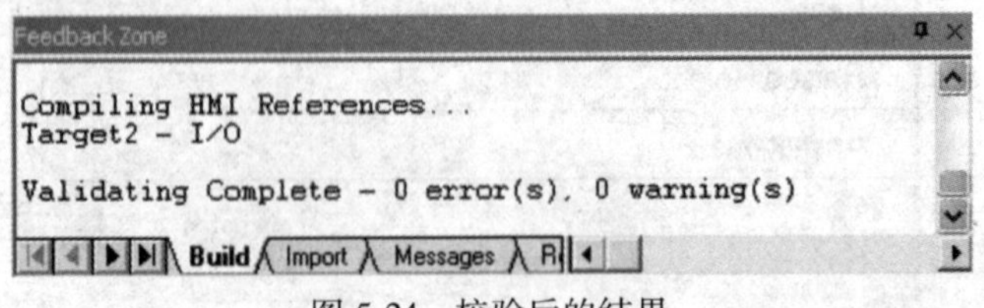

图5-24 校验后的结果

单击工具栏上的按钮，把画面下载到QuickPanel并运行。

5.4 iFix 组态软件

5.4.1 概述

iFIX 是 Intellution 自动化软件产品家族中的一个基于 Windows 的 HMI/SCADA 组件。iFIX 是基于开放的和组件技术的产品，专为在工厂级和商业系统之间提供易于集成和协同工作设计环境。它的功能结构特点可以减少开发自动化项目的时间，缩短系统升级和维护的时间，与第三方应用程序无缝集成，增强生产力。iFIX 的 SCADA 部分提供了监视管理、报警和控制功能。它能够实现数据的绝对集成和实现真正的分布式网络结构。iFIX 的 HMI 部分是监视控制生产过程的窗口。它提供了开发操作员熟悉的画面所需要的所有工具。

5.4.1.1 iFIX 组件

iFIX 的内部是一个能够提供分布式结构的技术核心。iFIX 是在标准技术的基础上开发的，像 Active X、OPC、VBA 和组件对象模型（COM）一样，在广泛的局域网和互联网基础上提供第三方应用程序的简单集成。iFIX 提供 LAN 冗余来增强系统可靠性。iFIX 为许许多多的 Intellution 和第三方应用组件提供了应用平台，如图 5-25 所示。

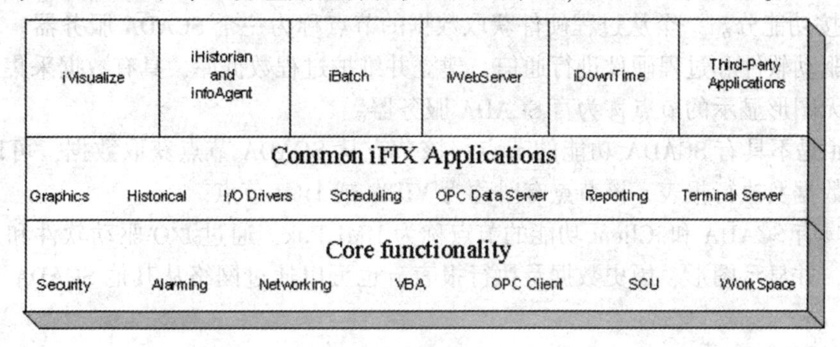

图 5-25 Intellution iFIX 平台

iFIX 的其中一个重要组件是 iFIX WorkSpace（工作台）。这个界面将所有系统组件都组织到一个集成开发的环境中（IDE）。Intellution iFIX 可以存取和操作系统中的所有组件。iFIX WorkSpace 的界面如图 5-26 所示。

Intellution iFIX WorkSpace（工作台）中包含两个全集成的环境，即配置环境和运行环境。配置环境中提供了创建漂亮整洁且易于使用和学习的显示画面所必需的所有的图形、文本、数据、动画和图表工具。运行环境提供了观看这些画面所必需的方法。配置环境和运行环境之间可随意切换，能够迅速地测试实时报警和数据采集的变化情况。需要说明的是，切换到配置环境时，生产过程是没有被打断的。监视和控制系统的所有程序，如报警、报表和调度等等，都会在后台不间断运行。

5.4.1.2 iFIX 节点类型

一台运行 iFIX 软件的计算机称为一个节点，iFIX 的节点分类方法很多，按功能分为：SCADA 服务器、iClient 客户端（VIEW 或 HMI 节点）和 HMI Pak 三种类型。按区域可分

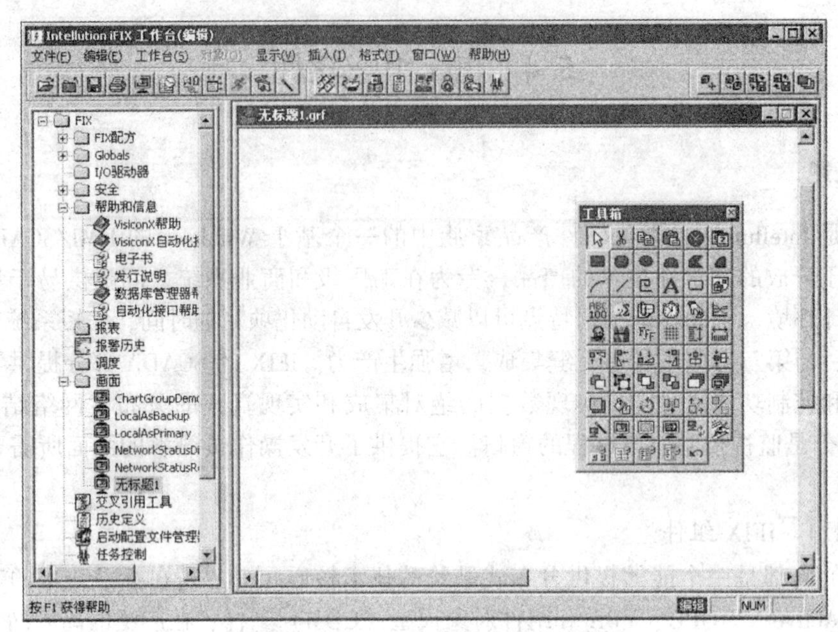

图 5-26 Intellution iFIX WorkSpace 界面

独立节点、本地节点和远程节点。

（1）按功能分。一个从过程硬件获取数据的节点称为一个 SCADA 服务器。节点之间通过 I/O 驱动软件和过程硬件进行通信，建立并维护过程数据库，具有数据采集和网络管理功能，无图形显示的节点称为盲 SCADA 服务器。

iClient 是不具有 SCADA 功能的节点，该节点从 SCADA 节点获取数据，可以显示图形、历史数据及执行报表，该节点有时称为 VIEW 或 HMI 节点。

同时具有 SCADA 和 iClient 功能的节点称为 HMI Pak，通过 I/O 驱动软件和过程硬件进行通信，并显示图形、历史数据及执行报表，也可以通过网络从其他 SCADA 节点获取数据。

（2）按区域分。

1）独立节点：网络中与其他节点不进行通讯的节点。图 5-27 所示为一个 iFIX 分布式节点结构。

2）本地节点：描述了本地正在工作的节点。

3）远程节点：在一个分布式系统中，不同于本地节点的节点，也可以通过 Modem 访问节点。

5.4.1.3 iFIX 结构

iFIX 结构分为三层：I/O 驱动器、过程数据库和图形显示，其整体结构如图 5-28 所示。

（1）I/O 驱动器。iFIX 与外部设备过程硬件（PLC、仪表）之间的接口称为 I/O 驱动器。是要用组态软件实现对现场设备的数据采集与控制，首先建立现场设备与控制系统物理连接，并使用组态软件按照一定的协议与现场设备进行通信。iFIX 组态软件不能直接和设备建立连接，对支持的设备要有相关的驱动程序。I/O 驱动器是计算机与外部设备进行通信的基础；每一个 I/O 驱动器支持指定的硬件，I/O 驱动器的功能主要是从 I/O 设备

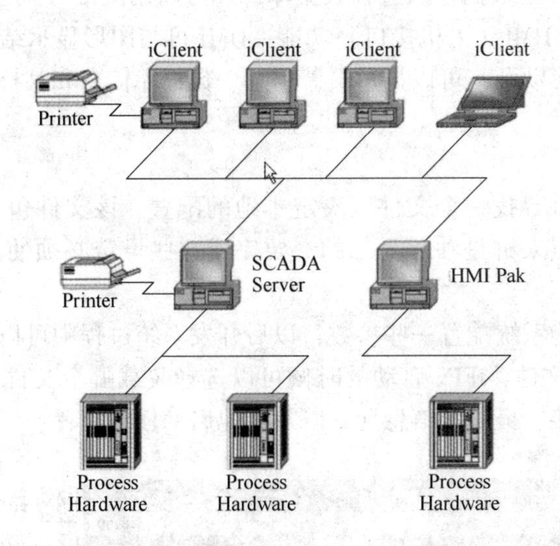

图 5-27 分布式节点配置示例

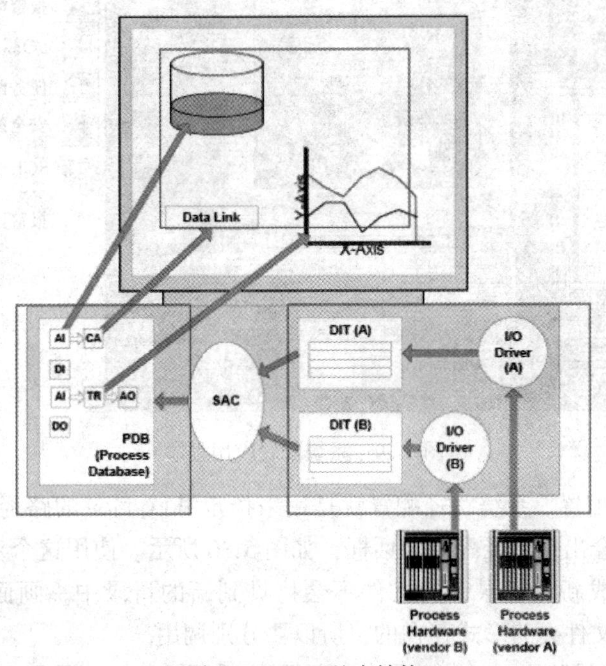

图 5-28 iFIX 基本结构

中读（写）数据，以及将数据传输至驱动镜像表（DIT）的地址中，或者从驱动器映像表给定的地址中获得数据。

（2）扫描、报警和控制（SAC）。SAC 主要功能包括从 DIT 中读数，将数据传送至过程数据库 PDB，数据超过报警设定值时报警。SAC 从 DIT 中读取数的速率称为扫描时间，可使任务控制程序进行 SCA 监视。

（3）过程数据库。过程数据库实时记录外部设备数据，并提供给计算机进行图形显示。

（4）图形显示。一旦数据存入过程数据库，即可以用图形方式进行显示。iFIX Work-Space 以运行模式提供 HMI（人机接口）功能，HMI 可与图形显示结合使用。图形对象包括：图表、数据、图形动画，可以显示报警信息、数据库信息和某标签的特殊信息。

5.4.2　系统配置

iFIX 启动后，软件寻找一个文件以决定本地的配置。该文件包含特定的程序和选项方面的内容，其对节点来讲是独一无二的。要完成这些设定必须使用系统配置的应用程序，如图 5-29 所示。

系统配置，就是为系统配置一些参数，以后开发系统过程中可以直接使用。这些配置信息保存成一个 SCU 文件，iFIX 启动的时候可以选择装载哪个文件。配置内容包括：文件路径配置、网络连接、报警和信息配置以及其他启动任务配置。

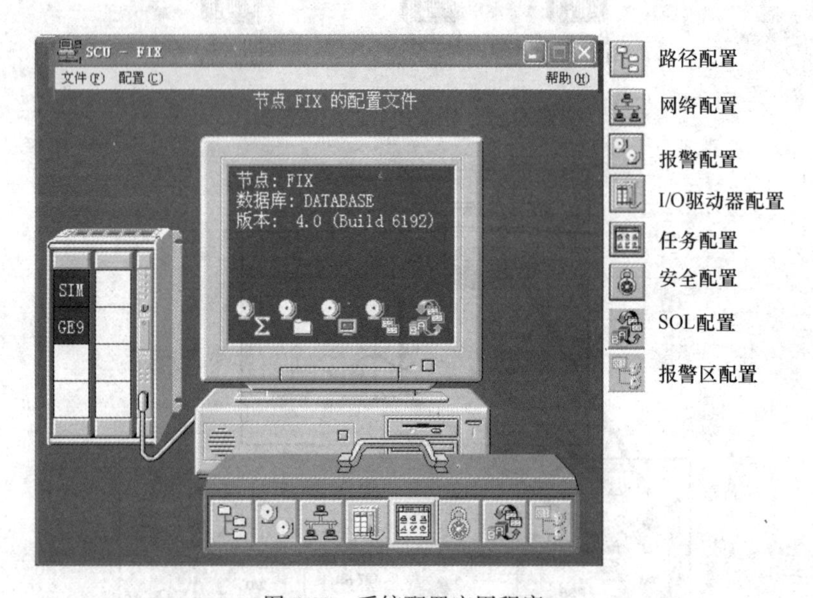

图 5-29　系统配置应用程序

（1）系统路径配置。系统路径配置就是用来指定 iFIX 目录的路径和名称。在系统配置界面中点击，会出现路径配置对话框，如图 5-30 所示。使用这个对话框路径改变时，SCU 文件可自动生成新的目录，旧文件不会拷贝到新的目录中。画面中的文件的路径，每一项都是单独以文件夹的形式存在的，所以要分别调用。

1）在“工程项目”中，选择你要打开画面的所在硬盘的位置。

2）然后点击“修改工程项目”，上述其他“本地”—“报警区域 AAD”的目录会自动修改，否则需要手动输入很麻烦。

3）点击确定。

（2）报警配置。

报警的配置包括报警打印、报警信息摘要、报警文件、报警历史、报警 ODBC、网络报警、报警队列等。每一项的意思都比较容易理解，根据项目需要启动相关服务就可以了。

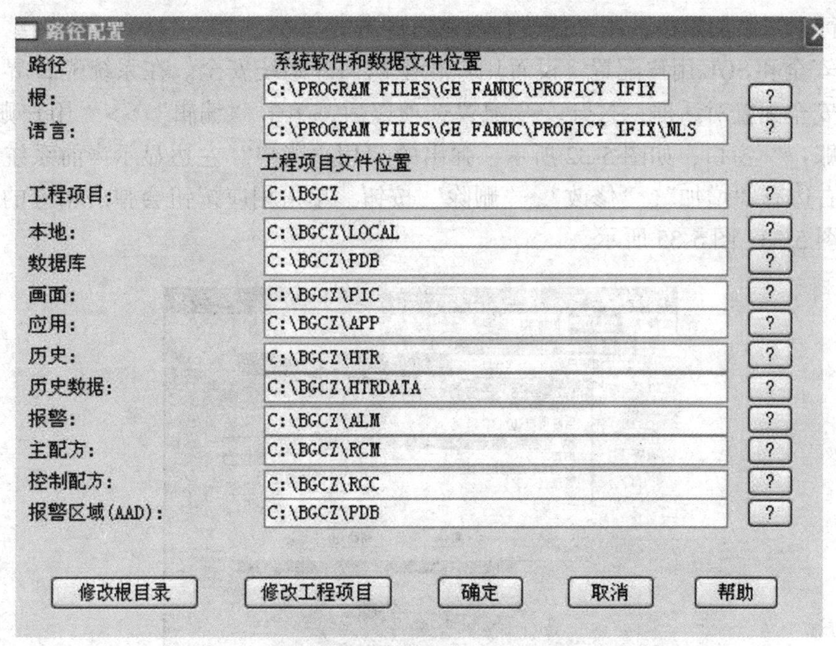

图 5-30 “路径配置”对话框

（3）网络配置。网络连接配置是用于配置节点之间的通信。在系统配置界面中点击，出现网络配置对话框，如图 5-31 所示。选择“网络配置”中“网络”选项选择“TCP/IP”，iFIX 使用 TCP/IP 网络，每个 SCADA 服务器必须有唯一的 IP 地址，修改一下网络密码。

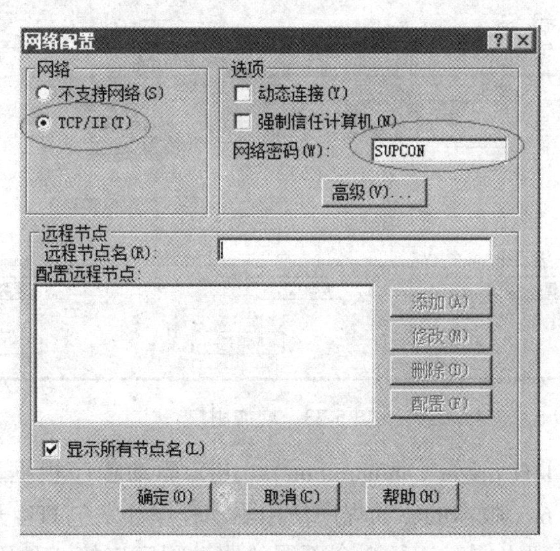

图 5-31 网络配置

（4）任务配置。iFIX 启动的时候需要伴随启动哪些程序，输入自动启动的可执行文件名称即可，还可以选择启动方式。启动方式包括图标方式、正常方式和后台方式三种。对于图标方式，启动任务是一个图标；对于正常方式，启动任务是一个窗口；对于后台方式，启动任务是一个后台任务。

命令行中需添加参数，用来修改程序运行的方式。

（5）安全和 SQL 用户配置。设置用户权限以保证系统安全。在系统配置界面中点击 ，出现安全配置对话框，打开安全配置选项以后，单击“编辑”>>“用户账号”，弹出“用户账户”窗口，如图 5-32 所示，弹出的“用户账户”左边显示当前系统集成的用户成员，右边有“增加”、“修改”、“删除”按钮，单击相应按钮会弹出相应的功能对话窗口。如图 5-33~图 5-35 所示。

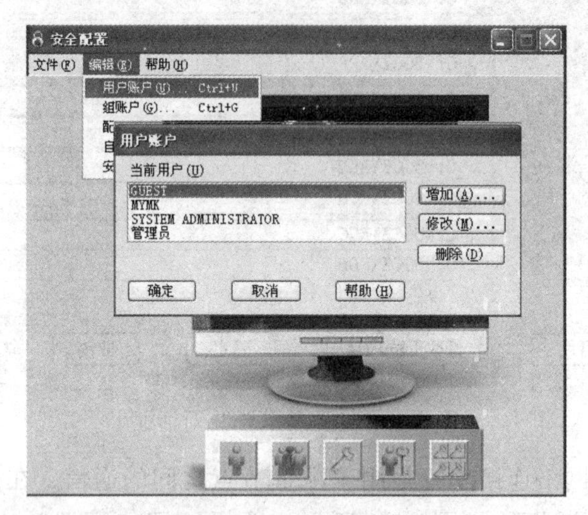

图 5-32 用户设置界面

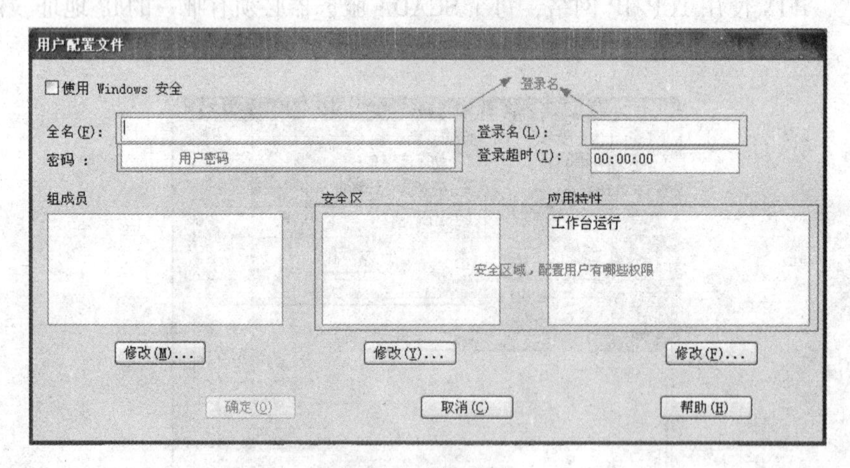

图 5-33 增加用户

（6）驱动配置（I/O driver configuration）。iFIX 驱动程序根据开发工具不同，分为 6. x 版本和 7. x 版本。6. x 版本的驱动程序使用驱动程序开发包 ITK 开发。6. x 版本的驱动程序支持在同一台 PC 机上同时运行 8 个不同的驱动程序连接 8 种不同设备。7. x 版本的驱动程序使用 ASDK 或 OSDK（OPC Toolkit）开发。7. x 版本驱动程序提供 OLE Automation 界面，可以脱离 iFIX 单独运行，并能在 VB 程序中引用其属性、方法。7. x 驱动程序支持无限设备连接通道定义，7. x 驱动程序大部分同时也是 OPC Server，可以和标准的 OPC Client 连接。

两种驱动的配置界面虽然比较接近，但是还是有不大一样的地方，这需要看具体哪一

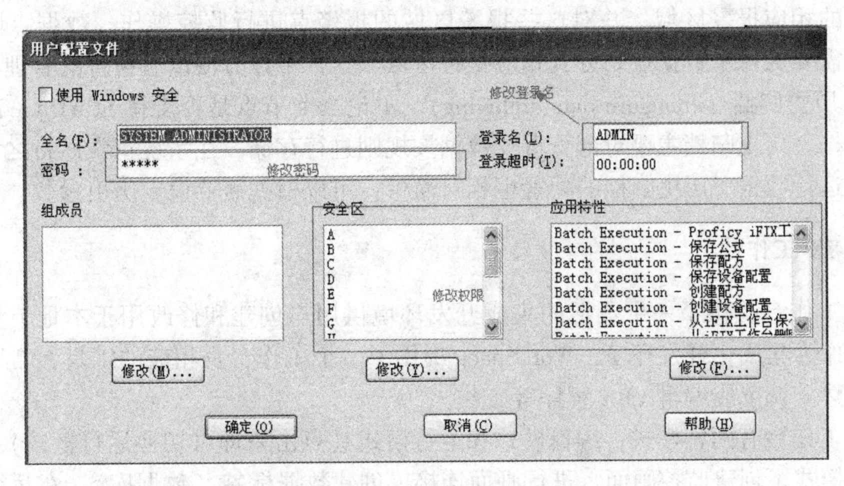

图 5-34　修改用户

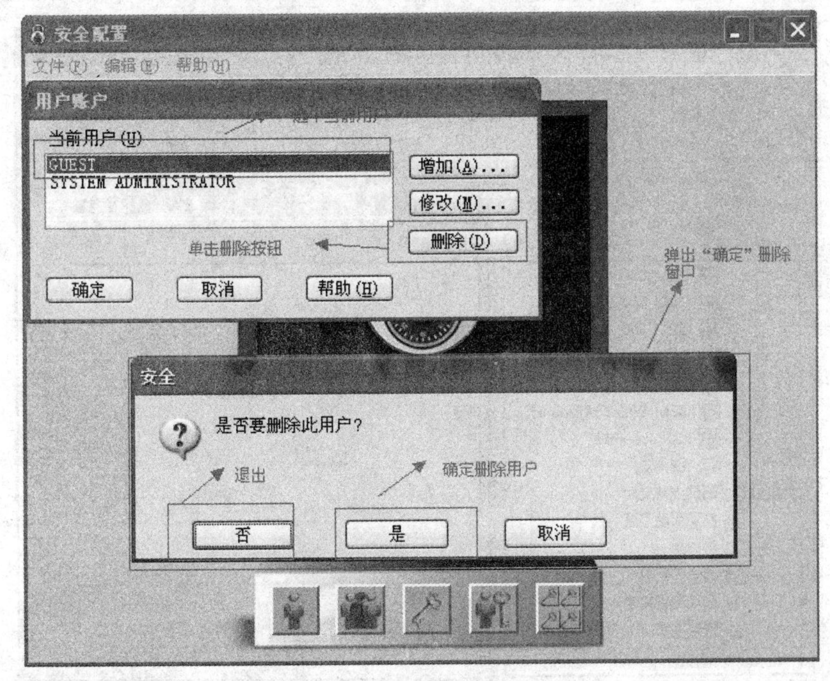

图 5-35　删除用户

款驱动，相同的基本上都包括：设备（device，对应的就是通信设备，一般需要配置相关通信参数）、组（group，为标签点分组方便管理）、标签（item，和设备点相对应）等。

（7）数据库配置（process database development）。在驱动配置完毕之后，就需要进行数据库标签点的添加了。主要操作就是为每一个 IO 点（在驱动中已经添加了相应的 item）在数据库中增加一个相对应的数据库标签点（它们之间是以 IO 地址进行对应的，跟 item 和标签点的名字无关），然后为这些数据库标签点指定相应的属性（包括：IO 地址、扫描时间、报警信息、安全区等）。当然，如果标签点很多，也可以使用标签点的导入导出功能和 excel 辅助配置。

（8）报警配置和监视（alarm configuration/monitoring）。报警配置主要是根据需要为系统划分的相应报警区域，并对这些报警区域的报警点进行监控操作。数据点增加的同时，根据需要为每个数据点划分到相应报警区域，这样可以方便以后报警的管理和察看。

（9）历史归档（configure data archiving）。不论当前节点是否支持SCADA，都可以使用历史归档。历史归档主要对部分重要数据按规则进行存储，在系统正常运行之后仍能回顾之前的运行数据。历史归档的配置也相对简单，可以根据需要设定历史参数。

5.4.3 iFIX工作台

iFIX工作台提供了一个灵活的集成开发环境供用户创建和修改用于本地节点的文档和画面。作为集成化开发环境，WorkSpace提供了一个工作台及相应的工具，帮助完成创建画面、建立调度或编辑VBA程序等工作。

iFIX工作台有两种模式：编辑模式和运行模式（点击※即可切换运行模式）。用户可以在编辑模式下创建监控画面，进行画面连接，创建数据标签（数据库）。在运行模式下可以对已经创建好的监控画面进行调试运行。iFIX工作台的界面如图5-36所示。

图5-36 iFIX工作台界面

所有项目的配置都将在工作台中完成，工作台主要由系统树、工作区、菜单栏、工具栏组成。系统树在iFIX工作台的左边，如图5-37所示。系统树是用来定位文件的主要浏览工具。系统树主要具有以下5个功能：

（1）显示与该项目有关的所有文件。

（2）显示与每个文件有关的对象。

（3）启动某些应用程序。

（4）显示“配置程序”中配置的路径。

（5）使用树状管理结构，可以方便用户操作管理文档和各种图形对象，比如添加和删除各种对象目录等。

下面介绍系统树中常用的文件夹：

(1) 画面文件夹：打开文件夹可看到已经创建的画面，单击打开任何一个需要编辑的画面，也可以保存、删除画面。

(2) 数据库文件夹：打开文件夹可以查看当前所加载的数据库标签，进入数据库编辑器中，也可以添加、删除数据库标签。

(3) 图符集文件夹：文件夹中包含了大量的图符，可供用户在编辑画面时使用，也可以添加用户自己创建的图符。

(4) 项目工具栏文件夹：文件夹中包含了多种工具栏，不同的工具栏功能不同，单击其中的某一个即可在画面编辑窗口中添加该工具栏，以便在编辑画面时使用。

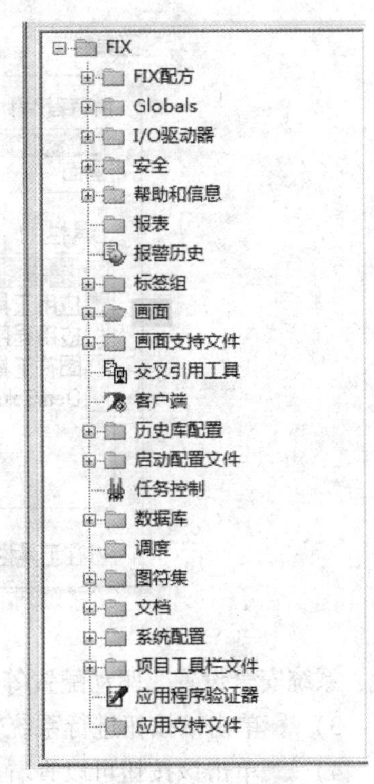

图 5-37 iFIX 系统树

在 iFIX 工作台下部是状态栏，状态栏主要显示 iFIX 工作台当前的工作状态。

iFIX 工作台主菜单主要包括首页、插入、工具、格式、视图、应用程序、管理等菜单项。单击不同的主菜单可以显示不同的菜单栏如图 5-38 所示。

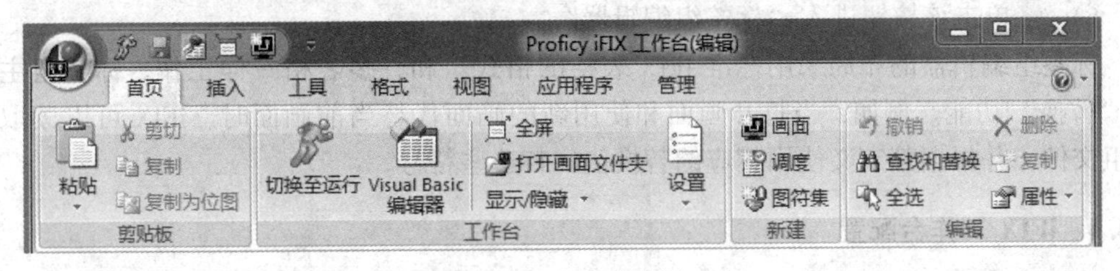

图 5-38 iFIX 菜单栏

(1) “首页” 菜单下常用的选项介绍如下：

1) “切换模式” 按钮，单击该按钮可以把 iFIX 工作台由编辑模式切换到运行模式。

2) “激活 VB 编辑器” 按钮，单击该按钮可以打开 VB 集成开发环境。用户可以对定时器、对象、事件、按钮、图符、ActiveX 控件、变量、在全局页中添加的任何对象进行脚本编辑，开发新的应用功能。

3) 单击该按钮可以新建一个画面（一般常在工具箱中单击 “新建画面” 按钮）。

4) 单击该按钮出现下拉菜单，选中其中的 “用户首选项” 即可对工作台工作环境进行配置，选中 “工具栏” 可调出如图 5-39 所示的工具箱。

(2) “应用程序” 菜单下常用的选项介绍如下：

1) 单击该按钮进入数据库管理器开发界面，可以在其中进行添加、修改、删除数据库标签。

2) 单击该按钮进行系统配置，包含系统配置路径、后台启动、报警与历史数据设

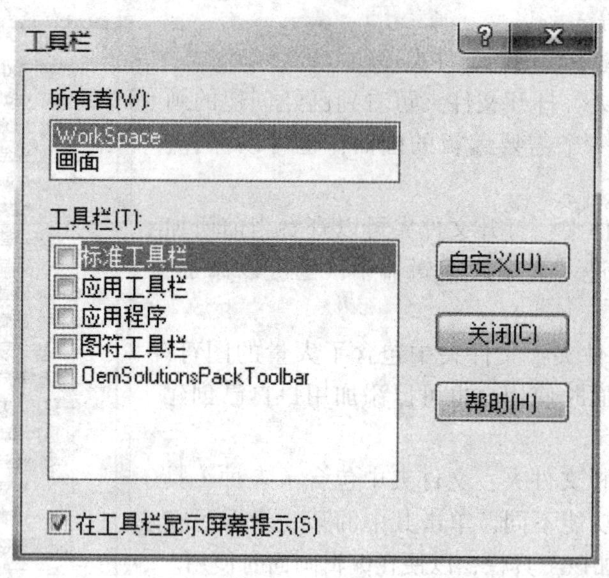

图 5-39　工具箱

置、系统安全设置、驱动配置等。

3）单击该按钮进行系统安全设置，可以设置系统登录用户及登录用户的权限。

4）单击该按钮可以查看工作台运行时产生的历史报警数据。

5）单击该按钮进入“键宏编辑器”。

6）单击该按钮进入“标签组编辑器”。

标签组编辑器的布局采用标准 iFIX 表格的格式，和许多表格一样工作。标签组主要是“替换”功能。例如，当打开画面和使用新的画面代替当前画面时，iFIX 可以读取标签组文件，并根据其定义使用相应的替换值代替这些符号。

5.4.4　iFIX 工作台配置

iFIX 工作台是使用 iFIX 的起点，从“首页”的“设置”菜单选项中选择“用户首选项”，可以配置工作台的默认值，iFIX 工作台配置如图 5-40 所示。

用户首选项设置菜单中常用的选项卡主要有“常规”选项卡和“启动画面”选项卡。在“常规”选项卡中，用户可以根据实际需要设置工作台的启动状态、显示屏幕状态、文档保存、创建备份以及工作台的界面外观等。在“启动画面”选项卡中用户可以设置当前工作台以允许模式启动时要打开的画面，如图 5-41 所示，单击后面的“选择”图标就会出现“打开”对话框，在对话框中选择所要添加的画面。可以添加一个画面，也可以添加多个画面。

下面通过一个具体的工程实例来初步认识 iFIX 人机监控方面的应用，具体步骤如下所述：

（1）通过“开始”菜单启动 iFIX 软件，如图 5-42 所示。

（2）在图 5-42 中，单击最上面的图标，打开 iFIX 工作台编辑界面，如图 5-43 所示。

（3）在数据库中建立一个数据标签，以便在运行时进行显示。因为这里没有连接具

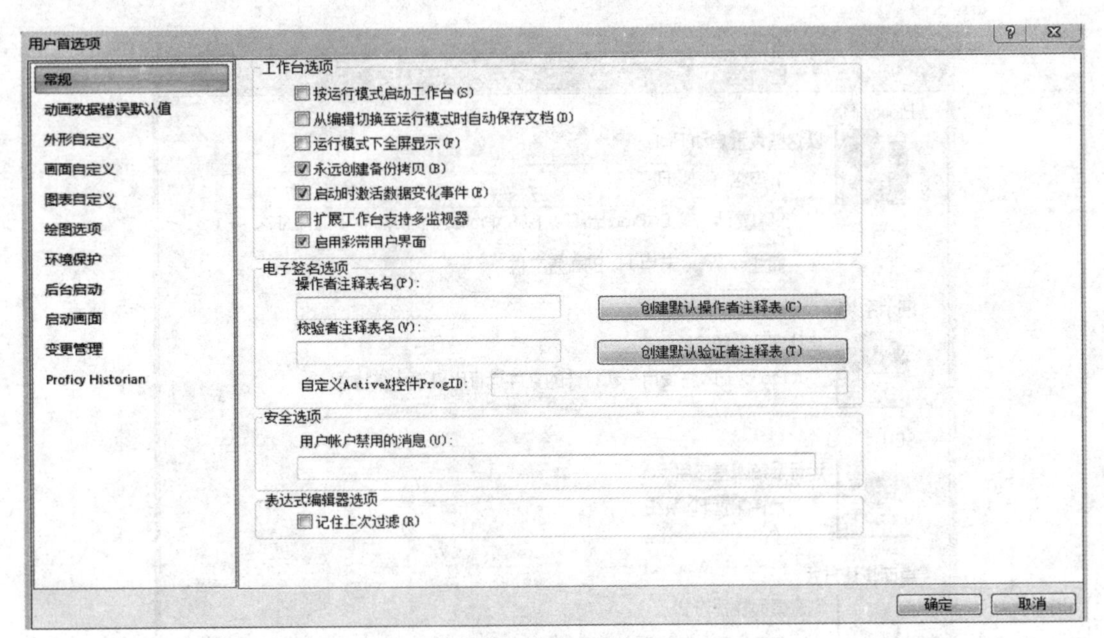

图 5-40　iFIX 工作台用户首选项配置

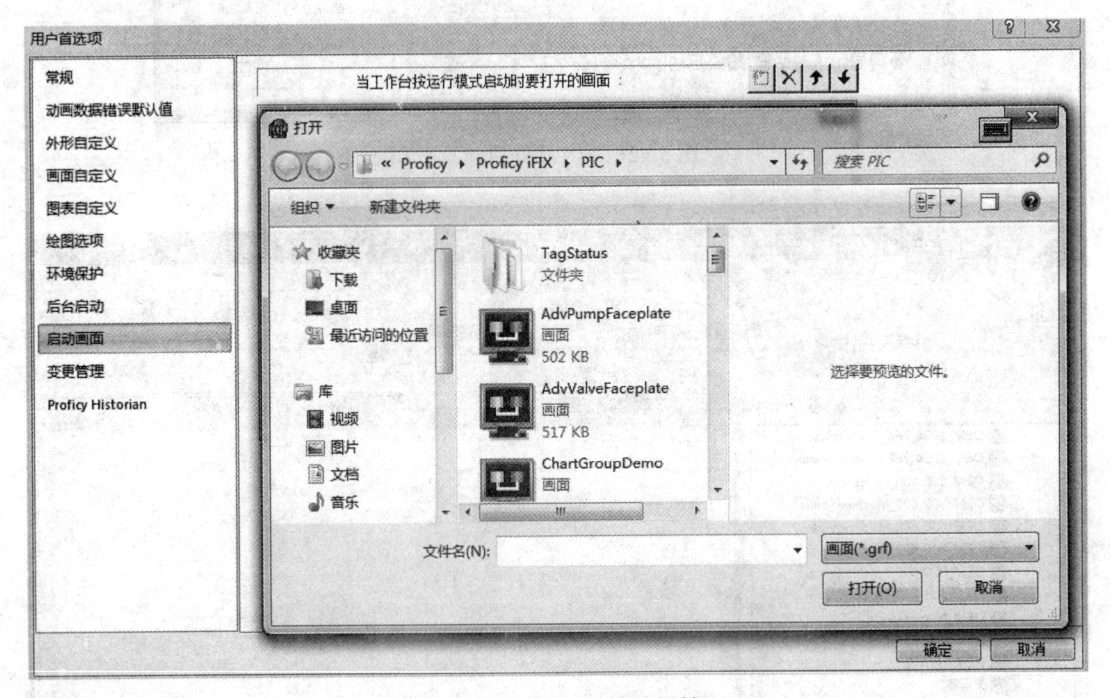

图 5-41　启动画面选择对话框

体的过程硬件设备，所以只有借助于自身的 SIM。SIM 是 iFIX 中的仿真驱动器，可以使用仿真数据测试数据库，SIM 驱动程序提供了一系列的寄存器，用来生成一个随机和预定义值的循环特性曲线。单击“应用程序”→“数据库管理器”，启动 iFIX 数据库管理器，如图 5-44 所示。

双击图 5-44 中的数据标签列表的任何一个空白处，在弹出的如图 5-45 所示的数据块

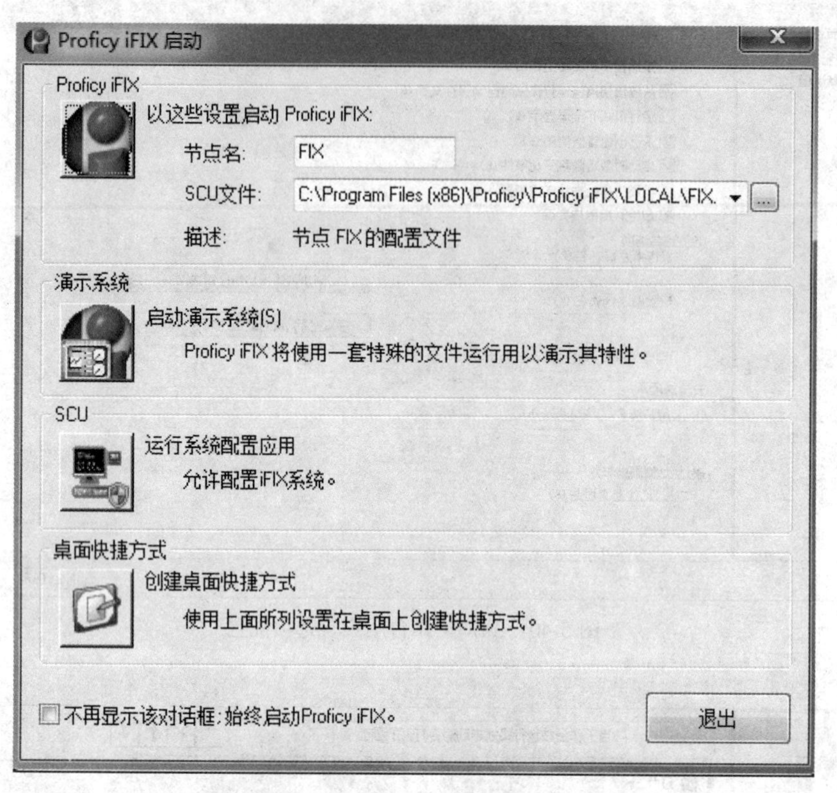

图 5-42 iFIX 软件启动画面

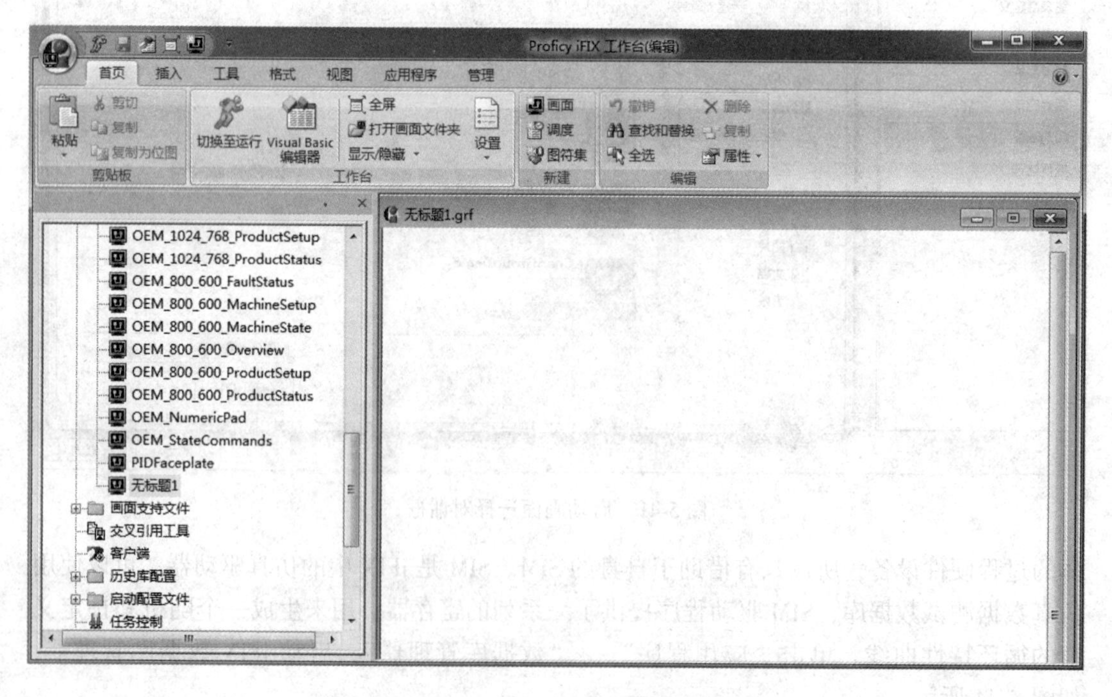

图 5-43 iFIX 工作台编辑界面

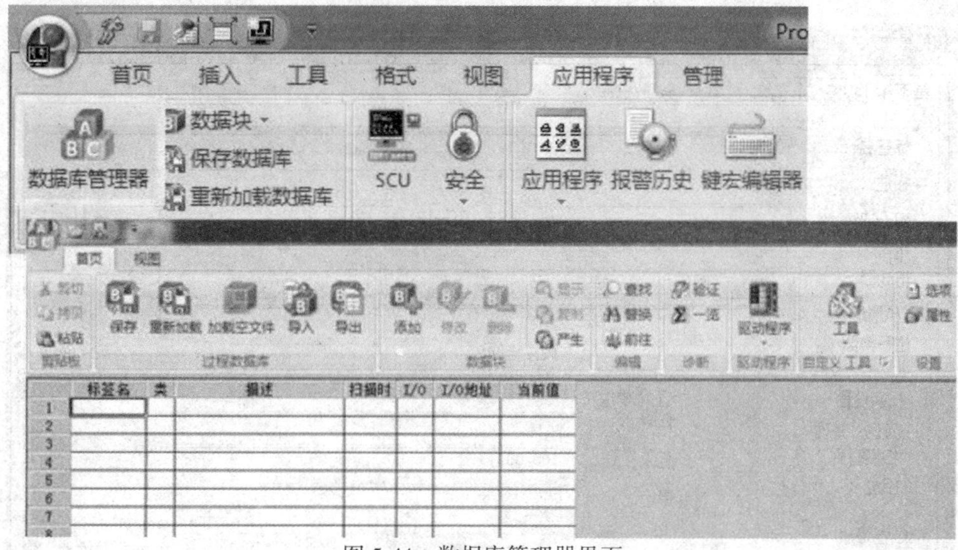

图 5-44 数据库管理器界面

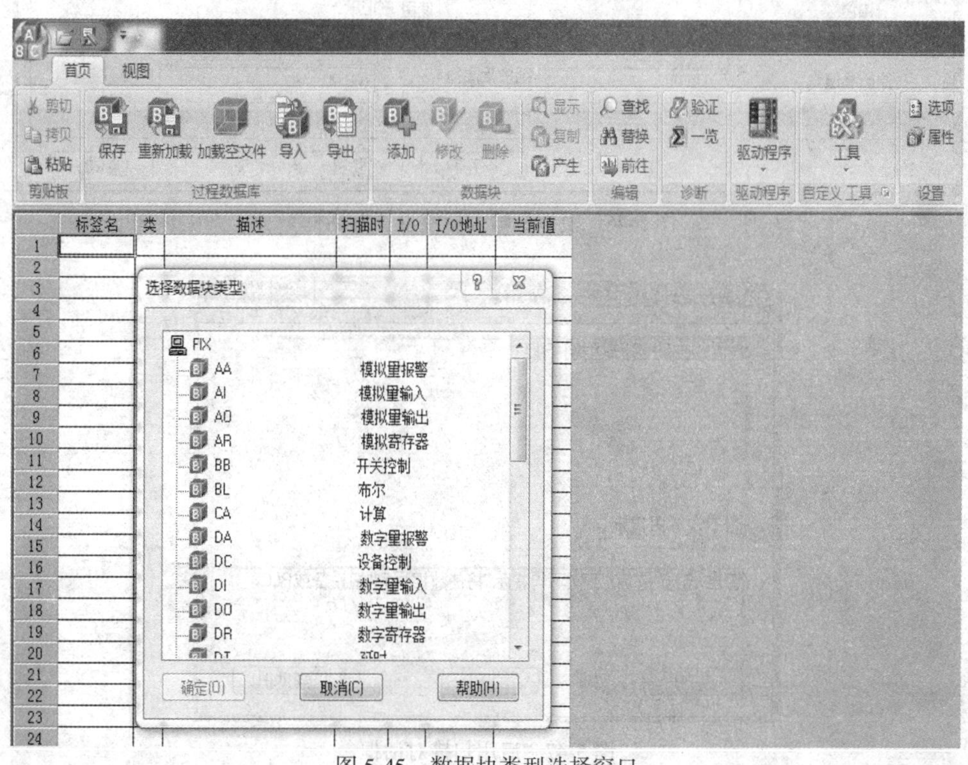

图 5-45 数据块类型选择窗口

类型选择窗口中选择 AI 并确定，弹出如图 5-46 所示的模拟量输入标签设置对话框。在对话框中输入标签名，特别在地址栏要选择正确的驱动器以及 I/O 地址，其他的设置暂时不用设置，使用默认即可。设置完成后单击“保存”按钮，弹出如图 5-47 所示的启用扫描对话框，单击“是”按钮。操作完成后就可以在数据库中看到刚才建立的一个模拟量数据标签，选中该标签右键单击之后选择“刷新”，即可看到后面的当前值的数据在变化，这个数据就来自于 SIM 仿真驱动器的 RA 中，如图 5-48 所示。

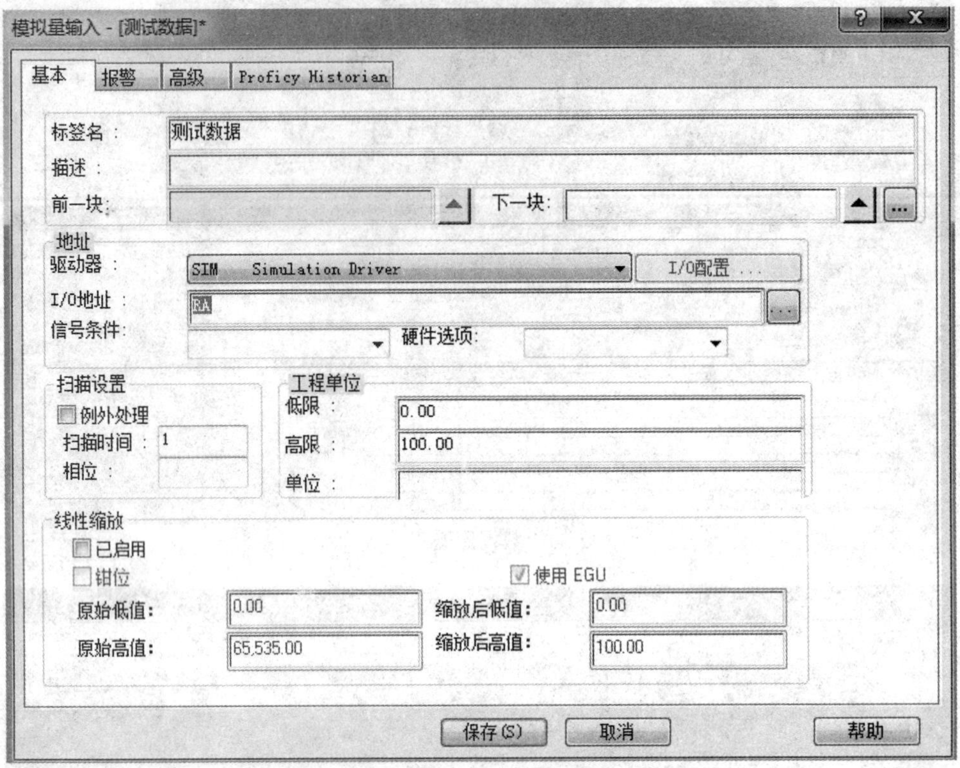

图 5-46 模拟量输入标签设置对话框

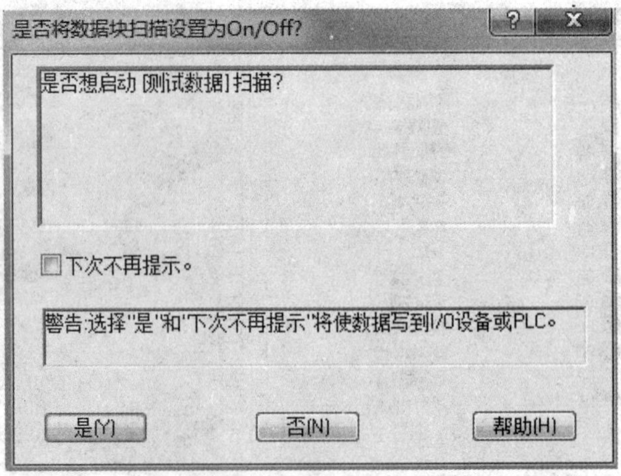

图 5-47 启用扫描对话框

在图 5-48 中，“标签名”在数据库中必须是唯一的，最多可达 40 个字符，在标签名中必须有一个非数字字符，它的开头可以是数字，有效字符包括：-\ 、_ ／,! | ，# [、%]、$ 、不允许有空格。

“描述”最多可有 40 个字符，可在报警一览、图表、图形对象等中显示。

“下一块”指链中下一个标签的标签名。

“前一块”指链中前一个标签的标签名，在数字量输入块中，该字段一般为空。

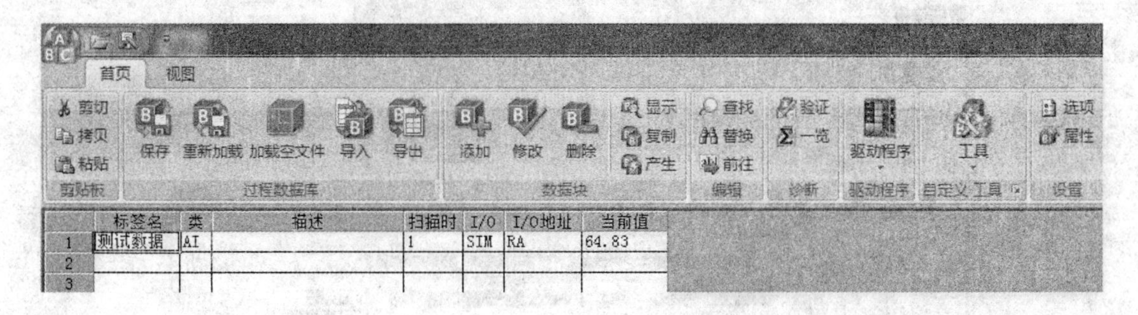

图 5-48 模拟量标签

“驱动器”指 iFIX 中 I/O 驱动器的名称，可以有 300 多个可用的驱动器。

“I/O 地址”指定该标签的数据存储位置，对输入标签，指定数据的来源地址，对输出标签，指定输出的目的地址。

过程数据库是 iFIX 系统的核心，它从硬件中获取或给硬件发送过程数据。过程数据库由标签（块）组成，数据库标签（块）是独立单元，可以接收、检查、处理并输出过程值。数据块的部分类型如表 5-2 所示。

表 5-2 数据块类型

数据块类型	类型功能描述
模拟量报警（AA）	提供对模拟量数据的读写访问，并允许设置和确认报警
模拟量输入（AI）	提供对模拟量数据的读写访问，并允许设置报警限
模拟量输出（AO）	当上游块、操作员、程序块、脚本或简单数据库访问（EDA）程序提供了一个数值的时候，向一个 I/O 驱动或 OPC 服务器发送数字量数据
模拟量寄存器（AR）	仅当一个数据连接与操作员显示的块相连接时，提供对模拟量数据的读写访问
布尔量（BL）	对最多八个输入执行布尔运算
数字量报警（DA）	提供对数字量数据的读写访问，并允许设置和确认报警
数字量输入（DI）	提供对数字量数据的读写访问，并允许设置报警限
数字量输出（DO）	当上游块、操作员、程序块、脚本或简单数据库访问（EDA）程序提供了一个数值的时候，向一个 I/O 驱动或 OPC 服务器发送模拟量数据
数字量寄存器（DR）	仅当一个数据连接与操作员显示的块相连接时，提供对数字量数据的读写访问
多态数字量输入（MDI）	为来自一个 I/O 驱动或者 OPC 服务器的最多三个输入重组数字量数据，将输入组合成一个原始数值，并允许设置报警限
文本（TX）	允许对设备的文本信息进行读写操作

（4）单击图“保存”按钮，回到 iFIX 工作台编辑界面，从工具箱中拖放数据连接图标，放置之后弹出的数据连接对话框，单击其数据源后面的，弹出如图 5-49 所示的表达式编辑器对话框，选中 FIX 节点中的测试数据标签名，其域名选中 F_ CV，代表是浮点数形式的当前值（ Float Current Value），即数据源连接为 Fix32. FIX. 测试数据 . F_ CV，单击“确定”按钮即可。然后在画面上合适的位置放置数据图标即可。

图 5-49　数据连接对话框

（5）iFIX 工作台的编辑模式和运行模式可通过组合键“Ctrl+W”来切换。如果在编辑模式下可以按下“Ctrl+W”或者单击“切换至运行”图标实现所建立的 iFIX 工程的运行，其运行效果如图 5-50 所示。

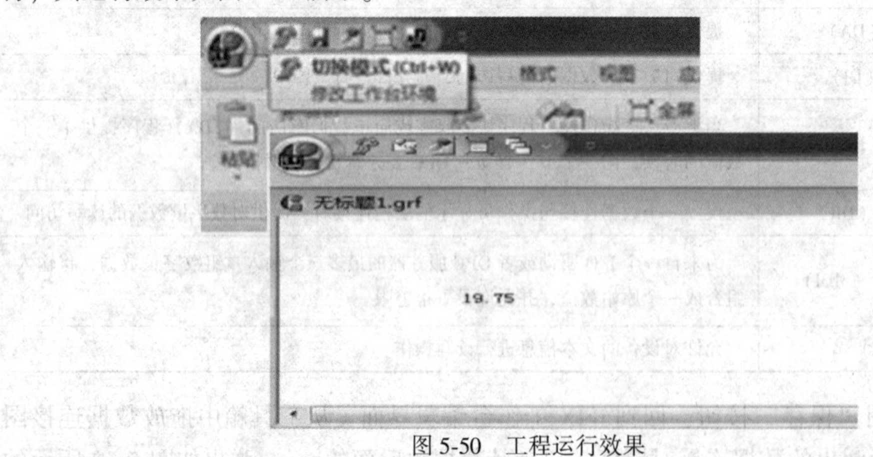

图 5-50　工程运行效果

5.4.5　iFIX 与 PAC Systems RX3i 的通信

iFIX 组态软件可以与多种类型的 PLC 控制器进行通信连接，将 PLC 中的数据采集到

iFIX数据库中，PLC与iFIX建立通信必须通过一个中间桥梁“驱动”。不同厂家、不同类型PLC与iFIX通信时所需要的驱动也不相同。例如，西门子的PLC需要安装的驱动是S7A，欧姆龙PLC需要安装的驱动是OMR/OMF，GE PAC需要安装的驱动是GE9。下面以GE PAC为例介绍一下iFIX与之通信时驱动的安装配置，从而实现iFIX与PAC Systems RX3i之间的通信。

iFIX的驱动程序按照以下方式组织：

(1) 通道：一个通道可以有多个设备。在基于串口的配置中，一个通道一般对应一个串口，此时就需要根据通信的硬件设备设置串口相应的通信参数（串口号、波特率、数据位、停止位和校验等）。

(2) 设备：一个设备可以有多个数据块。在实际应用中，一个驱动的逻辑设备就对应一个实际的物理设备。此时要根据该物理设备相应的驱动通信参数（主要是设备站点号以及通信处理相关的参数）。

(3) 数据块：一个数据块一般对应多个数据字。因为iFIX的每个数据块最大长度为256个字节，所以当一个设备需要读取的数据超过256个字节时就必须对设备分块。此时要根据需要读取的数据大小来配置数据块的参数（数据块的起始地址；数据块的结束地址；数据块的长度；数据块的类型等）。

5.4.5.1 GE9 I/O驱动器的安装

(1) 打开含有GE9驱动的文件夹并找到安装图标，双击“Setup.exe”进行安装。

(2) 系统运行安装程序，出现安装界面，在界面中直接点击“Next”按钮，出现选择安装路径对话框中，点击“下一步”按钮，继续安装（注意：最好不要更改默认的安装路径）。

(3) 在“选择节点类型”对话框中，选择“Sever”作为节点类型，单击“下一步”按钮继续安装。

(4) 在随后的一系列的对话框中进行相应的选择，最后在“安装完成”信息框中单击“Done”按钮，GE9 I/O驱动器安装完成。

5.4.5.2 GE9 I/O驱动器的配置

在保证PME（Proficy Machine Edition）软件与RX3系统通信成功的基础上开始GE I/O驱动的配置，具体步骤如下：

(1) 依次单击“开始”—“程序”，找到安装目录下的“GE9 Power Tool”，单击运行GE9 Power Tool驱动配置程序，在配置对话框中，选择“Use Local Serve”，单击“Connect…”按钮，弹出如图5-51所示的界面。

驱动是一个后台程序，没有界面，Power Tool是一个配置程序。Power Tool它不是驱驱动程序，只是一个配置程序。体现出来就是如图5-51所示的配置界面，它的主要作用就是配置驱动程序，告诉驱动从哪里读取数据，配置通道、设备、数据块。

(2) 在图5-51所示的界面中单击 按钮进行通信网卡配置，添加“Channel 0”，并选中右边的“Enable”项，如图5-52所示。这里出现的Channel通道名称可以随意设置。

(3) 单击图5-52中的 按钮进行设备配置。此项配置非常重要，首先在输入

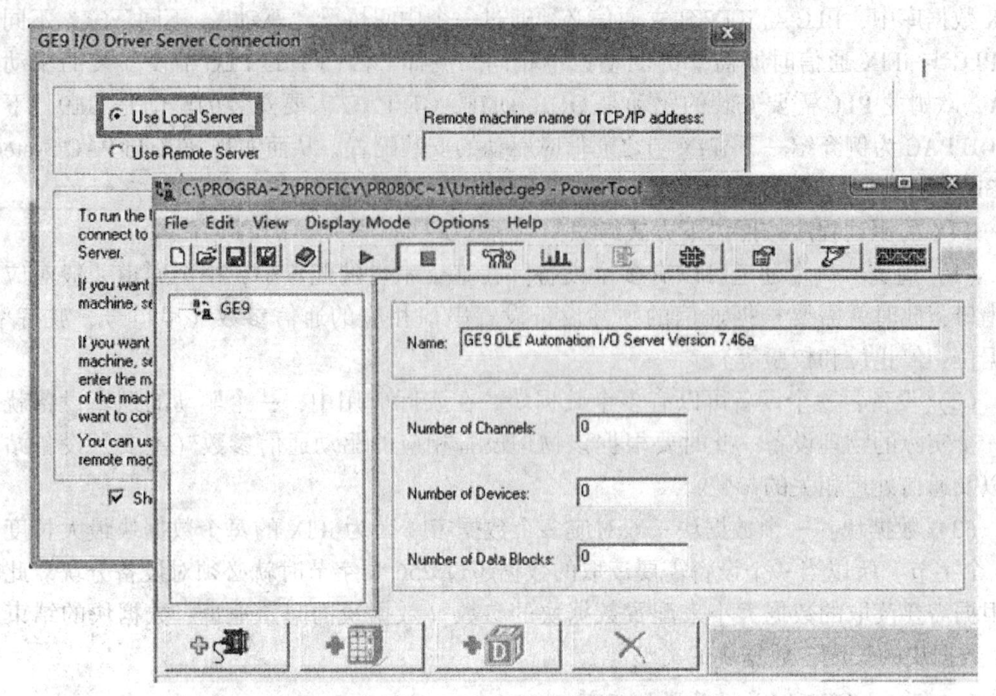

图 5-51 GE9 Power Tool 及驱动配置窗口

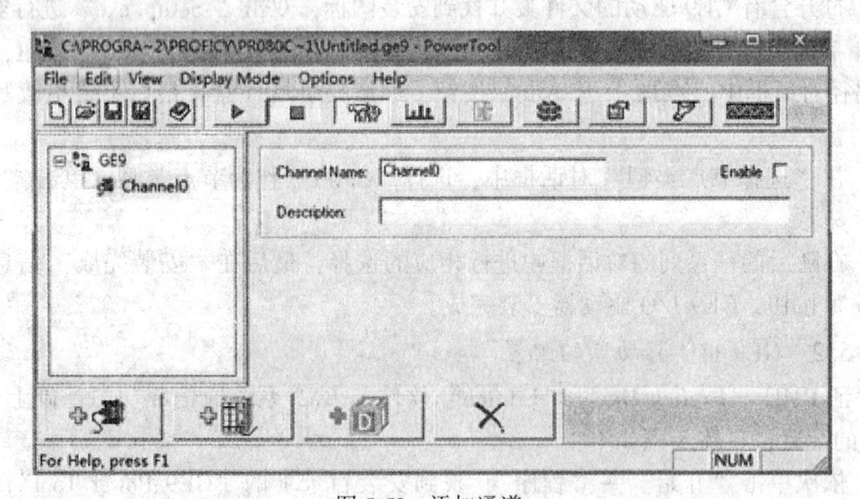

图 5-52 添加通道

Device 名称时要写简单容易记忆的，因为这个名字在后面数据库配置时需要使用，一般多采用以 D 开头、数字结尾的形式，如 D0、D1 等，然后在“Primary”窗口中输入与之相连接的 PAC 的 IP 地址。最后选中后面的“ Enable”，即配置完成，如图 5-53 所示。

注意：此处的 IP 地址为 PAC 控制器中的 IP 地址，不是电脑的 IP 地址。

（4）单击图 5-53 中的 图标，进行数据块配置。数据块配置对应 PAC 控制器中的不同寄存器，用户可以添加多个数据块，数据块的长度可以根据所编程序中用到的数据大小进行相应的设置，如 PAC 内部数据寄存器 R 的配置，数据块的名字 Block 可以命名为 PAC 内部寄存器的名字，Starting 为数据块的起始地址，Ending 为数据块的终止地址，Ad-

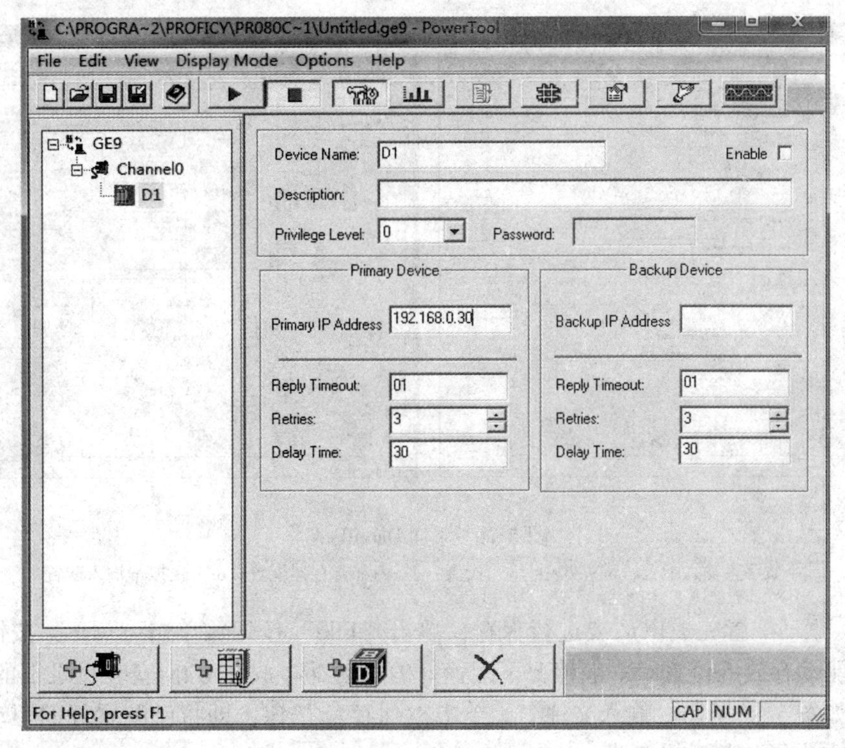

图 5-53 添加 Device

dress 为数据块的长度，其中数据块中的 R1 对应 PAC 内部数据寄存器 R00001，R100 对应 R00100，在 iFIX 中建立数据库时可以直接输入 R1、R2、R3 等。配置完数据长度后选中后面的“ Enable”，即配置完成。

与配置 R 数据块一样，还可以继续添加 M、I、Q、AI、AQ 等多个数据块。配置方法与上文介绍的相同。经过上述几个步骤就完成了 GE9 的驱动配置。如果需要对配置完成的驱动进行修改，可以点击 × 按钮删除已配置的网卡、设备和数据块。如图 5-54 为添加不同类型的数据块示例。

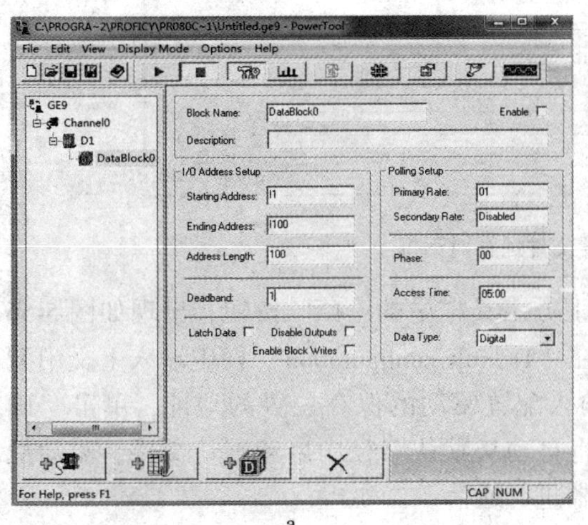

a

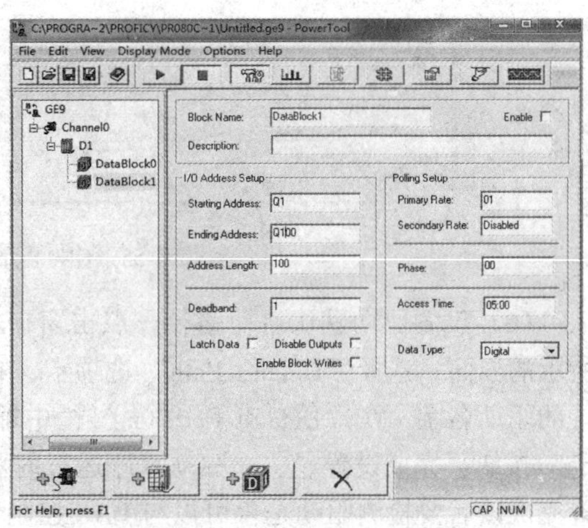

b

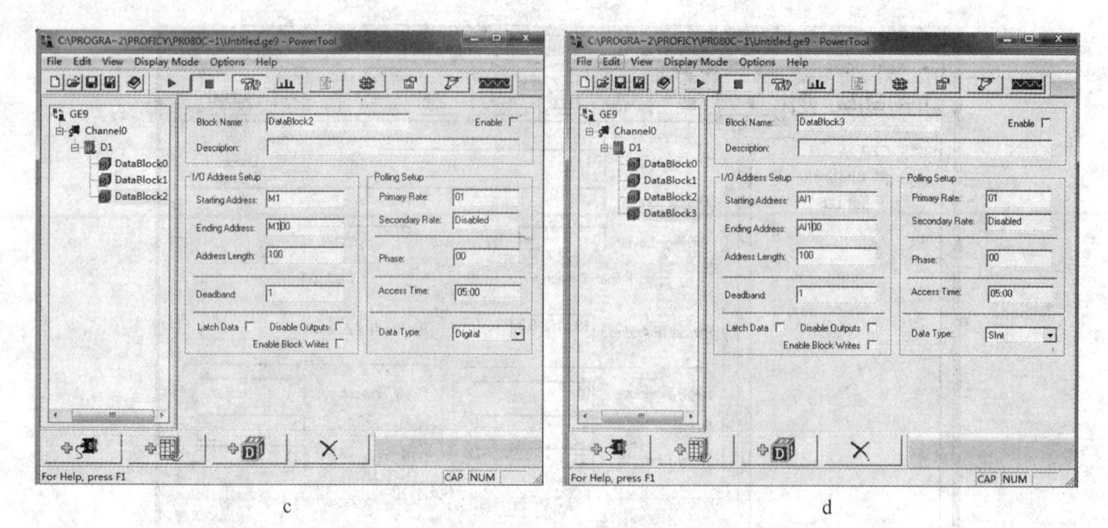

图5-54 添加DataBlock

a—数字量输入配置；b—数字量输出配置；c—内部寄存器配置；d— 模拟量输入配置

（5）驱动配置完成以后要进行保存，单击“File”按钮，单击“save”按钮，选择所配置的驱动存放的位置，一般情况下配置好的驱动都存放在iFIX安装目录下的PDB文件夹里面如图5-55所示，输入文件名，单击“保存”按钮，即将已配置好的驱动保存在PDB文件夹中了，其后缀名为.GE9。

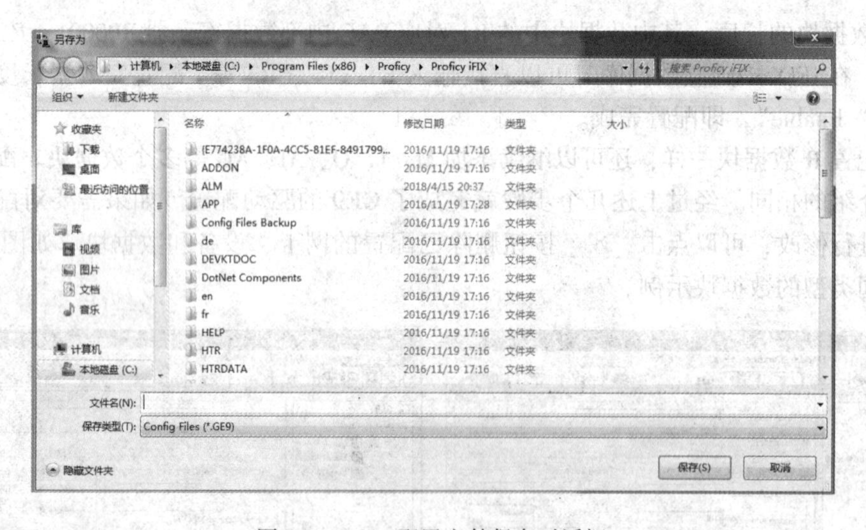

图5-55 GE9配置文件保存对话框

（6）设置驱动默认启动路径。点击窗口上方工具栏中的 按钮，出现如图5-56所示的界面。选择“Default Path”选项卡，在“Default configuration”栏中输入上文中配置的驱动名字，在“Default Path for”栏中输入配置驱动的保存位置的地址，单击“确定”按钮，完成设置。GE9驱动程序运行时将自动从默认路径中启动默认文件，驱动配置完成以后要检测驱动是否可以与PAC控制器进行通信。

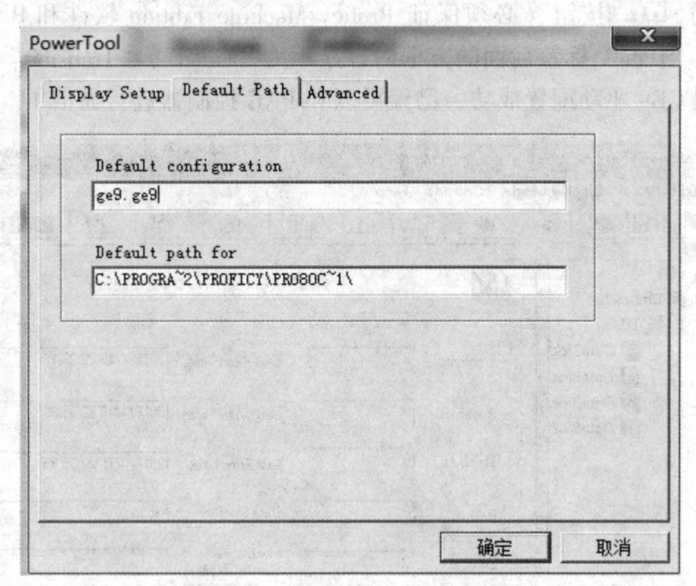

图 5-56 “Default Path”选项卡

（7）在检测之前要先进行通信 IP 设置，即修改 HOSTS 文件。在 iFIX 安装盘中找到“WINDOWS”文件夹，按照 C：1 WINDOWS \ system32 \ drivers \ ect \ hosts 顺序打开文件，最后用“记事本”方式打开 hosts 文件，在 hosts 文件尾部加上 iFIX 和 PAC 的 IP 地址，如图 5-57 所示。

图 5-57 修改 hosts 文件

注：FIX 前面输入的是 iFIX 所安装的电脑 IP 地址（在此为 192.168.1.40），PLC 前面输入的地址是 PAC 控制器之前设置的 PAC 临时 IP 地址（在此为 192.168.1.30）。

（8）返回驱动配置主页面窗口，单击工具栏上的 ► 按钮，运行 GE9 驱动程序。

单击工具栏上的 按钮（必须保证 Proficy Machine Edition 软件和 PAC 通信正常），如图 5-58 所示，"Data"标签后面的方框内容显示为"Good"，"Transmit""Receives"标签数值跳变表明 GE9 驱动配置成功，已经可以和 PAC 控制器进行通信了。

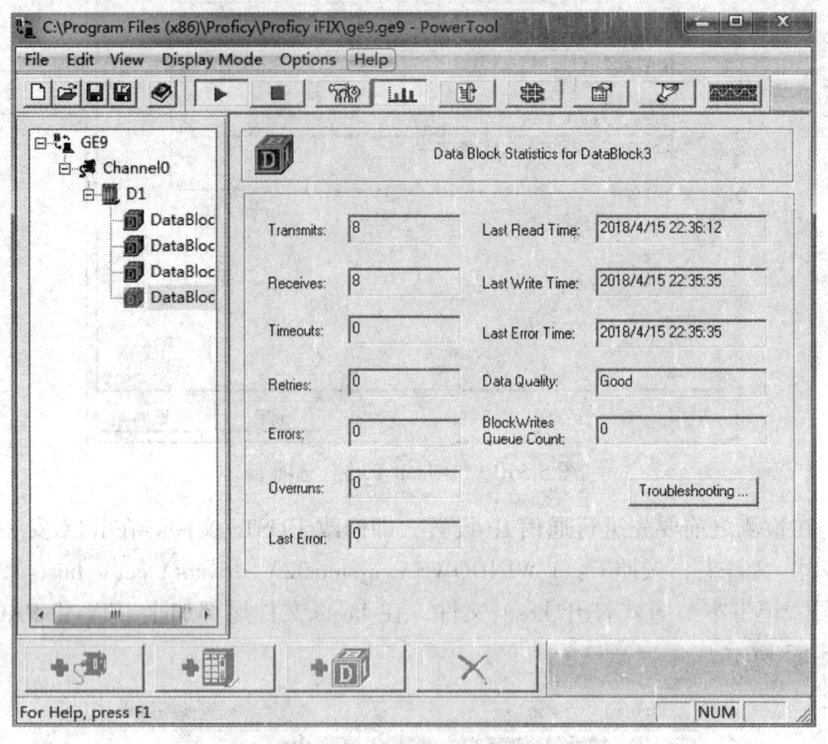

图 5-58 GE9 驱动运行成功

课后习题

1. 简述人机界面的功能和特点。
2. 简述 PAC 人机界面的基本结构。
3. 设计一个基于 Quick Panel 的对 2 台锅炉对象的监控界面。
4. 设计一个基于 Quick Panel 的电机自锁控制界面。
5. 设计一个基于 Quick Panel 的温度数据采集界面。
6. 简述 iFIX 软件的功能。
7. 简述 iFIX 和 PAC Systems RX3i 通信的设置步骤。
8. 设计一个基于 iFIX 的多种液体混合控制的人机界面。
9. 设计一个基于 iFIX 的十字路口交通灯控制的人机界面。

6 GE PAC 基本训练项目

6.1 PME 软件配置及使用训练

本书第 3 章详细介绍了 PME 软件的使用方法，我们对 PME 软件已经有了初步的认识。本节以电机的正反转为例，学习使用 PME 软件创建新项目的过程和方法，认识和安装一个典型的 RX3i PAC 硬件系统，学会正确配置以太网和串口地址的方法，练习使用 PME 软件编辑程序、下载与上传程序以及调试程序的方法与步骤。

本章要求：正转启动按钮（SB1）、反转启动按钮（SB2）、停止按钮（SB3）为 Demo 箱上的数字模拟输入模块（IC694ACC30O）的 Input1、Input2、Input3 拨动开关，电机正转接触器 KM1 为数字输出模块（IC694MDL754）的 Output1 指示灯，电机反转接触器 KM12 为数字输出模块（IC694MDL754）的 Output2 指示灯，当拨动启动按钮 SB1 时，电机正转，而在拨动按钮 SB2 时，电机 M1 停止正转，转为反转。任何时刻按下按钮 SB3，电机停转。表 6-1 为 IO 地址分配表。

表 6-1　IO 地址分配表

输入地址	设备名称	输出地址	设备名称
%I00001	正转启动按钮	%Q00001	正转接触器
%I00002	反转启动按钮	%Q00002	反转接触器
%I00003	停止按钮		

6.2 训 练 任 务

6.2.1 训练任务 1　新建项目

通过 Machine Edition，可以在一个工程中创建和编辑不同类型的产品对象，如 Logic Developer PC、Logic Developer PLC、View 和 Motion，在同一个工程中，这些对象可以共享 Machine Edition 的工具栏，它提供了各个对象之间的更高层次的综合集成。

（1）单击“开始>所有程序>GE Fanuc>Proficy Machine>Proficy Machine Edition”或者点击图标，启动软件。在 Machine Edition 初始化后，进入开发环境窗口，如图 6-1 所示。

当第一次启动 PME 软件时，出现开发环境选择窗口，可以根据目前的控制器种类，选择对应的开发环境工具，在本项目中，控制器为 PAC，选择 Logic Developer PLC。若以后想更改开发环境，可通过“Windows> Apply Theme”菜单进行选择确定。

（2）当软件打开后，出现 PME 软件工程管理提示画面。选择 Cancel，PME 进入工程

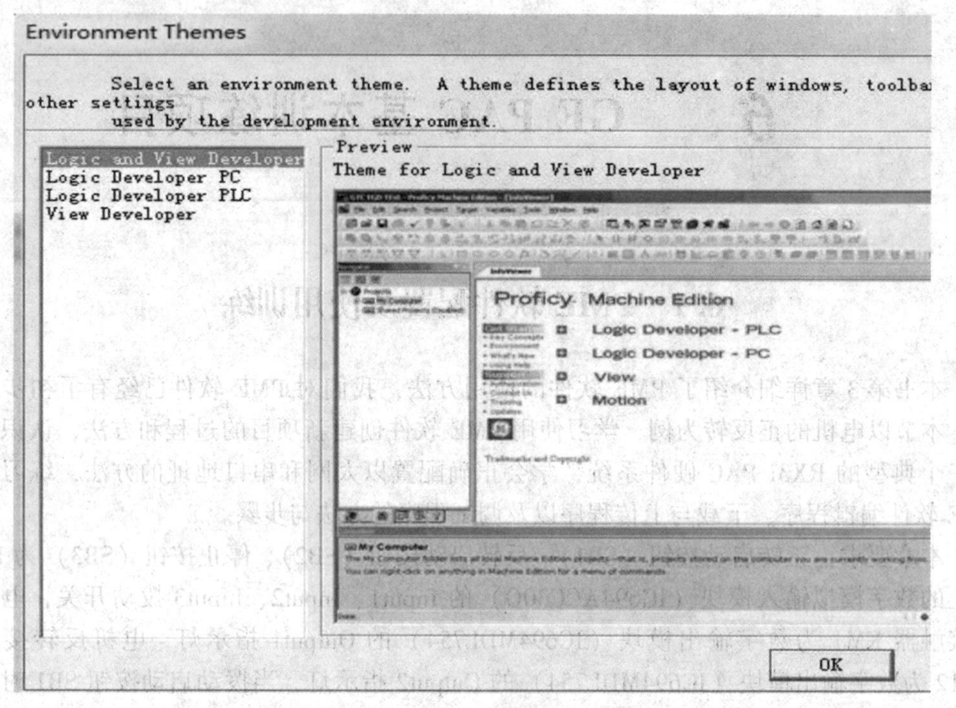

图 6-1　开发环境窗口

编辑画面，如图 6-2 所示。

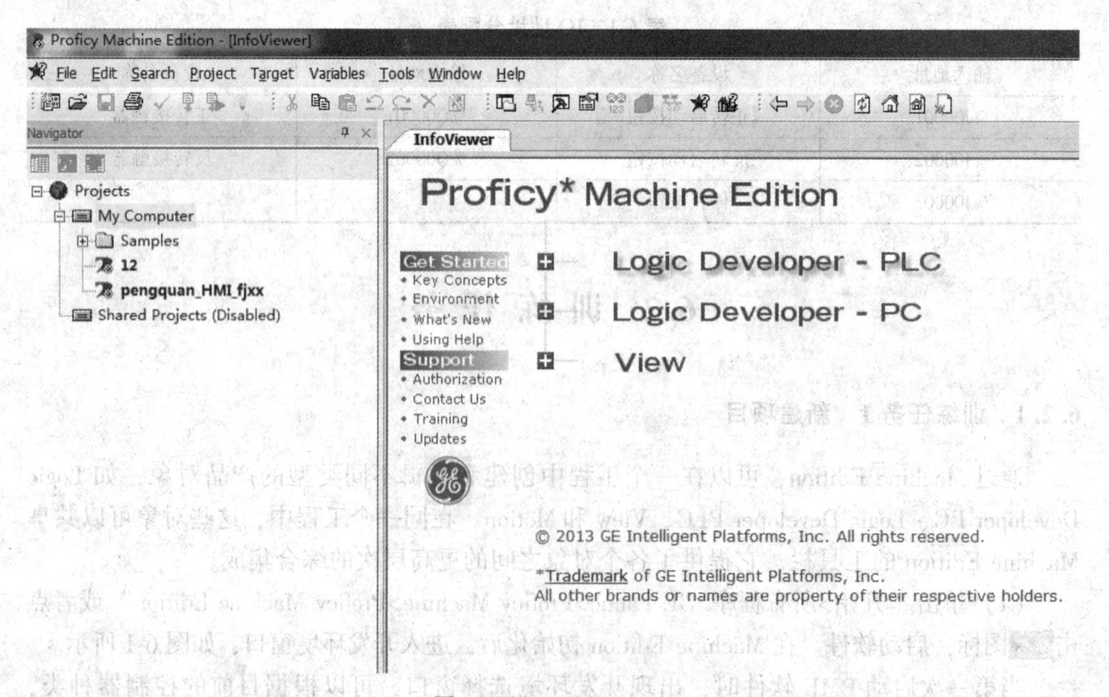

图 6-2　Machine Edition

（3）新建一个工程。点击“File>New Project”，或点击 File 工具栏中按钮，出现新建工程对话框，如图 6-3 所示。

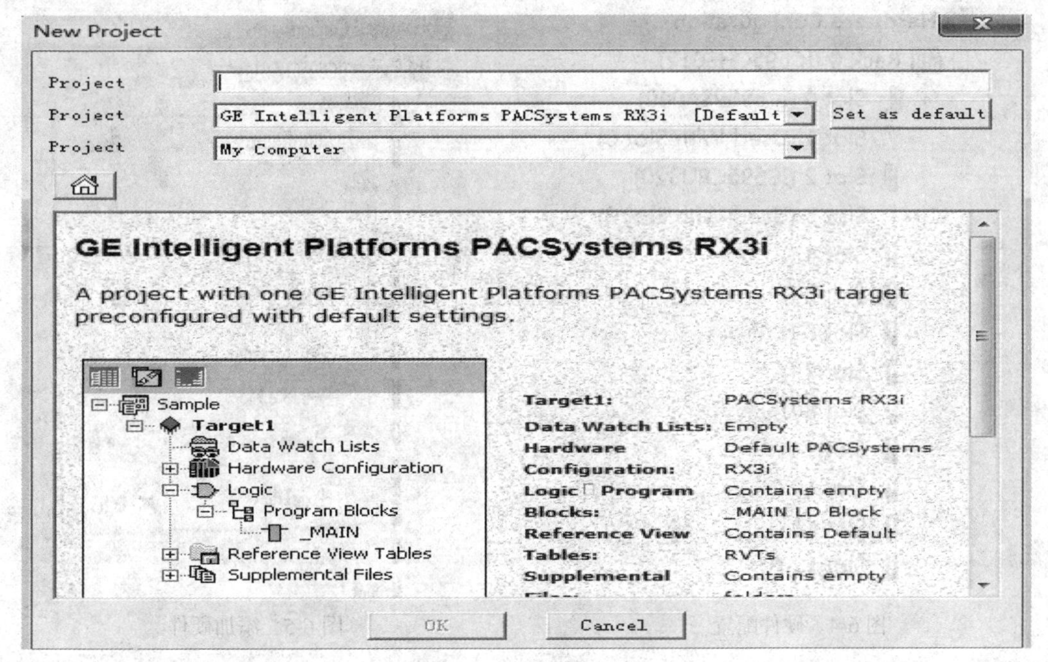

图 6-3 新建工程对话框

1）输入工程名：电机正反转控制；

2）选择控制器类型：GE PAC Systems RX3i；

3）点击 OK。

这样，就在 PME 的环境中创建了个新工程。

6.2.2 训练任务 2 硬件组态

Logic Developer PLC 支持 6 个系列的 GE 可编程控制器（PTC）和各种远程 I/O，包括它们各自所属的各种 CPU、机架和模块。为了使用上述产品，必须通过 Logic Developer PLC 或其他的 GE Faunc 工具对 PLC 硬件进行配置。Logic Developer PLC 硬件配置（HMC）组件为设备提供了完整的硬件配置方法。

CPU 在上电时检查实际的模块和机架配置，并在运行过程中定期检查。实际的配置必须和程序中的配置相同。两者之间的配置差别作为配置故障报告给 CPU 报警处理器。

新建项目的硬件配置一般已包含一部分内容，如一个底板、一个交流电源及一个 CPU 等，对于 PAC Systems RX3i 系统来说，其底板与模块的连接关系一般如图 6-3 所示，由于各模拟在底板上可以插入任何一个插槽，因此在进行硬件配置时需按实际情况对应配置。

在图 6-4 中展开 Hardware Configuration，根据实际机架上的模块位置，右键点击各 Slot 项选择 Replace Module 或 Add Module，以替换或增加模块。在弹出的模块目录对话框中选择相应的模块并添加，如图 6-5 所示。

Demo 箱的常用模块出现的位置如表 6-2 所示。

当配置的模块有红色叉号提示符时，说明当前的模块配置不完全，需要对模块进行修改。双击已添加在机架上的模块，对模块进行详细配置，可在下面的详细参数编辑器中进行参数配置。一般的模块配置如图 6-6 所示。

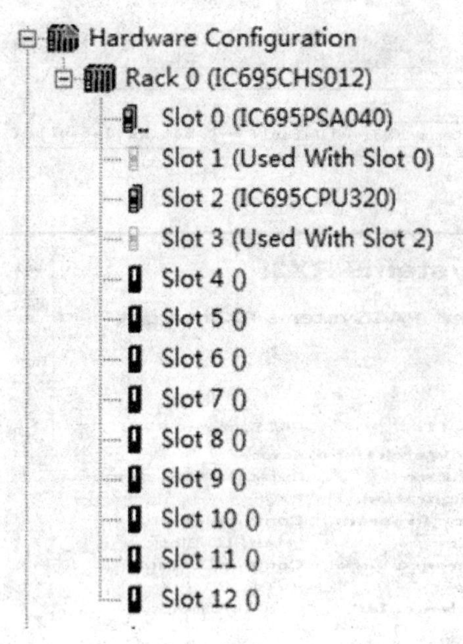

图 6-4 硬件配置

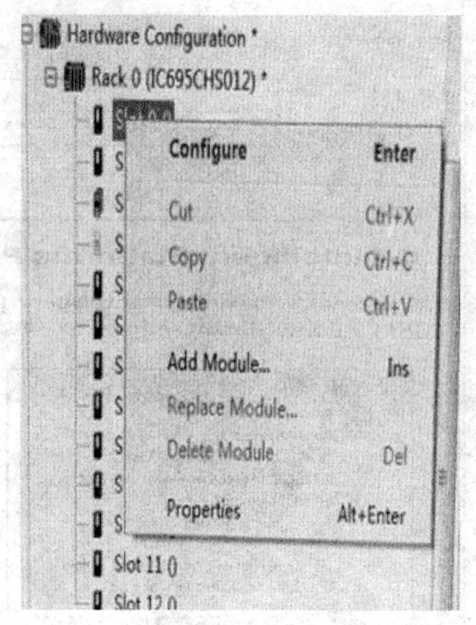

图 6-5 添加硬件

表 6-2 Demo 箱的模块配置

槽位号	型号	模块类型	槽位号	型号	模块类型
0	IC695PSD040	电源模块	7	IC695HSC304	高速计数器
1	IC695CPU310	CPU 模块（占位 2 个槽）	8	IC695ALG600	模拟量输入
2			9	IC695ALG704	模拟量输出
3	IC695ETM001	通信模块	10	IC695CMM002	通信模块
4	IC694ACC300	数字量输入	11		
5	IC694MDL655	数字量输入	12	IC695LRE001	总线扩展
6	IC694MDL754	数字量输出			

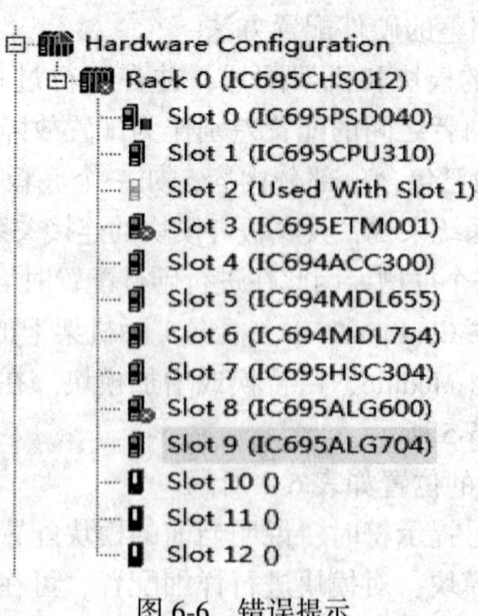

图 6-6 错误提示

（1）CPU模块（IC695CPU310）。右键点击CPU Slot，选择Configure。软件弹出参数编辑窗口，如图6-7所示，分别设置CPU常规、扫描设置、存储区域设置、错误指示设置、端口设置、扫描模块参数设置、电源使用说明等。针对本项目，可以采用CPU的默认值。

Settings | Scan | Memory | Faults | Port 1 | Port 2 | Scan Sets | Power Consumption

Parameters	Values
Passwords	Enabled
Stop-Mode I/O Scanning	Disabled
Watchdog Timer (ms)	200
Logic/Configuration Po...	Always RAM
Data Power-up Source	Always RAM
Run/Stop Switch	Enabled
Memory Protection Swit...	Disabled
Power-up Mode	Last
Modbus Address Spac...	Disabled

图6-7 配置CPU存储类型

（2）以太网模块（IC695ETM001）。此模块需要配置IP地址，状态字的起始地址。

IP地址：进入模块的Setting—IP Address栏键入模块的IP地址，本栏目中设置为196.168.1.5。

状态字的起始地址：进入模块的Status Address，双击起始地址%I00001，在Reference Address窗口中需要输入的地址。在本项目中，由于不需要读入以太网的通信模块参数，可将起始地址避开常用的地址区域，设置为%I00097，如图6-8所示。

Settings | RS-232 Port (Station Manager) | Power Consumption

Parameters	Values
Configuratio...	TCP/IP
Adapter Na...	0.3
Use BOOT...	False
IP Address	**192.168.0.30**
Subnet Mask	**255.255.255.0**
Gateway IP ...	0.0.0.0
Name Serv...	0.0.0.0
Max FTP S...	0
Network Ti...	None
Status Addr...	%I00001
Length	80
Redundant IP	Disable
I/O Scan Set	1

图6-8 配置以太网通信

（3）数字模拟输入模块（IC695ACC300）。此模块需要配置起始偏移地址。针对本项目，可将该模块的Reference Address（I/O口地址）设置为%I00001，如图6-9所示。即数字模拟输入模块Input1的拨动开关在CPU中对应的地址为%I00001，Input2的拨动开关在CPU中对应的地址为%I00002等，共占用以%I00001为起始地址的16个连续的存储区域。

（4）数字输出模块（IC695MDL754）。此模块需要配置起始偏移地址。针对本项目，可将该模块的Reference Address（I/O口地址）设置为%Q00001，如图6-10所示。即数字输出模块的第一个输出点所对应的地址为%Q00001，第二个点所对应的地址为%Q00002等，共占用以%Q00001为起始的32个连续存储区。

Settings | Power Consumption

Parameters	Values
Reference ...	%I00081
Length	16
I/O Scan Set	1

图 6-9 配置起始地

Settings | Wiring | Power Consumption

Parameters	Values
Reference Address	%Q00001
Length	32
Module Status Reference	%M00001
Module Status Length	0
ESCP Point Status Reference	%M00001
ESCP Point Status Length	0
Outputs Default	Force Off (Must match module's DIP switch)
I/O Scan Set	1

图 6-10 配置默认输出类型

6.2.3 训练任务 3 程序编写

PAC Systems 支持多种编程语言、梯形图、C 语言、FBD 功能块图、用户定义功能块、ST 结构化文本、指令表等。通常较为常见的为梯形图编程语言。

本项目中，逻辑程序较为简单，这里不做太多赘述，着重介绍录入梯形图程序，如图 6-11 所示。

图 6-11 逻辑梯形图

(1) 找到梯形指令工具栏，如图 6-12 所示。

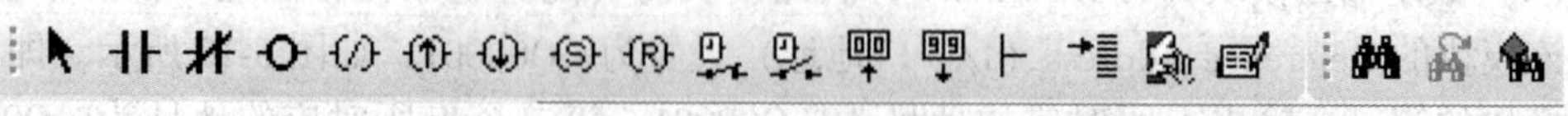

图 6-12 工具栏

如果看不见梯形指令工具栏，点击 Tools 下拉菜单，并选择 Toolbars、Logic、Developer PLC，如图 6-13 所示。单击梯形指令工具栏中的 ⊣⊢ 按钮，选择一个常开触点。在 LD 编辑器中，点击一个单元格，它将是新指令占有的左上角单元格，在 LD 逻辑中出现与被选择工具栏按钮相应的指令，单击指针工具按钮或按 Esc 键，返回到常规编辑。如图 6-14 所示。

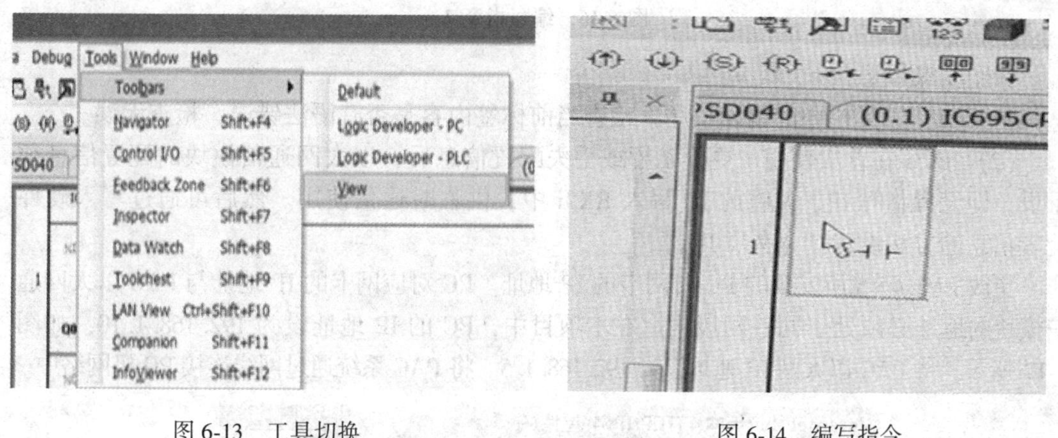

图 6-13　工具切换　　　　图 6-14　编写指令

（2）输入常开触点所对应的地址。双击此常开触点，输入地址。可以输入地址的全称%I00001；也可采用倒装的方式简写为 1i，系统将自动换算%I00001，然后按 Enter 键，指令地址也就写好了。在梯形指令工具栏中单击 ⊢ （水平/垂直线）按钮。单击一根线段的单元格，线段的方向取决于用户点击时鼠标指针光标线的方向，如图 6-15 所示。

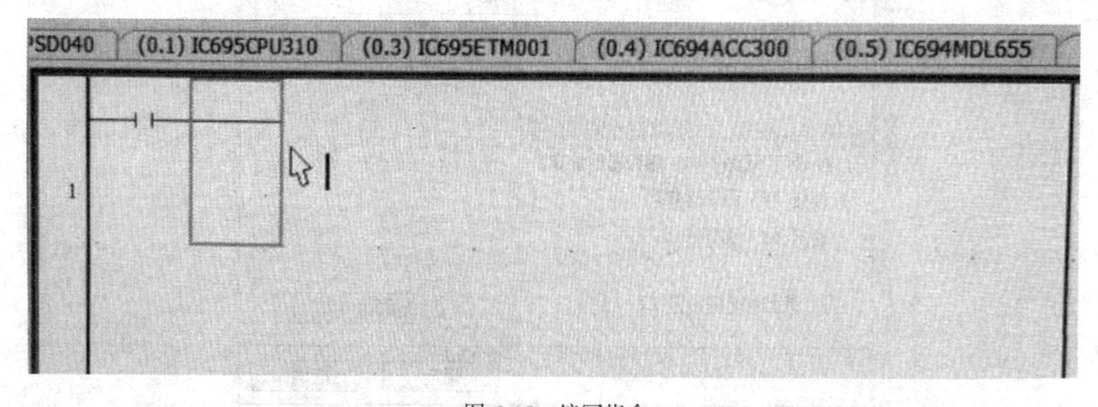

图 6-15　编写指令

（3）按照此方法在适当位置依次输入常闭触点、线圈、常开触点等，如图 6-16 所示。

6.2.4　训练任务 4　程序的下载

PAC 参数、程序在 PME 环境中编写完成，需要写入到 PLC 的内存中。也可以将 PLC 内存中原有的参数、程序读取出来供阅读。这就需用到上传/下载功能。PME 与 PAC 可采用串口通信或以太网通信两种方式。在本项目中，采用以太网通信方式。

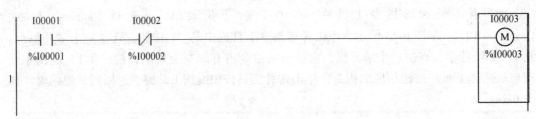

图 6-16　编写指令 7

操作步骤如下：

（1）点击工具栏中的编译程序，检查当前标签内容是否有语法错误，检查无误。

（2）RX3i 在首次使用、更换工程或丢失配置信息后，以太网通信模块的配置信息须重设，即设置临时 IP，并将此 IP 写入 RX3i 中，供临时通信使用。然后可通过写入硬件配置信息的方法设置“永久”IP。

更改 PME 环境所安装的 PC 机网卡的 IP 地址。PC 对应网卡的 IP 地址与 PAC 以太网通信模块的地址必须处于同一网段内。在本项目中，PC 的 IP 地址设为 192.168.1.10，如图 6-17 所示，将 PAC 以太网 IP 地址设为 192.168.1.5。将 PAC 系统通过网线连接 PC 机网络中。

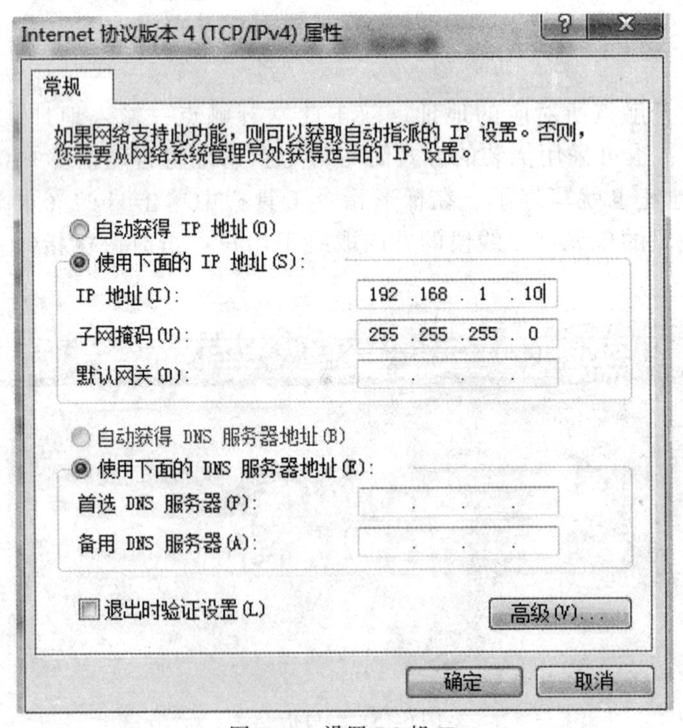

图 6-17　设置 PC 机 IP

在图 6-18 所示的工作界面点击　打开后点击“Set Temporary IP Address”、如图 6-19 所示，将自动弹出设定临时 IP 地址的对话框，输入以太网通信模块 IC695ETM001 的 12 位 MAC 地址以及临时 IP 地址。

以上区域都正确配置之后，单击“Set IP”按钮。

需要的话，选择启用网络接口选择校验（Enable、interface、selection）对话框，并且标明 PAC 系统所在的网络接口。

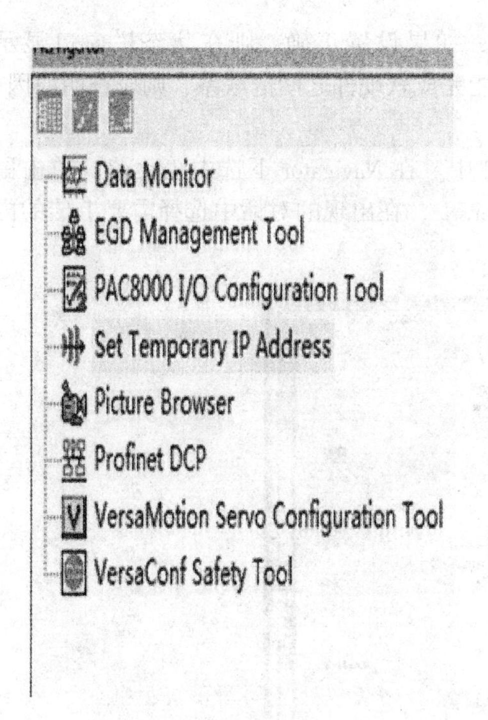

图 6-18 调用设定 IP 工具

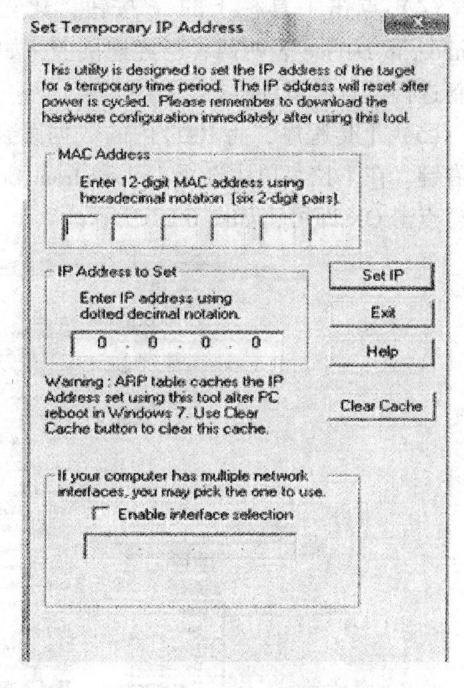

图 6-19 设置临时 IP

对应的 PAC 系统的 IP 地址将被指定为对话框内设定的地址，这个过程最多可能需要 1min 的时间。

注意，在设定临时 IP 时，一定要分清 PAC、PC 和触摸屏三者间的 IP 地址间的关系，要在同一网段，而且两两不可以重复。

（3）在 Navigator 下选中 Target1，单击鼠标右键，在下拉菜单中选择 Properties，在出现的 Inspector 对话框中设置通信模式，将 Physical Port 设置成 ETHERNET，在 IP Address 中键入上一步骤中设定的 IP 地址，如图 6-20 所示。

Inspector

Target	
Name	Target1
Type	GE IP Controller
Description	
Documentation Address	
Family	PACSystems RX3i
Controller Target Name	A1231
Update Rate (ms)	250
Sweep Time (ms)	Offline
Controller Status	Offline
Scheduling Mode	Normal
Force Compact PVT	True
Enable Shared Variables	False
DLB Heartbeat (ms)	1000
Enhanced Security	False
Physical Port	ETHERNET
IP Address	192.168.0.30
⊞Additional Configuration	

图 6-20 PAC 通信标签属性和以太网卡参数设置

（4）点击工具栏上的⚡按钮，建立通信，如果设置正确，则在状态栏窗口显示 Connect to Device 表明两者已经连接上，如果不能完成软硬件之间的联系，则应查明原因，重新进行设置，重新连接。

（5）上传程序，将 PAC 内的数据读到 PME 中。在 Navigator 下选中 Target1，单击鼠标右键，在下拉菜单中选择 Upload from Controller...，在出现的对话中选择需要上传的内容，点击 OK 即可，如图 6-21 所示。

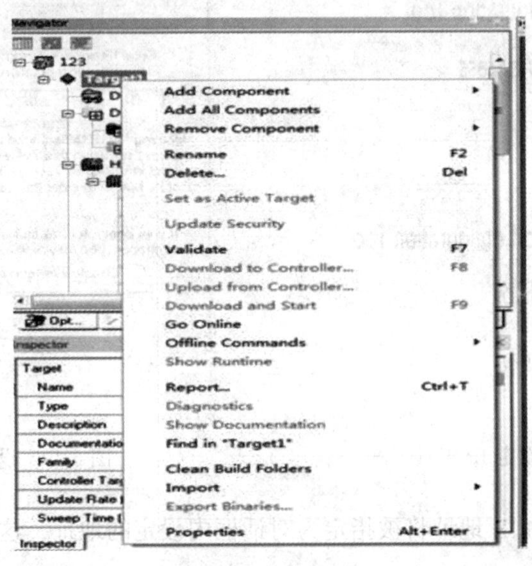

图 6-21 上传程序

下载程序，将 PMF 中的数据下载到 PAC 中，点击按钮，设定 PAC 为在线模式，点击下载按钮，出现如图 6-22 所示的下载内容选择对话框。

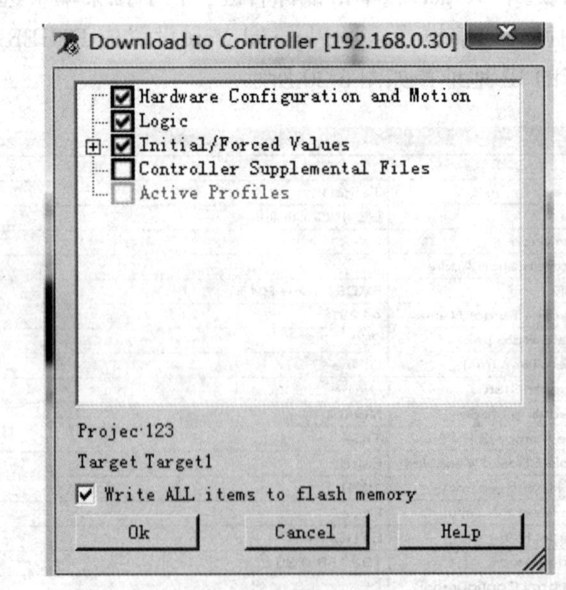

图 6-22 下载内容选择

初次下载，应将硬件配置及程序均下载进去点击 OK。

（6）下载后，如正确无误，Target1 前面的 Target1 由灰变绿，屏幕下方出现 Programmer、Stop Disabled、Config EQ、Logic EQ，表明当前的 RX3i 配置与程序的硬件配置吻合，内部逻辑与程序中的逻辑吻合。此时将 CPU 的转换开关打到运行状态，即可控制外部设备。

6.2.5 训练任务 5 备份、删除、恢复项目

备份和恢复主要用于传送一个项目，例如从一台 PME 中传送到另一台 PME 中，备份是进行压缩文件的操作，恢复是进行解压缩文件的操作。被备份的文件必须经过恢复才能够正常的显示出来。

6.2.5.1 备份与删除项目

备份与删除项目的操作步骤如下：

（1）要备份一个项目，首先要先关闭任何打开的项目。工作界面如图 6-23 所示。

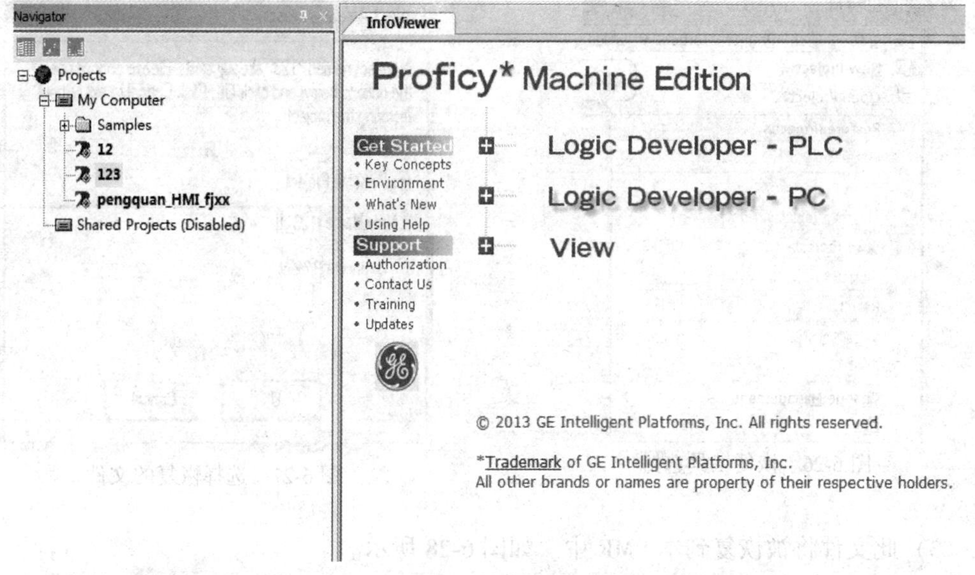

图 6-23 工作界面

（2）右键点击想备份的项目，选择“Back Up...”备份选择项目，选择“Destroy Project...”删除选择的项目，如图 6-24 所示。

（3）选择备份项目的存放路径，如图 6-25 所示。

（4）然后单击“保存”。此文件中将按照 zip 文件格式保存。

6.2.5.2 恢复项目

恢复项目的操作步骤如下：

（1）要恢复一个项目，在 Navigator 窗口中 Projects 下右击“My Computer”，选择“Restore...”，如图 6-26 所示。

（2）在调用出来的 Restore 窗口中，选择恢复原文件的存放位置，点击“打开”如图 6-27 所示。

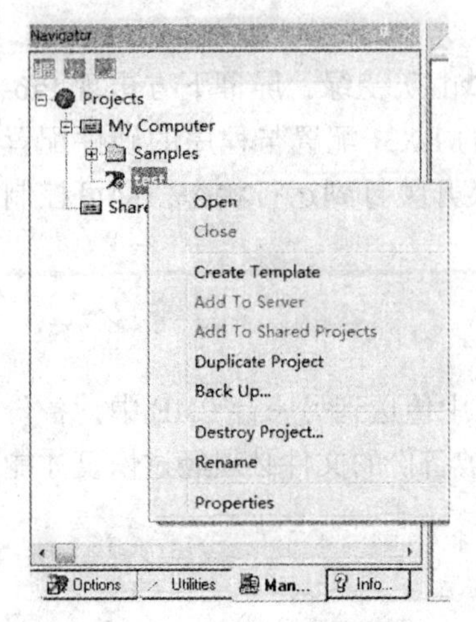

图 6-24 备份工具选择

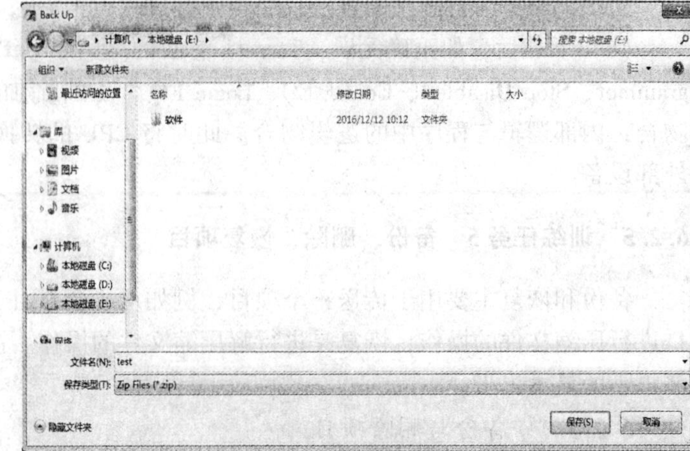

图 6-25 路径选择

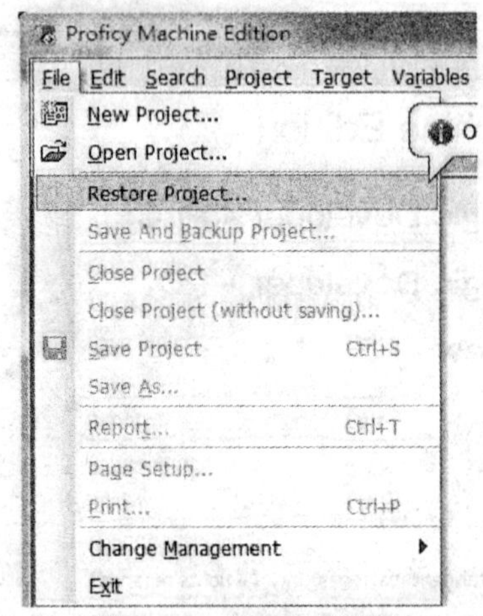

图 6-26 恢复工具选择

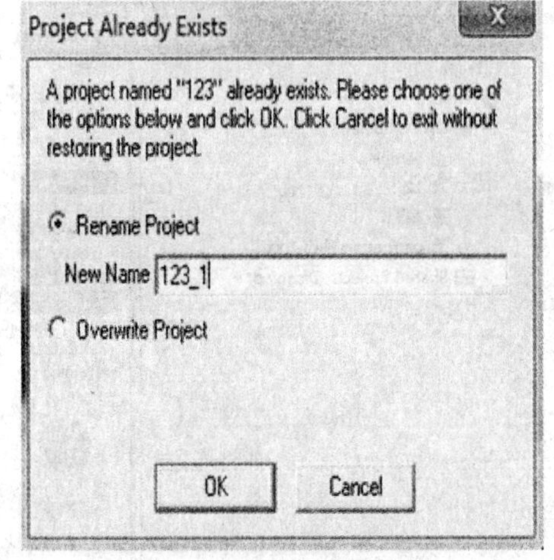

图 6-27 选择恢复的文件

（3）此文件将被恢复到本 PME 中。如图 6-28 所示。

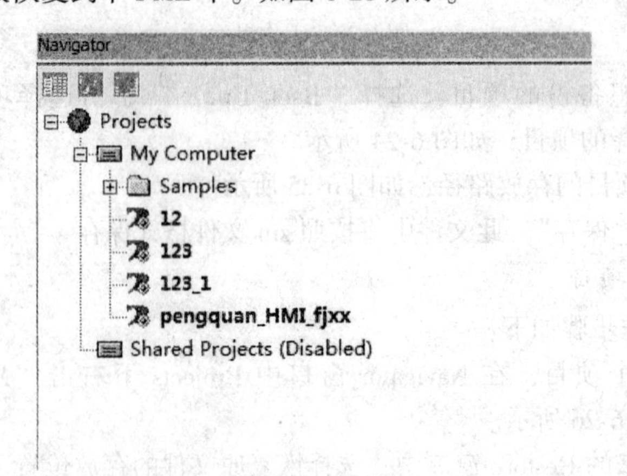

图 6-28 恢复工程窗口

（4）双击恢复的文件，即可对此项目进行编辑。

6.3 项 目 训 练

6.3.1 项目训练1 十字路口交通灯控制

6.3.1.1 项目任务

十字路口交通信号灯在我们日常生活中经常可以遇到，其通常采用数字电路控制或单片机控制，这里采用PLC对其进行控制。

在十字路口，每条道路各有一组红、黄、绿灯和倒计时显示器，用以指挥车辆和行人有序地通行。其中，红灯（R）亮，表示该条道路禁止通行；黄灯（Y）亮，表示停车；绿灯（G）亮，表示可以通行。倒计时显示器是用来显示允许通行和禁止通行的时间。交通灯控制器就是用来自动控制十字路口的交通灯和计时器，指挥各种车辆和行人安全通行。

本项目要求利用PLC作为控制器，设计一个十字路口交通灯控制系统。能控制交通灯按预定时序工作。

6.3.1.2 项目分析

本项目要求设计一个十字交叉路口的交通灯控制器，图6-29a为交通灯自动控制实物图，图6-29b为十字路口两个方向交通灯自动控制工作时序图。

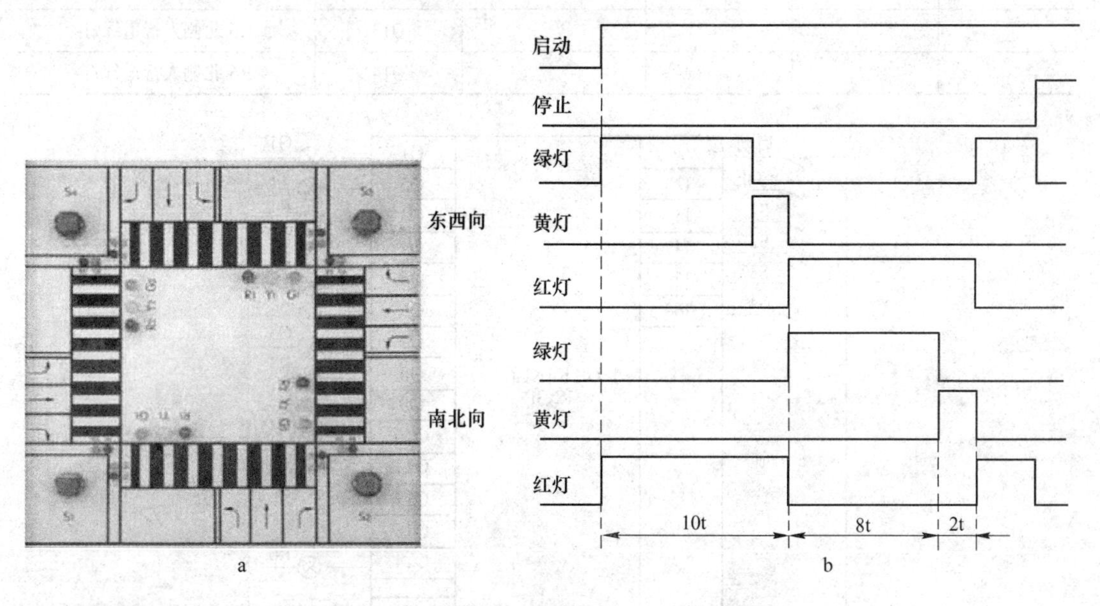

图6-29 交通灯的自动控制图
a—实物图；b—工作时序图

从图中可以看出，东西方向与南北方向绿、黄和红灯时间是相等的，若单位时间 $t=2s$，则整个循环一次需要40s。绿灯表示允许通行，红灯表示禁止通行，黄灯表示该车道上已过停车线的车辆继续通行，未过停车线的车辆停止通行。

6.3.1.3 项目实现

A I/O 地址分配

I/O 地址分配如表 6-3 所示。PLC 与交通灯演示装置的端口接线如图 6-30 所示。

表 6-3 交通灯控制 I/O 接口地址分配表

输入			输出		
器件	输入地址	输入设备	器件	输出地址	输出设备
IC694ACC310	I0	启动按钮	IC694MDL754	Q1	东西向绿灯
	I1	停止按钮		Q2	东西向黄灯
	I3	S1		Q3	东西向红灯
	I4	S2		Q4	南北向绿灯
	I5	S3		Q5	南北向黄灯
	I6	S4		Q6	南北向红灯
				Q7	G3 东侧人行道绿灯
				Q8	R3 东侧人行道红灯
				Q9	G4 南侧人行道绿灯
				Q10	R4 南侧人行道红灯
				Q11	G5 西侧人行道绿灯
				Q12	R5 西侧人行道红灯
				Q13	G6 北侧人行道绿灯
				Q14	R6 北侧人行道红灯

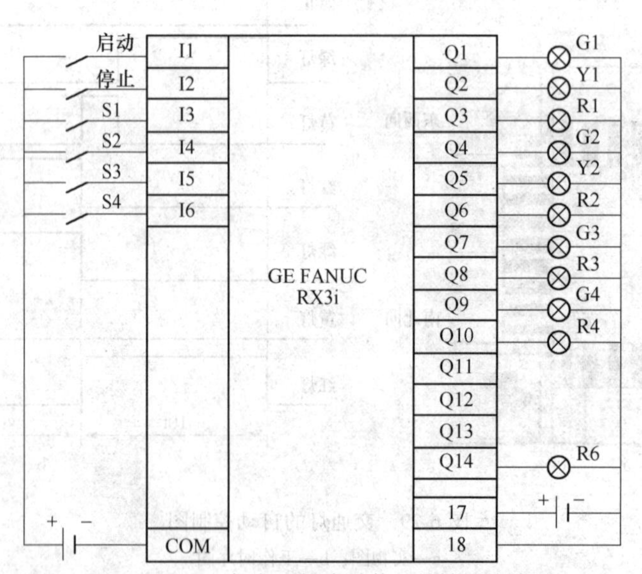

图 6-30 PLC 与交通灯演示装置的端口接线图

B 设计思路

实现交通灯自动控制可用基本逻辑指令实现，也可以用步进顺控指令实现，还可用移位寄存器实现。若采用步进顺控指令实现，设计思路如下：

（1）按照时序图的时间顺序，第一步，东西红灯亮 20s 时，同时南北绿灯 16s，南北黄灯 4s，然后南北红灯亮 20s 时，同时东西绿灯 16s，东西黄灯 4s。

（2）东南西北四侧都设有人行横道红灯和绿灯，I/O 分配表中设置了四个按钮 S1～S4，可用于人行道的单独控制。

C 参考程序

本实训项目中用 PLC 基本逻辑指令实现。根据时序图以及表 6-3 所分配的地址，设计的 PLC 控制交通灯程序如图 6-31 所示。本参考程序没有设计人行道的单独控制。

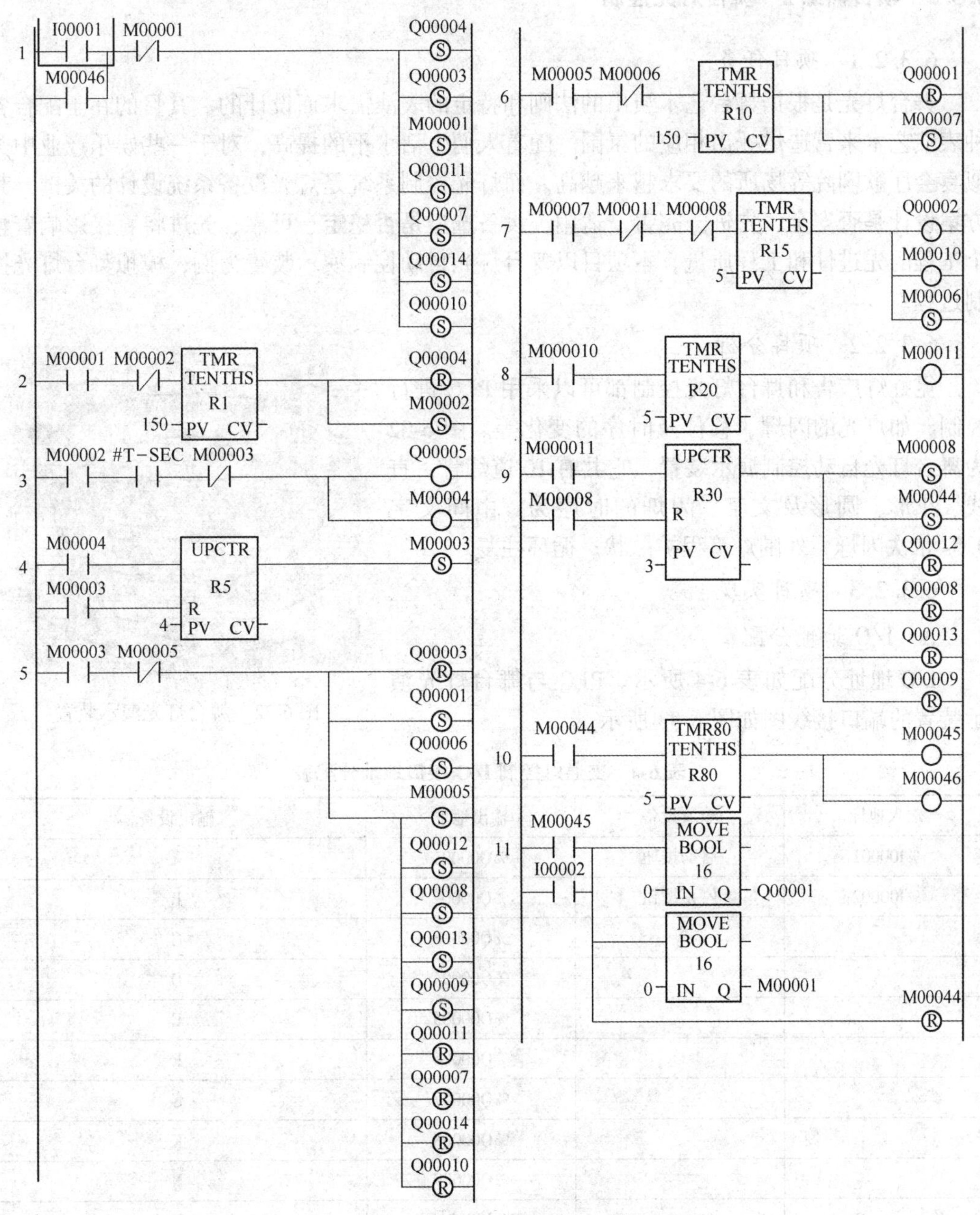

图 6-31 交通灯控制参考程序

6.3.1.4 项目拓展

（1）若用移位寄存器的指令实现交通灯的控制，编写其控制程序。

（2）若用步进顺控指令实现控制，编写其控制程序。

（3）在交通灯的实际控制电路中，若红、黄和绿灯显示用交流 36V 或 220V 等灯泡，其实际电气接线图又如何？

（4）若在程序中加入 S1、S2、S3、S4 人行道按钮，完成控制程序的编写。

6.3.2 项目训练 2 舞台灯光控制

6.3.2.1 项目任务

舞台灯光是根据舞台艺术演出的法则和特定的表演需求而设计的。其目的在于配合各种表演艺术来营造烘托出相应的氛围。随着人们生活水平的提高，对于一些娱乐产业中类似宴会厅歌剧院等场所的要求越来越高。而灯光控制系统是灯光设备系统设计的关键，其方案设计是否安全、先进、完善、适用，设备选型是否稳定、可靠、先进将直接影响着整个工程的先进性和工程质量。本项目以舞台灯光自动控制演示装置为例，模拟舞台灯光控制过程。

6.3.2.2 项目分析

霓虹灯广告和舞台灯光控制都可以采用 PLC 进行控制，如灯光的闪耀、移位及时序的变化等。图 6-32 为舞台灯光自动控制演示装置，它共有 10 道灯管，直线、拱形、圆形及文字。闪烁的时序为：中间文字 0.5s 依次闪烁，外围灯管程扩散状。循环往复。

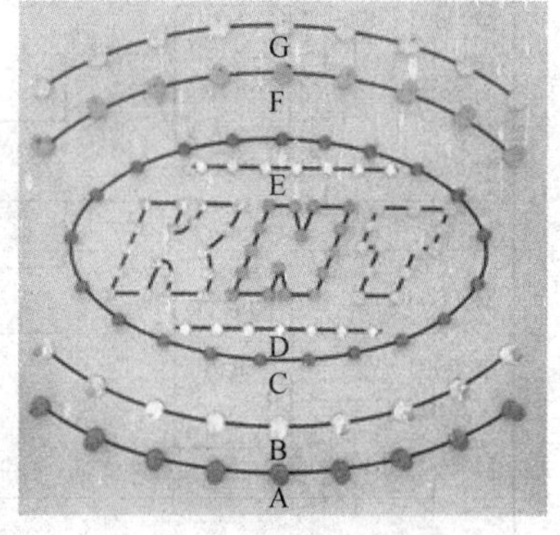

图 6-32 舞台灯光演示装置

6.3.2.3 项目实现

A I/O 地址分配

I/O 地址分配如表 6-4 所示。PLC 与舞台灯光演示装置的端口接线图如图 6-33 所示。

表 6-4 交通灯控制 I/O 接口地址分配表

输入地址	输入设备	输出地址	输出设备
%I00001	启动按钮	%Q00001	A
%I00002	停止按钮	%Q00002	B
		%Q00003	C
		%Q00004	D
		%Q00005	E
		%Q00006	F
		%Q00007	G
		%Q00008	K
		%Q00009	N
		%Q000010	T

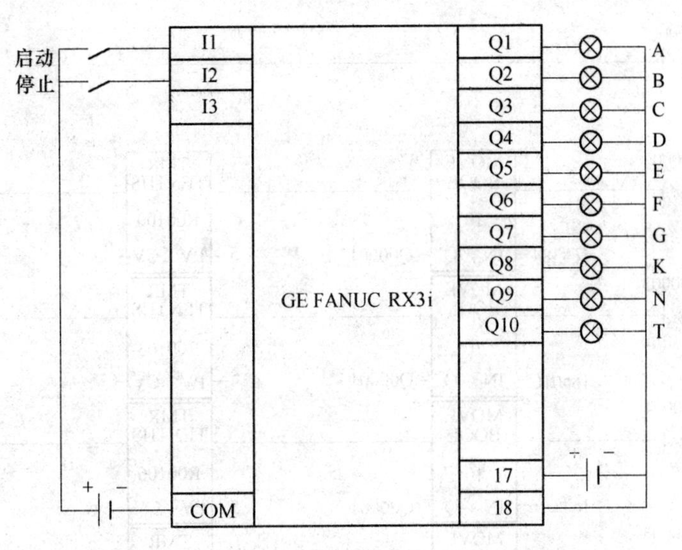

图 6-33 PLC 与舞台灯光演示装置的端口接线图

B 设计思路

本项目可以用移位指令实现，也可以用传送指令来实现，若采用传送指令实现，设计思路如下：

（1）舞台灯光自动控制演示装置共有 10 道灯管，直线、拱形、圆形及文字。灯管点亮的时序时每隔 0.5s 亮一组灯，外围灯管呈扩散状。循环往复。每一组 CKNT 灯亮；第二组 CDE 灯亮，每三组 CBFKNT 灯亮，第四组 CAG 灯亮，KNT 字亮 0.5s，灭 0.5s。

（2）根据 I/O 分配，将即将难以相互协调或规律杂乱的动作要求制成十六进制或十进制的 BCD 码表格，用常数传送进行输出，如表 6-5 所示。

表 6-5 舞台灯光自动控制动作表

工步	输出										动作转换	将动作要求转换成对应的十六进制数
	Q10 T	Q9 N	Q8 K	Q7 G	Q6 F	Q5 E	Q4 D	Q3 C	Q2 B	Q1 A	时间原则	
1	1	1	1	0	0	0	0	1	0	0	T1	384H
2	0	0	0	0	0	1	1	1	0	0	T2	01CH
3	1	1	1	0	1	0	0	1	1	0	T3	3A6H
4	0	0	0	1	0	1	0	1	0	1	T4	055H

C 程序设计

本实训项目中用传送指令实现。根据表 6-5 所分配的地址，设计的舞台灯光程序如图 6-34 所示。

6.3.2.4 项目扩展

自行设计一个霓虹灯广告屏控制程序，霓虹灯的工作时序自定。

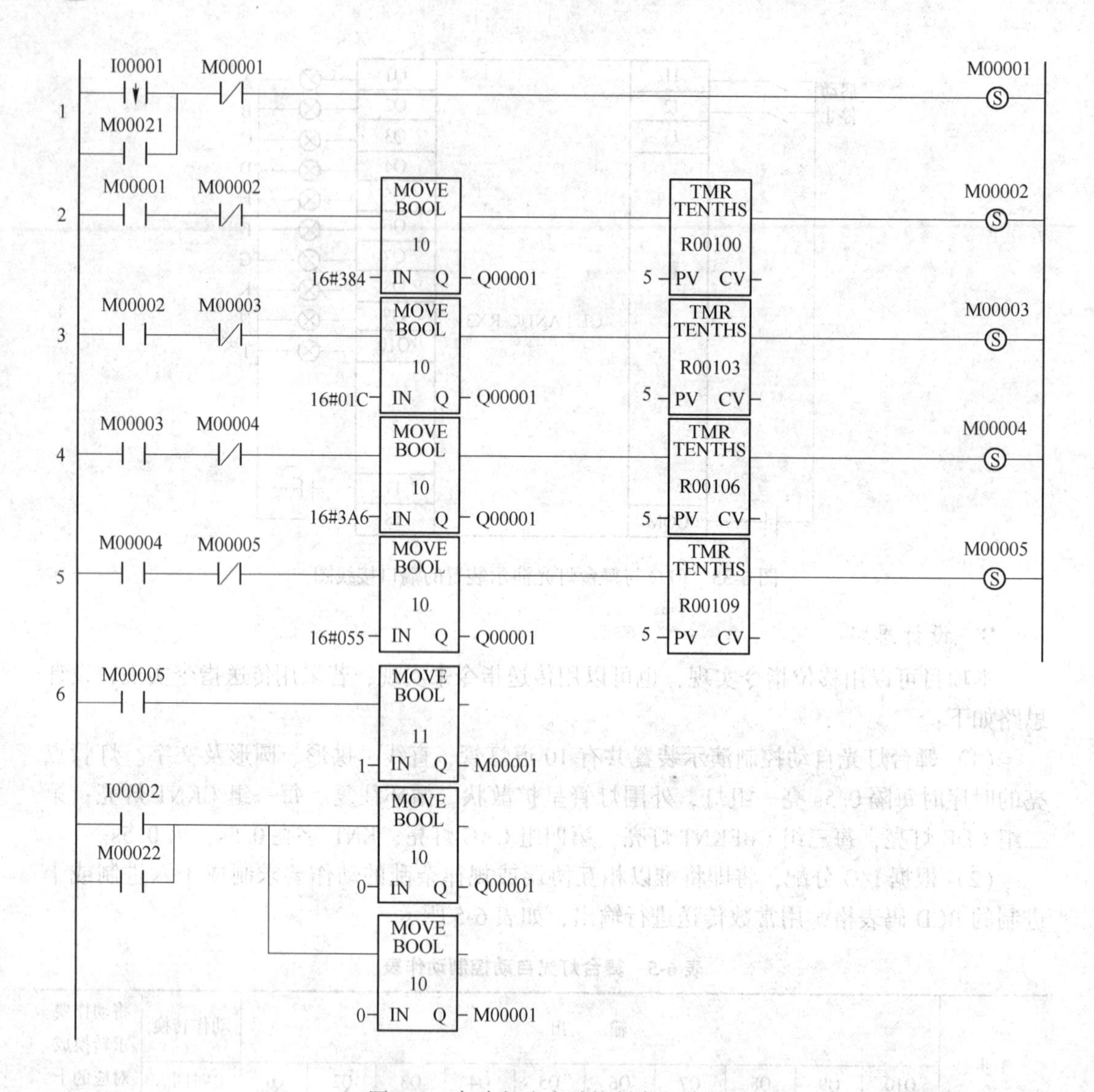

图 6-34 舞台灯光自动控制参考程序

6.3.3 项目训练 3 洗衣机模拟控制

6.3.3.1 项目任务

洗衣机是一种在家庭中不可缺少的家用电器，发展非常快，而全自动式洗衣机因使用方便更加得到大家的青睐，所谓全自动洗衣机，就是将洗衣的全过程（泡浸-洗涤-漂洗-脱水）预先设定好几个程序，洗衣时选择其中一个程序，打开水龙头和启动洗衣机开关后洗衣的全过程就会自动完成，洗衣完成时由扬声器发出响声。本项目以洗衣机模拟演示装置为例，模拟洗衣机的控制过程。

6.3.3.2 项目分析

全自动洗衣机的模拟演示装置如图 6-35 所示，其工作流程如下：

启动：按下启动按钮进水口开始进水，进水口指示等亮，当水位达到高水位限制开关的时候，停止进水。运行灯亮。

洗衣过程：当进水完成后，洗涤电机开始转动，运行指示灯闪烁。为了更好地洗涤衣服，我们设定洗涤电机正转，反转相互交替三次（可自由改动）。当设定洗涤次数完成时，排水灯亮，洗涤电机停止转动。将桶内水排完。当水排完后，洗涤电机启动，将衣服甩干，当设定的时间结束时，洗衣完成，排水灯熄灭，运行指示灯熄灭。

当洗衣过程中，水位超过高水位限位点，报警，指示灯亮，洗涤电机停止转动，指示灯熄灭。

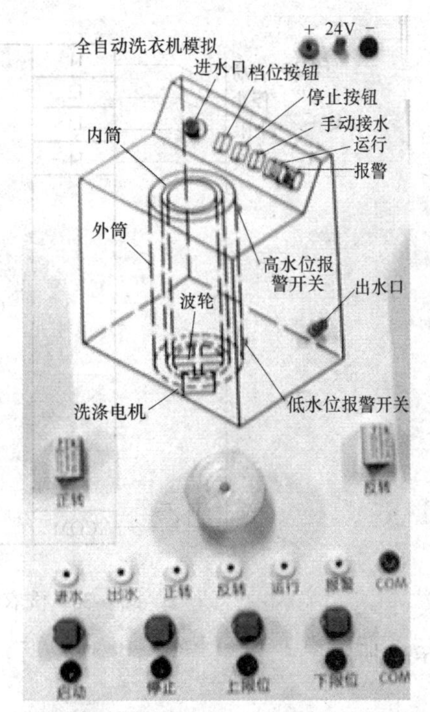

图 6-35 全自动洗衣机的模拟演示装置图

6.3.3.3 项目实现

A I/O 地址分配

洗衣机控制的 I/O 地址分配如表 6-6 所示，I/O 端口接线图如图 6-36 所示。

表 6-6 洗衣机控制的 I/O 地址分配表

输入地址	输入设备	输出地址	输出设备
I00001	启动	Q00001	进水指示灯
I00002	高水位	Q00002	运行指示灯
I00003	低水位	Q00003	电机正转指示灯
I00004	停止	Q00004	电机反转指示灯
		Q00005	排水指示灯
		Q00006	报警指示灯

B 项目设计思路

本项目控制要求只模拟了一种简单的自动控制方式，可以用移位指令实现，也可以用 S、R 位指令来设计顺序控制程序，若采用基本指令实现，设计思路如下：

（1）按下启动按钮，置位进水指示灯，达到高水位后，复位进水指示灯，同时运行指示灯闪烁；

（2）洗涤电机正转 5s，反转 5s，循环 3 次后停，同时排水指示灯亮；

（3）达到低水位后，排水指示灯灭，报警指示灯亮；

（4）任何时刻水位超过高水位限位点时，洗衣机自动报警，指示灯亮，洗涤电机停止转动，指示灯熄灭。

C 程序设计

本实训项目中用基本逻辑指令实现。根据表 6-6 所分配的地址，设计的洗衣机程序如

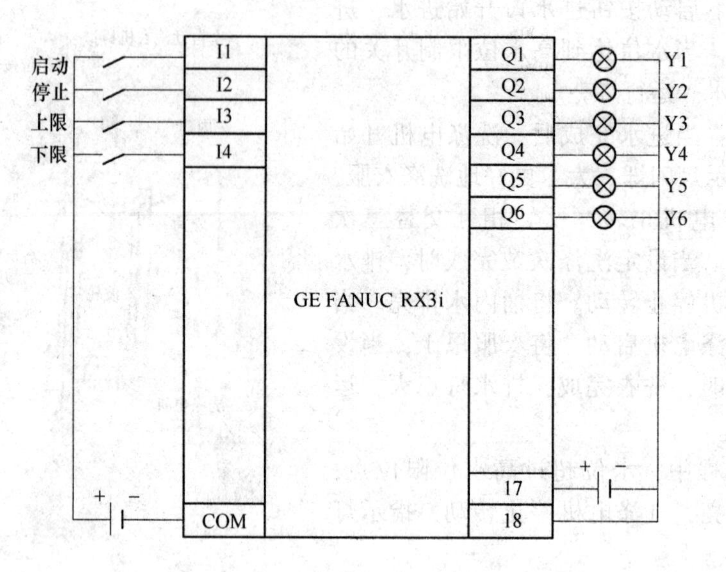

图 6-36 洗衣机控制的 I/O 端口接线图

图 6-37 所示。

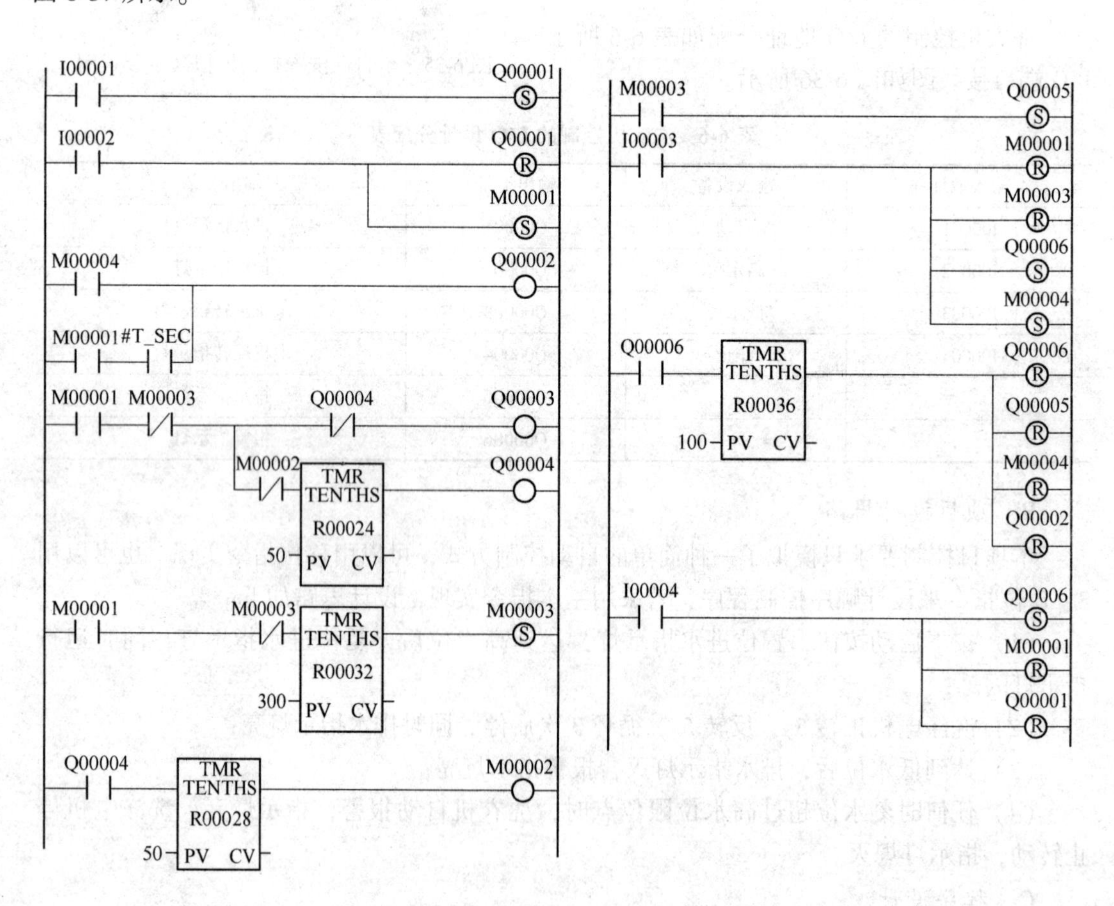

图 6-37 洗衣机模拟控制参考程序

6.3.3.4 项目拓展

若把控制要求改为以下方式，请重新分配 I/O 地址，设计控制程序。

（1）总体控制要求：洗衣机启动后，按以下顺序进行工作：洗涤（1 次）→漂洗（2 次）→脱水→发出报警，衣服洗好，LED 显示器显示洗涤和漂洗的次数。

（2）洗涤：进水→正转 3s，反转 3s，10 个循环→排水。

（3）漂洗：进水→正转 3s，反转 3s，8 个循环→排水。

（4）报警：报警灯亮 4s。

（5）进水：进水阀打开后水面升高，先是液位开关 SL2 闭合，然后 SL1 闭合，SL1 闭合后，关闭进水阀。

（6）排水：排水阀打开后水面下降，先是液位开关 SL1 断开，然后 SL2 断开，SL2 断开 1s 后停止排水。排水按钮可强制排水。

（7）脱水：脱水 5s 后报警，排水阀关闭。

6.3.4 项目训练 4 轧钢机模拟控制

6.3.4.1 项目任务

本项目的目的是了解轧钢机的发展现状及其主要控制方式，在此基础上设计基于可编程控制器的轧钢控制系统，用 PAC Systems RX3i 系统作为控制器，实现轧钢机控制的自动化。设计中要求 PAC Systems RX3i 程序完整地呈现出轧钢机的每一个工作状态，并且系统运行稳定，满足系统中所要求的各个指标。通过对小型仿真轧钢生产过程的控制，实现物料的位置检测与自动传送以及轧钢的向下压力大小的控制。编程后可实现轧钢单周期自动控制、连续自动控制和计数自动控制三种方式。

6.3.4.2 项目分析

（1）轧钢机模拟系统的构成。从初轧厂或连铸车间来的板坯，一般经火焰清理后送入热轧厂加热炉，加热到所需的轧制温度。仿真轧钢机系统示意图如图 6-38 所示。位置检测开关 S1 判断是否有钢坯在待轧钢区，M1、M2、M3 信号代表传送电机，轧钢模拟系统用 A、B、C 分别代表不同的需要施加的向下压力水平，当 A 灯亮时，压力最小，A、B、C 灯全亮时，压力最大。在成品区有位置检测开关 S2 判断钢材到达位置。电磁阀 Y1 为输出控制系统，使气缸做功向上抬起传送带。

（2）项目的控制要求。钢材首先放置在待轧钢区，通过位置检测开关 S1 探知是否有钢材在待轧钢区，如果有待轧钢材，则传送电机 M1、M2 启动，钢材不断前进，此时需要轧辊向下施加三种不同的向下压力，A、B、C 分别对应不同的逐步增加的压力水平。轧制后的钢材通过 M3 电机正转传送至成品区。在成品区有位置检测开关 S2，当钢材到达位置后，电磁阀 Y1 动作，气缸做功向上抬起传送带，然后电机 M3 反转，将钢材传送回待轧钢区，由位置检测开关 S1 实现钢材到达待轧钢区的探测，然后进行下一次加工过程。轧钢过程需要反复进行，每一次需要施加不同的下压力，最终完成轧钢过程。

6.3.4.3 项目实现

A I/O 地址分配

I/O 地址分配表如表 6-7 所示。轧钢机控制 I/O 端口接线图如图 6-39 所示。

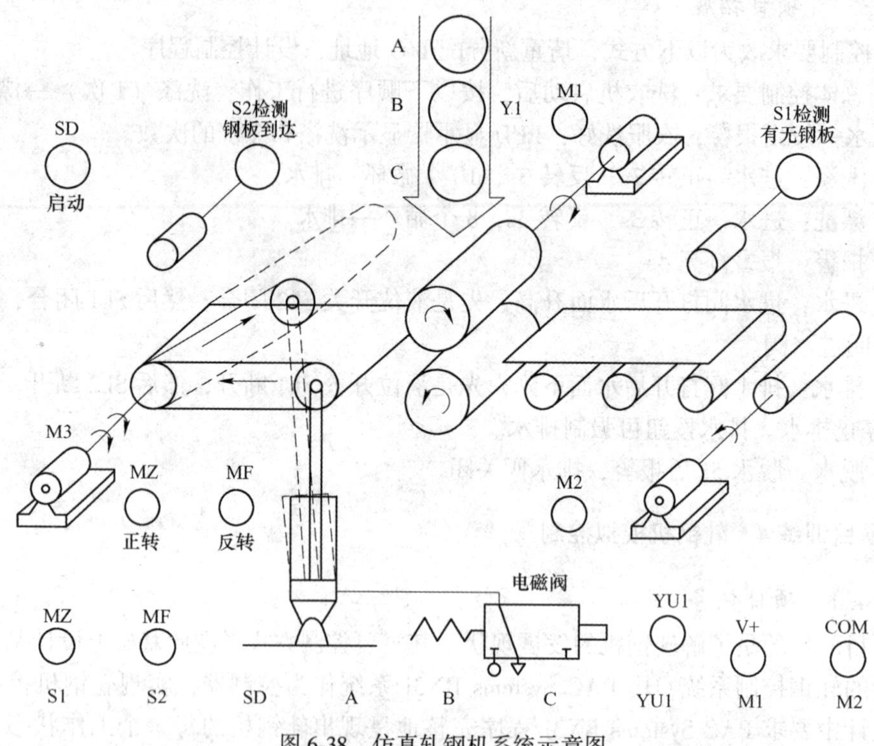

图 6-38 仿真轧钢机系统示意图

表 6-7 轧钢机控制 I/O 地址分配表

输入地址	输入设备	输出地址	输出设备
I00001	启动	Q00001	电机 M1
I00002	停止	Q00002	电机 M2
I00003	S2 到位行程开关	Q00003	电机正转指示灯
I00004	S1 有无检测开关	Q00004	电机反转指示灯
		Q00005	电磁阀 Y1
		Q00006	A 指示灯
		Q00007	B 指示灯
		Q00008	C 指示灯

B 设计思路

本项目可分为两种过程分别进行设计：单周期自动控制和连续自动控制。

（1）单周期自动控制轧钢模拟需要进行 3 次不同的轧钢生产过程模拟，第一次下压力最小，最后一次正压力最大。

（2）连续自动控制过程的设计要求轧钢模拟系统完成单周期自动控制轧钢过程后，能够进行新的自动轧钢模拟过程的控制。

C 控制程序

（1）单周期自动控制。具体要求：当启动按钮按下之后，电机 M1、M2 运行，钢板传送开始，检测传送带上有无钢板的传感器 S1 有信号（为 ON），表示有钢板存在，则电

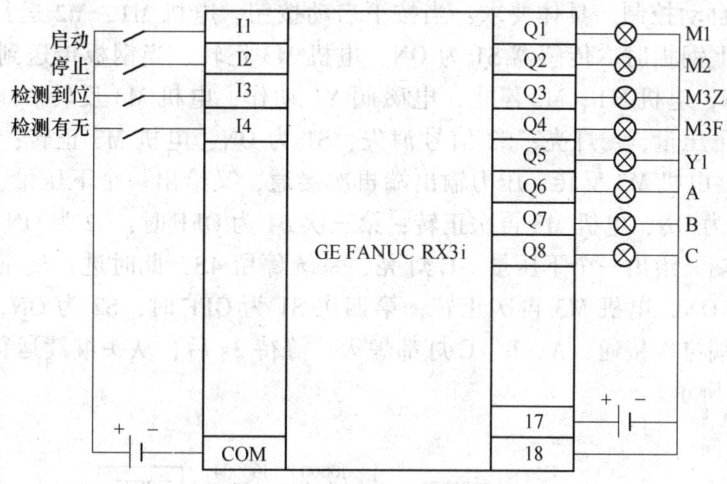

图 6-39 轧钢机控制 I/O 端口接线图

机 M3 正转，S1 信号消失（为 OFF），S2 为 ON，监测传送带上钢板到位，电磁阀 Y1 动作，电机 M3 反转。压力输出端接通，给出一个下压量，A 灯亮；S2 信号消失，S1 为 ON，电机 M3 正转；S1 信号消失时，S2 为 ON，电机 M3 反转，压力输出端再次接通，又给出一个下压量，B 灯亮；S2 信号消失，S1 为 ON，电机 M3 再次正转；第三次 S1 为 OFF 时，S2 为 ON，电机 M3 反转；压力输出端又给出一个下压量，C 灯亮，系统停留 4s，此时进行轧钢作业；S2 信号消失，S1 为 ON，电机 M3 再次正转；第四次 S1 为 OFF 时，S2 为 ON，电机 M3 反转；压力输出端再次接通，A、B、C 灯都熄灭，系统停机，需重新启动。项目参考程序如图 6-40 所示。

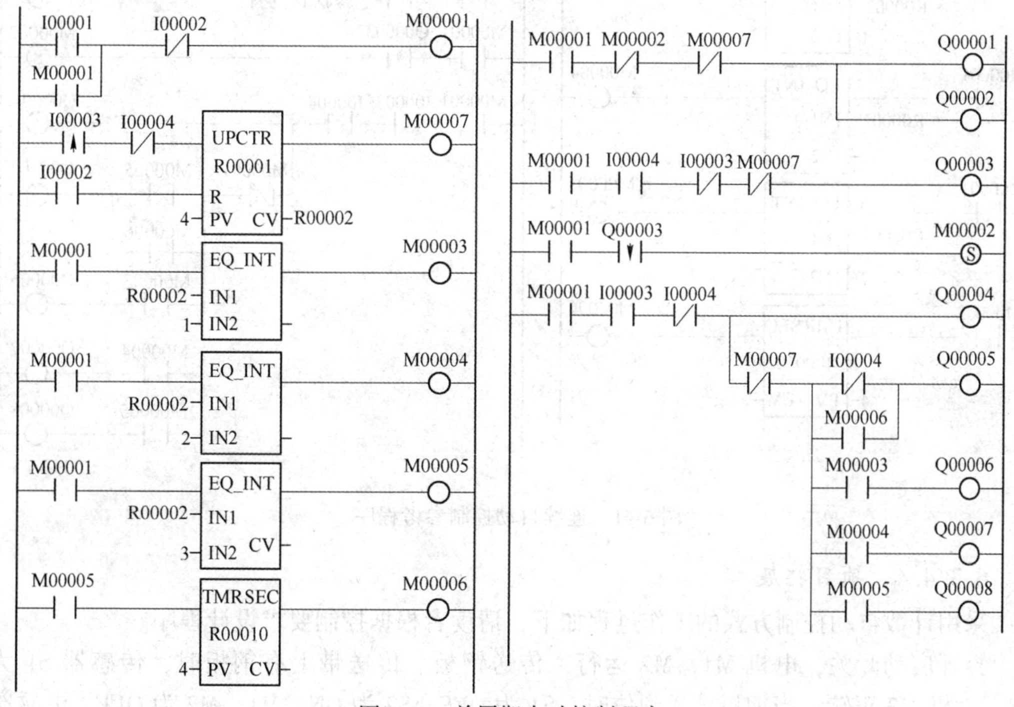

图 6-40 单周期自动控制程序

（2）连续自动控制。具体要求：当按下启动按钮，电机 M1、M2 运行，开始传送钢板，传送带上钢板时，传感器 S1 为 ON，电机 M3 正转，当钢板传送到位时，S1 为 OFF，S2 为 ON，电机 M1、M2 停止，电磁阀 Y1 动作，电机 M3 反转。压力输出端接通，给出一个下压量，A 灯亮；S2 信号消失，S1 为 ON，电机 M3 正转；S1 信号消失时，S2 为 ON，电机 M3 反转，压力输出端再次接通，又给出一个下压量，B 灯亮；S2 信号消失，S1 为 ON，电机 M3 再次正转；第三次 S1 为 OFF 时，S2 为 ON，电机 M3 反转；压力输出端又给出一个下压量，C 灯亮，系统停留 4S，此时进行轧钢作业；S2 信号消失，S1 为 ON，电机 M3 再次正转；第四次 S1 为 OFF 时，S2 为 ON，电机 M3 反转；压力输出端再次接通，A、B、C 灯都熄灭，等待 3s 后，从头继续运行。项目参考程序如图 6-41 所示。

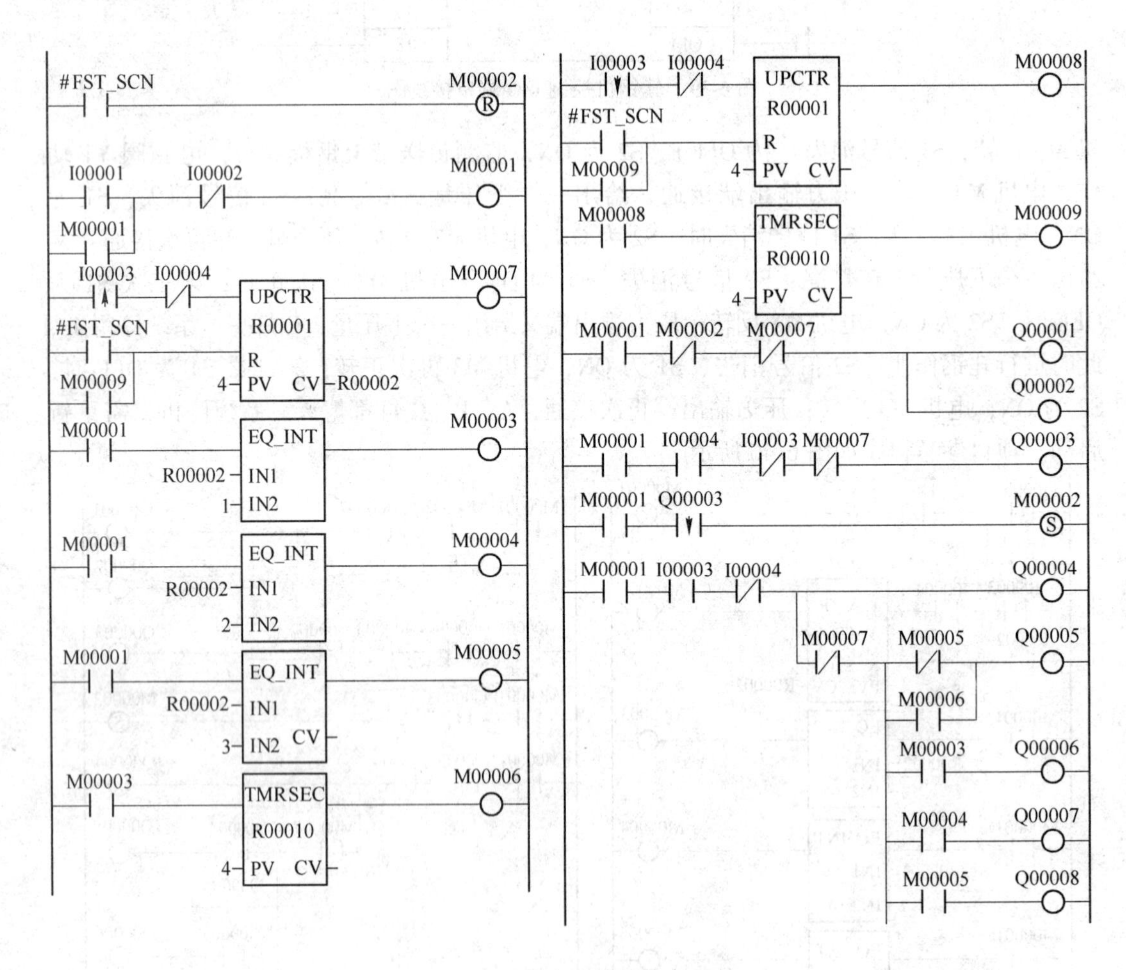

图 6-41　连续自动控制参考程序

6.3.4.4　项目拓展

采用计数自动控制方式的工作过程如下，请读者根据控制要求设计程序。

打开启动开关，电机 M1，M2 运行，传送钢板。传送带上有钢板时，传感器 S1 为 ON，电机 M3 正转；当钢板传送到位时，S1 为 OFF，S2 为 ON，M1、M2 为 OFF，电磁阀

Y1 动作，电机 M3 反转，压力输出端接通，给一向下压压下量，A 灯亮；S2 信号消失，S1 为 ON，电机 M3 正转；S1 信号消失时，S2 为 ON，电机 M3 反转，压力输出端再次接通，又给出一个下压量，B 灯亮；S2 信号消失，S1 为 ON，电机 M3 再次正转；第三次 S1 为 OFF 时，S2 为 ON，电机 M3 反转；压力输出端又给出一个下压量，C 灯亮，系统停留 4s，此时进行轧钢作业；S2 信号消失，S1 为 ON，电机 M3 再次正转；第四次 S1 为 OFF 时，S2 为 ON，电机 M3 反转；压力输出端再次接通，A、B、C 灯都熄灭，程序计数一次；等待 3s 后，从头继续运行；计数达到 3 次后，程序自动停止。

6.3.5 项目训练 5 机械手搬运模拟控制

6.3.5.1 项目任务

工业机械手是近几十年发展起来的一种高科技自动生产设备。工业机械手也是工业机器人的一个重要分支，其特点是可以通过编程来完成各种预期的作业，在构造和性能上兼有人和机器的优点，尤其体现在人的智能和适应性。

从控制方面来看，机械手是一种能自动控制并可重新编程以改变运行动作的多功能机器，它有多个自由度，可以在不同环境中完成搬运物体的工作。

本设计要求利用 PLC 强大的逻辑处理能力，设计一个二自由度的工业机械手程序，完成其工作过程。

6.3.5.2 项目分析

图 6-42 为自动搬运机械手模拟演示模块，用于将左工作台上的工件搬运到右工作台上。机械手的动作由气缸驱动。气缸由电磁阀控制，控制其上升/下降电磁阀得电时机械手上升，电磁阀失电时机械手下降，左移/右移运动 由双线圈两位电磁阀驱动，其夹紧/放松运动由单线圈两位电磁阀控制，线圈得电时机械手夹紧，断电时机械手放松，由放松、夹紧传感器来检测机械手是否夹紧工件。

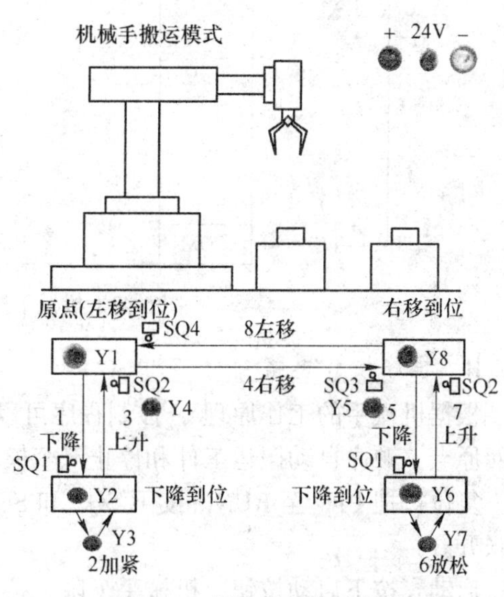

图 6-42 机械手动作示意图

本项目的动作要求如下：机械手初始化为左位、高位、放松状态。在原始状态下，当检测到左工作台上有工件时，机械手才下降到位，夹紧工件，上升到高位，右移到右位，机械手下降到低位并且放松，将工件放在右工作台上，然后上升到高位，左移回到原位。

6.3.5.3 项目实现

A I/O 地址分配

I/O 地址分配表如表 6-8 所示，I/O 端口接线图如图 6-43 所示。

表 6-8 机械手控制 I/O 地址分配表

输入地址	输入设备	输出地址	输出设备
%I00001	启动	%Q00001	HL1 原点指示灯
%I00002	停止	%Q00002	YV2 下降电磁阀
%I00003	SQ1 下限位开关	%Q00003	YV3 夹紧电磁阀
%I00004	SQ2 上限位开关	%Q00004	YV4 上升电磁阀
%I00005	SQ3 右限位开关	%Q00005	YV5 右移电磁阀
%I00006	SQ4 左限位开关	%Q00006	YV6 左移电磁阀

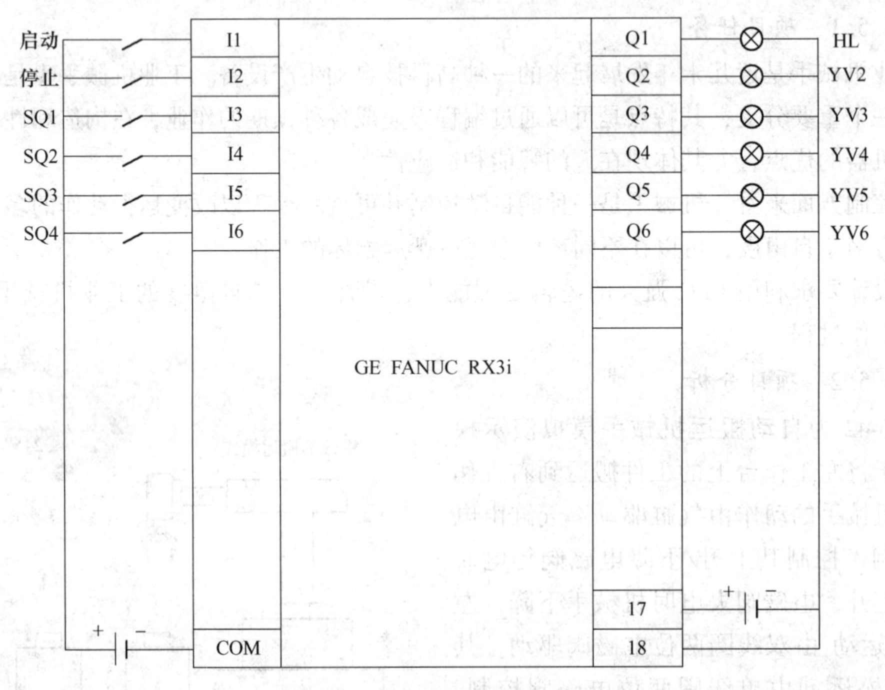

图 6-43 机械手控制 I/O 端口接线图

B 程序设计思路

根据机械手的工作原理，控制程序可以使用 S、R 指令构成一个顺序控制器，主要分为回原点，顺序自动搬运工件和停止三个模块来设计。

复位：把 PLC 至 RUN，按下 SQ2 和 SQ4，手动使机械手回到原点（左移到位）。气爪张开。

启动：按下启动按钮，机械手下降，按下 SQ1，下端传感器到位，位气爪夹紧，机械手上升，当触碰到 SQ2 时，上升到位，机械手伸出，当触碰到 SQ3，右移到位，机械手下降，触碰到 SQ1 下降到位，气爪张开，放松工件，机械手上升。当触碰到 SQ2 时上升到位，机械手缩回，到达原点，一次工件搬运完成。循环上述动作。

停止：按下停止按钮，结束流程。

C 程序设计

根据表 6-9 所示 I/O 分配表，设计的机械手自动运行参考程序如图 6-44 所示。

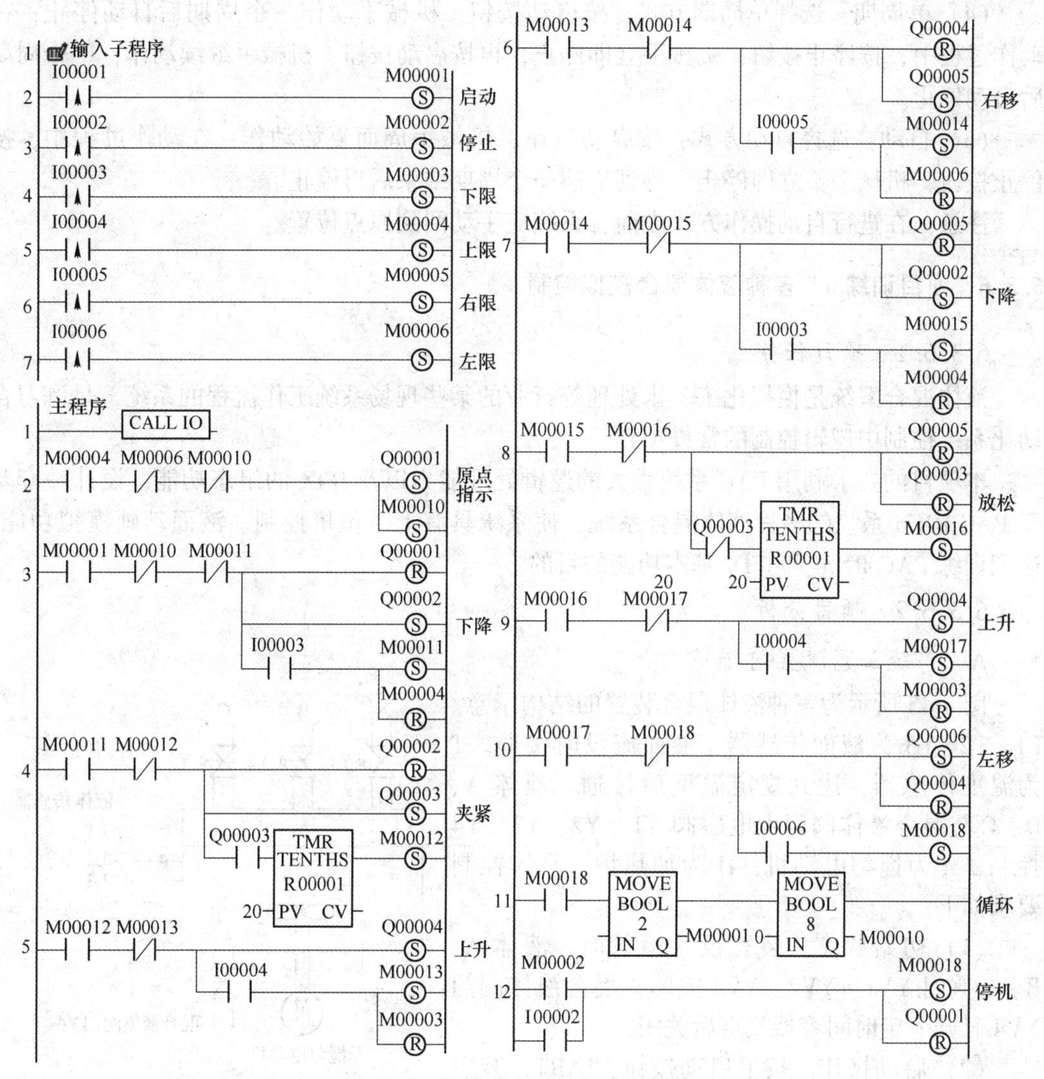

图 6-44 机械手自动运行参考程序

6.3.5.4 项目扩展

若机械手有多种工作方式，控制要求如下，请用子程序调用的方式编写程序。

机械手的操作分为手动、回原点、单步、单周期、自动五种工作方式，五种工作方式不仅能各自独立工作，还能按顺序实现它们之间的互相转换，转换过程中原状态保持，转换后按新工作方式继续运行。

（1）手动：选择手动方式，按手动按钮，结合限位开关，对各个动作进行单独控制。如：按机械手下降按钮，机械手下降，松开机械手下降按钮，机械手停止下降，或者到位后，机械手停止下降；机械手只能在左限位或右限位处才可以下降，中间不可以下降。

（2）回原点：选择回原点方式，按原点按钮，机械手以最快及最安全的路径回到原点位置停止。如：若机械手未夹物体时，以最快的路径回到原点位置；若机械手夹了物体时，则必须搬运到 B 点处，再回到原点位置。

（3）单步：选择单步方式，按一次启动按钮，机械手动作一个工步后自动停止。

(4) 单周期：选择单周期方式，按启动按钮，机械手动作一个周期后自动停止；在动作过程中，按停止按钮，机械手立即停止，再按启动按钮，机械手继续动作，一个周期后自动停止。

(5) 自动：选择自动方式，按启动按钮，机械手周而复始动作；在动作过程中，按停止按钮，机械手不立即停止，等到当前一个周期结束后再停止。

注意：在进行自动操作方式之前，系统应手动回到原点位置。

6.3.6 项目训练6 多种液体混合模拟控制

6.3.6.1 项目任务

液体混合系统是模拟化工、水处理等行业的某些现场系统工作流程的系统，是练习自动化系统控制中逻辑控制的常设项目。

本项目的要求利用PAC系统强大的逻辑处理能力以及iFIX的组态功能，设计一套基于PAC RX3i系统的多种液体混合系统，使系统具有上下位机控制、液面动画模拟功能，达到训练PAC RX3i和iFIX基本功能的目的。

6.3.6.2 项目分析

A 系统工艺流程简介

图6-45所示为三种液体混合装置的结构示意。L1、L2、L3为液面传感器，液面淹没时接通。T为温度传感器，达到规定温度后接通。液体A、B、C与混合液体阀门由电磁阀Y1、Y2、Y3、Y4控制，M为搅匀电动机，H为加热炉，具体控制要求如下：

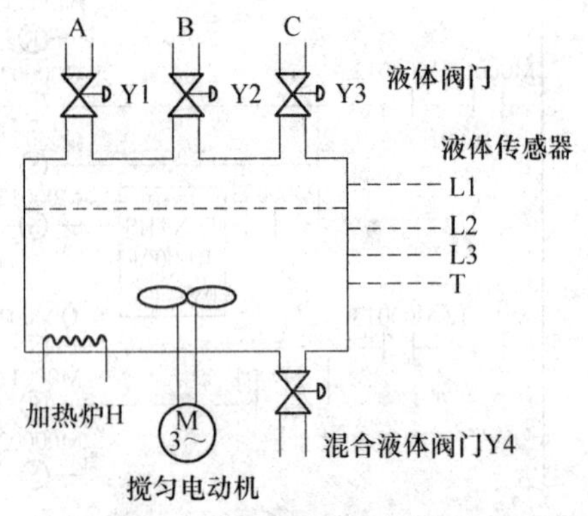

图6-45 三种液体混合装置示意图

(1) 初始状态。装置投入运行时，液体A、B、C阀门YV1、YV2、YV3关闭，混合液体阀门YV4打开一定时间容器放空后关闭。

(2) 启动操作。按下启动按钮START，装置开始按下列给定规律运转：

1) 液体A阀门YV1打开，液体A流入容器，当液面到达L3时，L3接通，关闭液体A阀门YV1，打开液体B阀门。

2) 当液面到达L2时，关闭液体B阀门YV2，打开液体C阀门YV3。搅匀电机启动，开始对液体进行搅匀。

3) 当液面到达L1时，关闭阀门YV3。并启加热器。

4) 当温度传感器到达设定温度时，加热器停止加热。

5) 搅匀电动机工作1min后，搅匀电机停止工作，出水阀门YV4打开，将搅匀的液体放出。

6) 当液面下降到L3时，液面传感器L3由接通变断开，再过30s后，容器放空，混合液体阀门YV4关闭，开始下一周期。

(3) 停止操作。按下停止按钮STOP后，要将当前的混合操作处理完毕后，才停止操作（停在初始状态）。

B 系统设计过程要求

(1) 系统具有自动运行和手动应急两种工作模式。自动模式的启动和停止控制可以由现场控制按钮实现，也可以用上位机的人机交互界面控制；手动控制只能由上位机HMI界面控制。

(2) 兼顾经济和人身设备安全等社会效益，系统的停止操作应在循环结束后生效。急停操作则随时有效。

(3) 系统应具有顺序控制的功能，在自动控制模式下，在系统未开始之前，其他输入信号的误操作不应引起系统的误动作。

(4) 只有在手动模式下，上位机HMI界面才可以对每个阀门和电机进行单独控制，且每次只能打开一个单元。

(5) 建立多个HMI界面，通过按钮实现界面间的自由切换。

(6) 在自动监控界面内，只能显示各阀门的当前状态，阀门状态改变只能通过程序运行来实现。

6.3.6.3 项目实现

根据控制要求，分配输入输出端口，并画出端口的接线原理图。I/O地址分配表如表6-9所示，I/O端口接线图如图6-46所示。

表6-9 I/O地址分配表

输入地址	输入设备	输出地址	输出设备
%I00081	START 开关	%Q00010	液体A阀门YV1
%I00082	STOP 开关	%Q00011	液体B阀门YV2
%I00083	液面传感器L3	%Q00012	液体C阀门YV3
%I00084	液面传感器L2	%Q00013	混合液体阀门YV4
%I00085	液面传感器L1	%Q00014	搅匀电动机M
%I00086	温度传感器T	%Q00015	加热炉

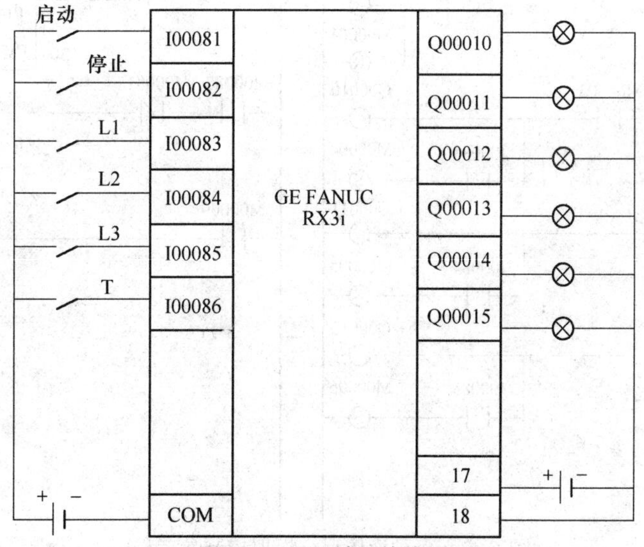

图6-46 I/O端口接线图

该项目设计过程应包括下位机 PAC 编程、iFIX 监控界面的开发等。

A 下位机 PAC 系统编程

程序由主程序和自动程序两个程序模块组成。

（1）主程序模块主要负责调度任务，在正常情况下，系统默认运行自动程序，只有系统在待命下由 HMI 将其切换到手动模式。

（2）自动程序模块的编程思路如下：

分析系统工作要求，按照以下几个方面来设计：

1）初始化设计。液体 A、B、C 阀门 YV1、YV2、YV3 关闭，混合液体阀门 YV4 打开一定时间容器放空后关闭。

2）启动设计，根据控制要求顺序启动和停止相应的电磁阀。

3）停止设计，任何时候按下停止按钮，让系统回到初始状态。

（3）编写 PLC 控制程序。三种液体自动混合装置的 PLC 控制的参考程序如图 6-47 所示。

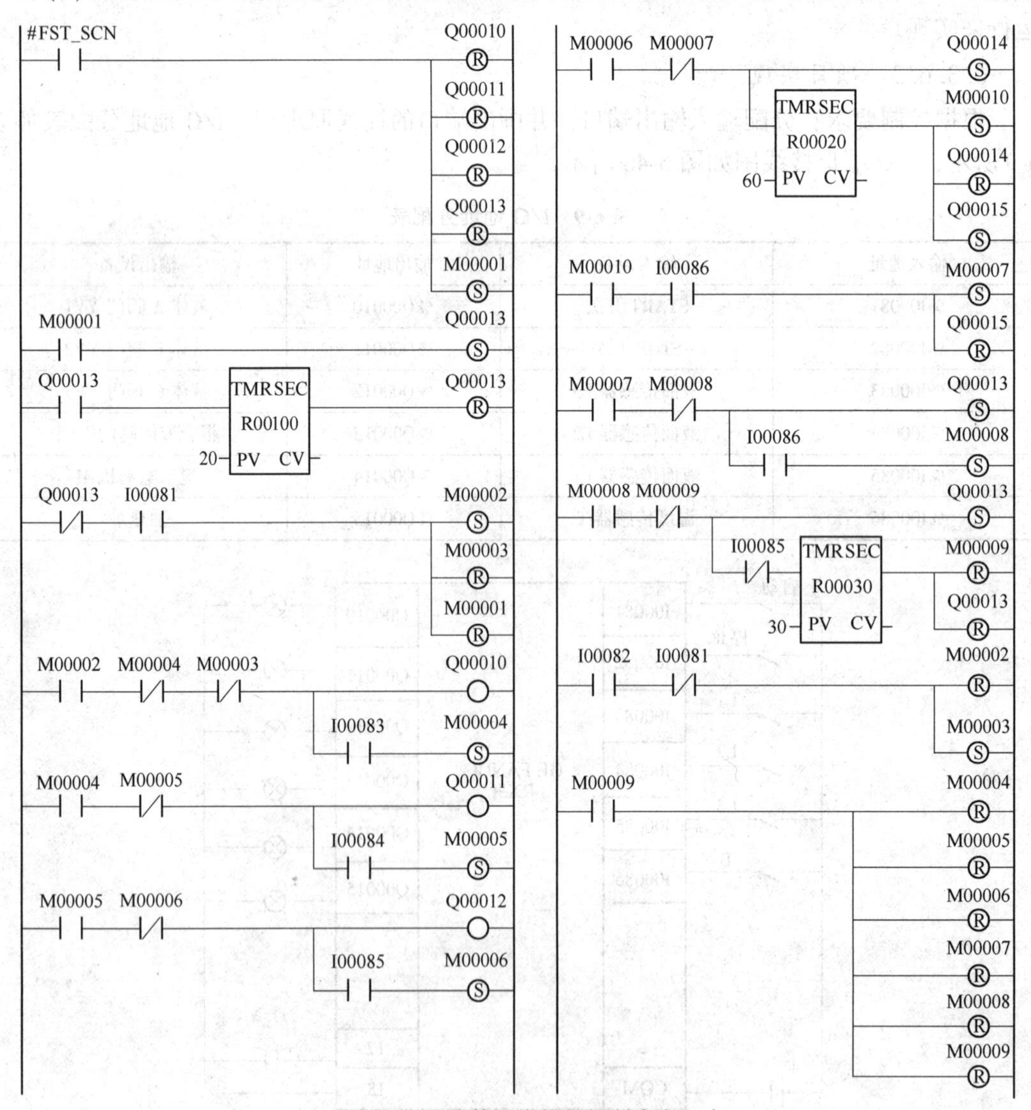

图 6-47 多种液体混合模拟控制参考程序

B IFIX 监控界面的开发

IFIX 监控界面的开发分为两个步骤：I/O 驱动器安装与设置、监控界面开发。

a I/O 驱动器安装与设置

首先安装 GE9 驱动，安装时注意节点的选择，在本项目中以 PC 所拥有的节点名为准。根据项目中每台计算机的安装特点，在安装驱动时应选择 Server。

TCP/IP 软件一般由 hosts 文件、DNS、DHCP/WINS 等方式解析地址，INTELLUTI ON 建议使用 hosts 文件。对 hosts 文件进行修改的方法为：hosts 文件所在的路径为 c-> windows-> system32->drivers->etc→> hosts。用 notepad 格式打开 hos 文件，这时鼠标停留在该文档的最后一行，空一行后，输入 PAC RX3i 系统所在的 IP 地址，输入若干空格后输入设备名（可为任何非数字开始的字符）。换行后，输入 PC 的 IP 地址，空格若干后输入 FIX 字符（FIX 为本地节点名），保存后退出。

其次，打开 GE9 驱动并进行配置：从开始菜单进入，找到 GE9 所在位置，FIX Dynamics→>GE9 Power Tool。进入后添加 Channel（注意启用 Enable），再添加 Device，如果 iFIX 连接的硬件是独立设备，就需要对 Primary Device 中的 IP 地址进行设置（注意启用 Enable）。然后添加 DataBlock，若每个 DataBlock 读取的是相同的数据类型、连续的地址，则我们可输入需要读入 iFIX 的模块的起始地址和结束地址，地址长度会随即改变（注意启用 Enable）。完成上述配置后保存，保存的路径通常放在 PDB 文件下。

然后，再选择 setup -> Default Path，在 Default configuration file name 中输入刚才保存的名称，在 Default path for configuration file 中输入刚才保存的路径（注意最后加“\”）。分别单击 statistics 和 start 图标，如果 Date 栏出现 Good 标记，则说明这个 GE9 I/O 驱动器安装成功。

最后，在 iFIX 系统中对系统配置文件进行设置。单击进入系统配置文件，单击进入 SCADA 组态界面，在 I/O 驱动器名称中选择 GE9，然后单击添加、确定按钮。这时会发现在 SIM 驱动器的下方，增加了新的 GE9 驱动，结果如图 6-48 所示。

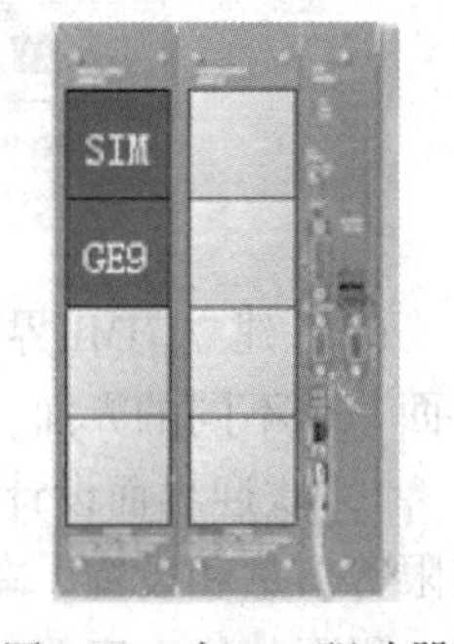

图 6-48 在 I/O 驱动器中添加 GE9 驱动

b iFIX 监控界面的开发

（1）建立数据库。打开 iFIX 工作台，在快捷栏内单击数据管理器打开数据库编辑器。选择打开本地节点，在数据库编辑器内添加所需的数据块（即 8 个数字量输入块，3 个数字量输出块、1 个 6～49 二级数据库标签 TANK_ LEVEL），结果如图 6-49所示。系统将自动连接打开 GE9 Power tool（如图 6-50 所示），在 GE9 下添加 Channel，在 Channel 下添加 Device，若连接设备是独立的，则再在 Device0 下添加 Datablock0、DataBlock1 和 DataBlock2。将 Datablock0 的 I/O 初始地址设为 Il，address 设为 5，此对应 PLC 的%I00001～%I00005 地址。将 DataBlock1 的 I/O 初始地址设为 Q1，address 设为 5，此对应 PLC 的%Q0001～%Q00005地址。同理，将 Datablock2 设为 MI～M16 的中间变量。在设置通道过程中应注意启用 Enable，且在调试时，PAC 系统应处于在线状态。

建立二级数据库标签 TANK_ LEVEL 的目的是用来模拟容器内液位的动画。其变量参考公式为（((A+C) -D) +E)。其中，A、C、D 分别是 YV1、YV2、YV3 的开关状态。

10	DI007	DI	当前位7指示灯	1	GE9	DI : I87	OPEN
11	DI008	DI	当前位8指示灯	1	GE9	DI : I88	CLOSE
12	DO001	DO	按钮1	----	GE9	DI : M89	CLOSE
13	DO002	DO	按钮2	----	GE9	DI : M90	CLOSE

图 6-49 数库量变量表（部分）

如果液体填充的速度与现场不符，可以通过调节界面刷新时间或给 ACD 三个参数乘上倍数来实现。

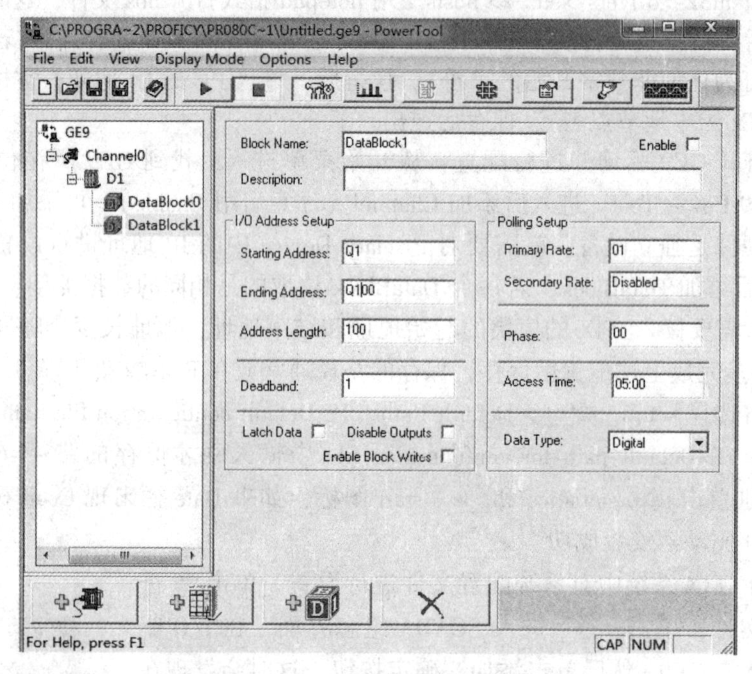

图 6-50 GE POWER TOOL 中数据块设置

（2）建立 HMI 界面。本项目的设计思路是建立欢迎界面、自动控制界面和手动控制界面三个不同的界面，实现界面控制和界面间的切换。

1）欢迎界面设计：欢迎界面可以加载一些位图加以美化，也可以添加版本、作者、权限等信息和设置。在本项目中欢迎界面设计较为简单，仅用到 iFIX 的位图、按钮、文字、界面替换专家等控件，如图 6-51 所示。

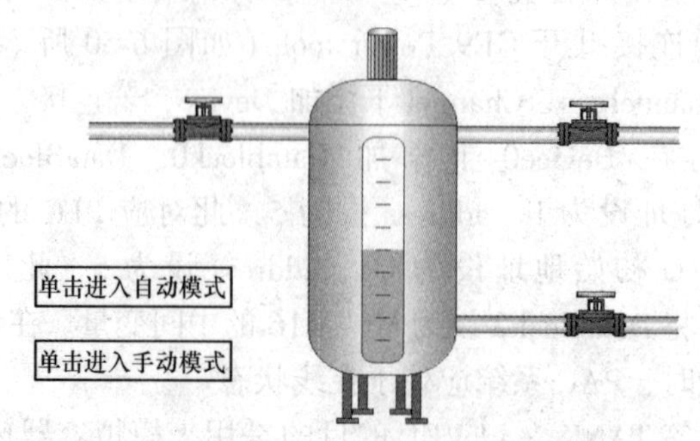

图 6-51 液体混合控制系统欢迎界面设计

2）自动控制界面设计：在该模式下，系统中的阀门 YV1、YV2、YV3 和搅匀电机 YKM 不能通过手动控制，但可以显示当前状态，它们的动作由下位机 PAC 的运行结果决定。在该界面内，主要的控制由开始、停止和急停三个按钮执行。其中，开始、停止和急停三个按钮应用切换数字量标签专家进行连接使其具有按钮功能（如图 6-52 所示）；对返回主界面和进入手动模式按钮链接界面切换专家；利用数据链接戳控件实现对各个阀门、液位开关、搅匀电机等状态的监视。液面动画由填充控件链接二级数据库标签 TANK LEVEL 来实现。自动控制界面如图 6-53 所示。

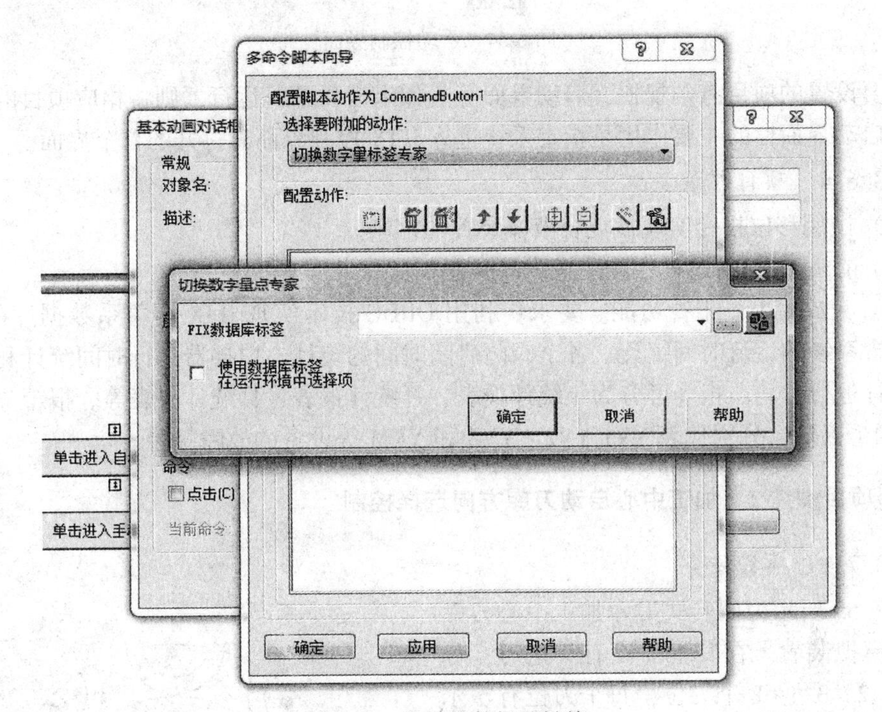

图 6-52　按钮控件标签链接

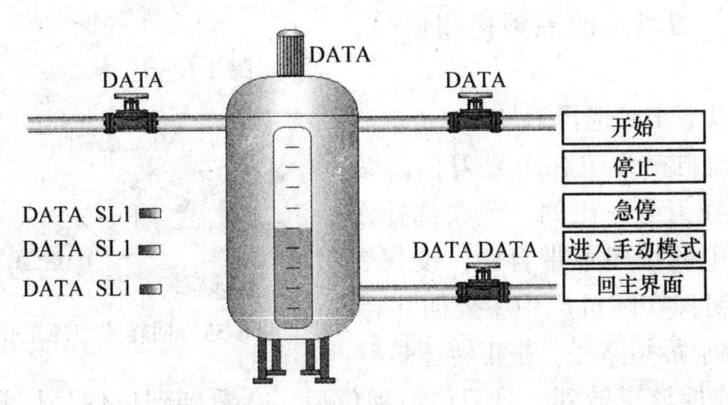

图 6-53　自动控制界面

3）手动控制界面设计：在手动工作模式下，各部件（阀门、搅匀电机等）能独立手动控制。按钮的设置基本与自动模式一致。为增加系统的可操作性，可以将各阀门添加数据切换专家，使控制既可以从界面上直接点击打开阀门也可以通过点击按钮来实现。手动控制界面如图 6-54 所示。

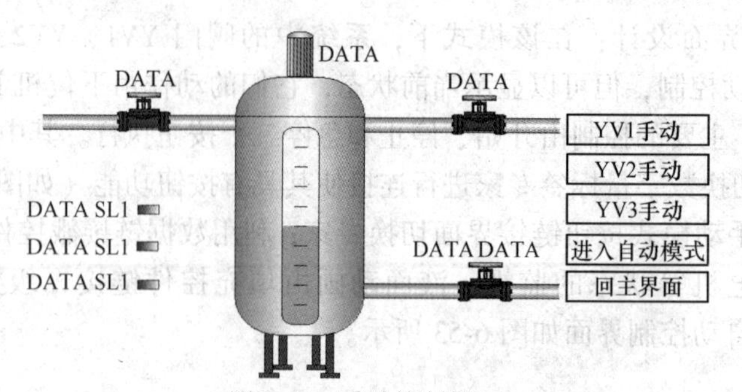

图 6-54 手动控制界面

需要设置的项目有常规栏、启动界面等。如果需要开机运行，则将相应项目的复选框选中。启动界面栏的主要作用是指定系统进入 iFIX 控制界面时打开的首个界面。

6.3.6.4 项目扩展

（1）试用移位指令实现该混合液体装置的控制。

（2）在安装 GE9 过程中应注意哪些问题？

（3）完成报表、报警功能。要求：利用 OBDC 技术实现 iFIX 与关系数据库的通信；报表包含系统的运行时间统计、各个阀门启闭时间的统计、搅拌器运行时间统计和系统无故障累计运行时间。报表可分为年统计报表、月统计报表、日统计报表等。报警分 A、B、C、D 四个区域，分别代表 YV1 YV2、YV3 和 YKM 等设备的故障报警。

6.3.7 项目训练 7 加工中心自动刀库方向选择控制

6.3.7.1 项目任务

图 6-55 所示为回转式刀库加工中心刀库工作台模拟装置。在其上面设有 8 把刀，分别在 1、2、3……8 个刀位，每个刀位有霍尔开关一个。刀库由小型直流减速电机带动低速旋转，转动时，刀盘上的磁钢检测信号，反映刀号位置。

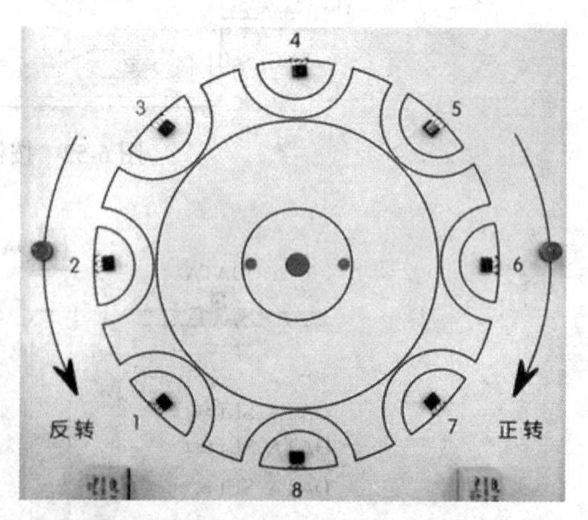

图 6-55 回转式刀库工作台的模拟装置

模拟刀库按以下步骤选择刀号：

开机时，刀盘自动复位在 1 号刀位，操作者可以任意选择刀号。比如，现在选择 3 号刀位（本项目中的按钮不带自锁，按住 3 号刀位上面的按钮，实际机床中主要防止错选刀号），程序判别最短路径，是正转还是反转，那这时，刀盘应该正转到三号刀位，到位后，会看到到位信号灯常亮，告知刀已选择，此时，松开选择按钮。如选择 6、7、8 号刀，情况反之。

本项目要求利用 PAC RX3i 作为控制器，分别用 iFIX 组态软件和触摸屏作为人机界面，设计一个具有上、下位机控制的加工中心刀库自动选刀控制系统，通过工程实例使读者掌握使用 PAC RX3i 设计工程项目的步骤和方法，上位机画面设计和 iFIX 组态软件建立通信的方法。

6.3.7.2 项目分析

(1) 模拟刀库工作原理 刀库模块中每一个刀位下有一个霍尔开关，当转盘上的黄条遮挡住某一个霍尔开关时，与霍尔开关相对应的当前位输入端为低电位。刀位选择按钮分别对应每个刀位，当按钮按下时，输入端为高电位。其中正转、反转、到位指示灯为输出端，当其中一个为高电位时其对应的指示灯亮。

(2) 模拟刀库控制原理。该设计中有 8 个刀位，要求刀盘按就近原则旋转。因此需要将当前刀位的数值存储在数字寄存器存储区域 R1 中，所要选择的刀位数值存储在 R2 中。可以分为以下三种情况进行设计。

(1) R1<R2。将 R1+8-R2 存在 R4 中，当 R4>=4 时应为正转；R4<4 时应为反转。

(2) R1=R2。恰好当前值位置和选择位置一致，刀盘保持不动，到位指示灯亮。

(3) R1>R2。将 R1+8-R2 存在 R6 中，当 R6<=4 时应为正转；R6>4 时应为反转。

6.3.7.3 项目实现

A I/O 地址分配

本项目借助 GE PAC 控制来实现，其 I/O 地址分配表如表 6-10 所示。I/O 端口接线图如图 6-56 所示。

表 6-10 自动刀库 I/O 地址分配表

输入		输出	
输入地址（触摸屏）	输入设备	输出地址	输出设备
%I00001（M101）	刀号选择 1	%Q00001	反转
%I00002（M102）	刀号选择 2	%Q00002	正转
%I00003（M103）	刀号选择 3	%Q00003	到位信号灯
%I00004（M104）	刀号选择 4		
%I00005（M105）	刀号选择 5		
%I00006（M106）	刀号选择 6		
%I00007（M107）	刀号选择 7		
%I00008（M108）	刀号选择 8		
%I00009	当前刀位 1		
%I000010	当前刀位 2		
%I000011	当前刀位 3		
%I000012	当前刀位 4		
%I000013	当前刀位 5		
%I000014	当前刀位 6		
%I000015	当前刀位 7		
%I000016	当前刀位 8		

B 程序设计思路

根据控制任务，其程序设计思路如下：

按下刀号选择按钮后，通过程序判别最短路径，自动选择正转还是反转。

开机时，刀盘自动复位在 1 号刀位，需要一个初始扫描（#FST_ SCN）给刀盘复位。

在实际机床中要防止错选刀号，即需要一直按着按钮才能达到所选位置。

C 程序设计

按照表 6-10 中的 I/O 地址，设计自动刀库控制的 PLC 控制的参考程序如图 6-57 所示。

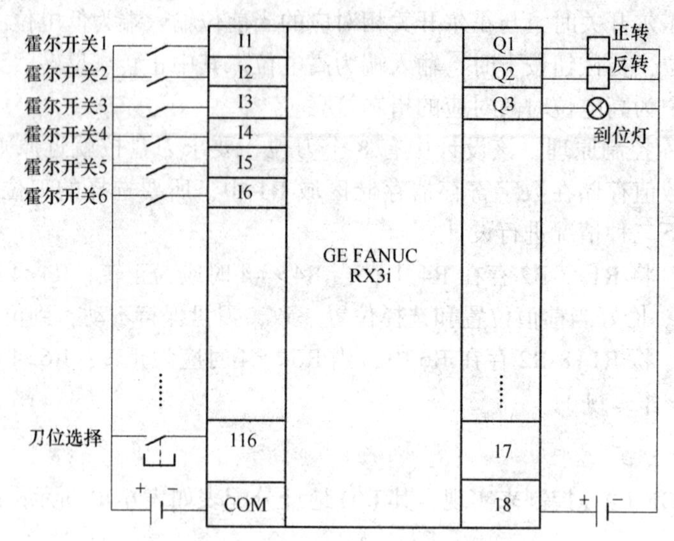

图 6-56 刀库控制 I/O 端口接线图

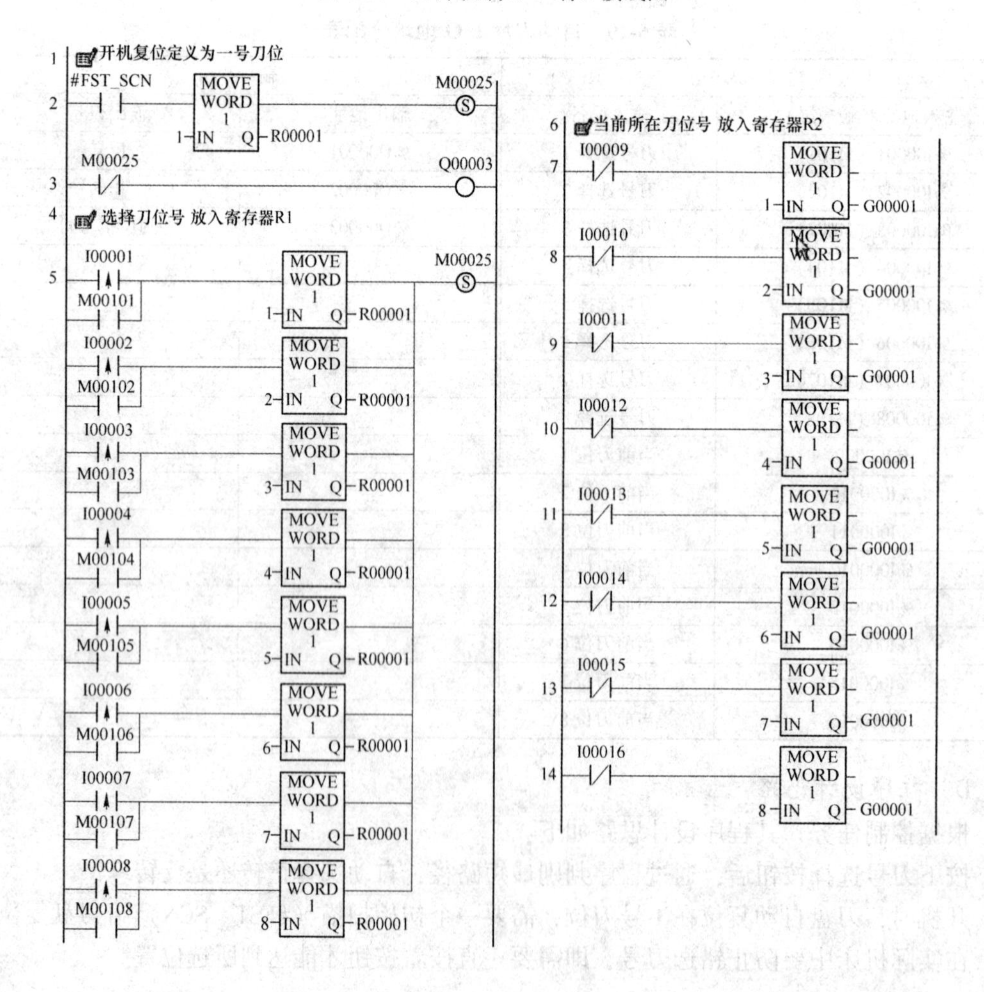

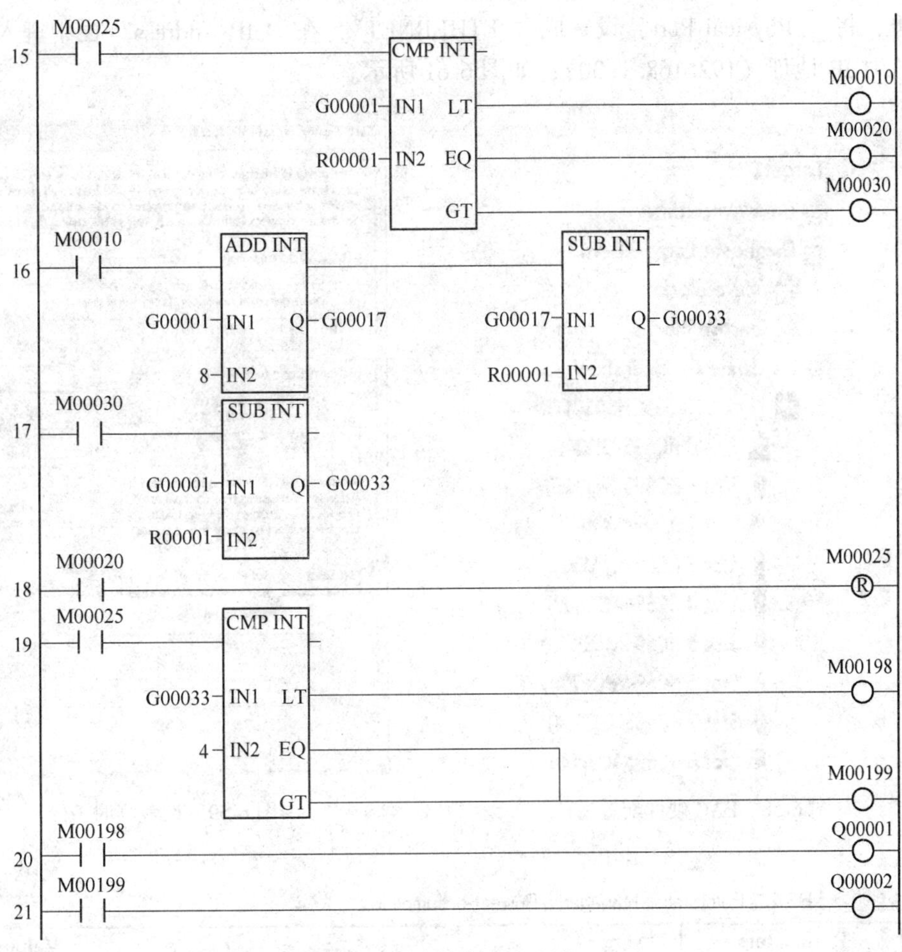

图 6-57 刀库控制参考程序

D 通信配置

(1) 按照 I/O 分配表进行相应物理硬件线路的连接，并连接 PAC 与电脑之间的网线以及与以太网模块之间的网线。

(2) 打开电源，确保 PAC 与电脑连接上（右击“网络”→“属性”→“查看链接状态”），并查看或设置电脑 IP 地址（比如 192.168.0.50），必须保证电脑的网络地址和 PAC 的以太网通信模块的地址在同一网段内。

(3) 启动 PME 软件，进行相应的硬件配置，如图 6-58 所示。

(4) 在 PME 中设置临时 IP 地址。

1) 在工作界面中单击“/U……”，打开界面后单击“Set Temporary IP Address”弹出如图 6-59 所示的对话框，填写 PLC 上 IC695ETM001 的 MAC 地址以及临时 IP 地（如 192.168.0.30）。配置完成后单击“Set IP”按钮，约 1min 后出现“IP change SUCCESS-FUI”，此时应确保 CPU 处在停止状态。

2) 在 Hardware（硬件配置）中单击“IC695ETM001”，在其界面的“IP Address”中填写刚才设置的临时 IP 地址（192.168.0.30），如图 6-60 所示。

3）在 Navigator 下右击“ Target1”，在下拉菜单中选择“ Inspector”，弹出 Inspector 对话框，将“ Physical Port”设置成“ ETHERNET”，在“ IP Address”栏中键入刚才设置的临时 IP 地址（192.168.1.30），如图 6-61 所示。

12
Target1
Data Watch Lists
Diagnostic Logic Blocks
Active Blocks
Inactive Blocks
Hardware Configuration
Rack 0 (IC695CHS012)
Slot 0 (IC695PSD040)
Slot 1 (IC695CPU310)
Slot 2 (Used With Slot 1)
Slot 3 (IC695ETM001)
Slot 4 (IC694ACC300)
Slot 5 (IC694MDL655)
Slot 6 (IC694MDL754)
Slot 7 (IC695HSC304)
Slot 8 (IC695ALG600)

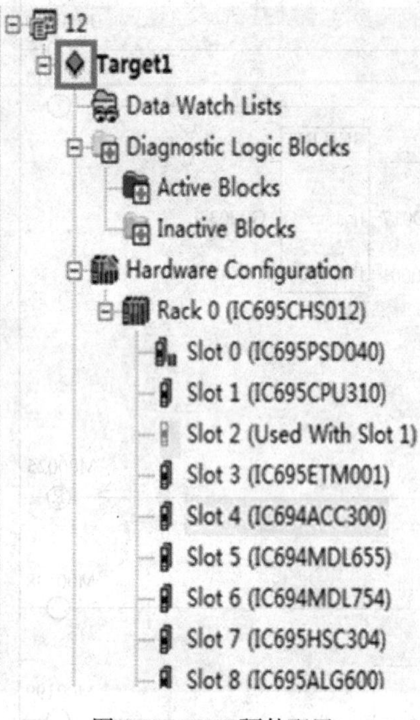

图 6-58 PAC 硬件配置

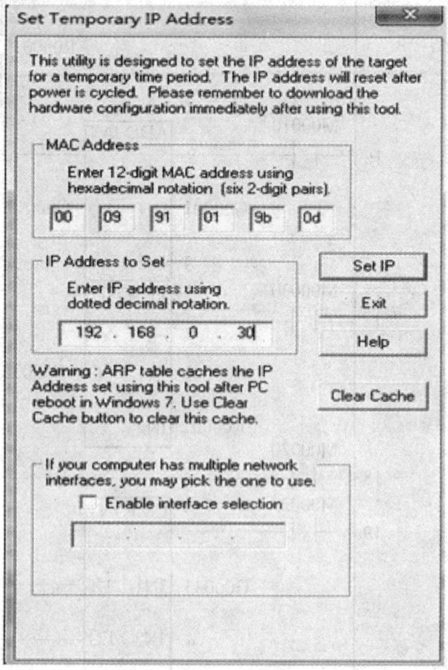

Set Temporary IP Address
This utility is designed to set the IP address of the target for a temporary time period. The IP address will reset after power is cycled. Please remember to download the hardware configuration immediately after using this tool.
MAC Address
Enter 12-digit MAC address using hexadecimal notation (six 2-digit pairs).
00 09 91 01 9b 0d
IP Address to Set
Enter IP address using dotted decimal notation.
192 . 168 . 0 . 30
Set IP
Exit
Help
Warning : ARP table caches the IP Address set using this tool after PC reboot in Windows 7. Use Clear Cache button to clear this cache.
Clear Cache
If your computer has multiple network interfaces, you may pick the one to use.
Enable interface selection

图 6-59 设置临时 IP

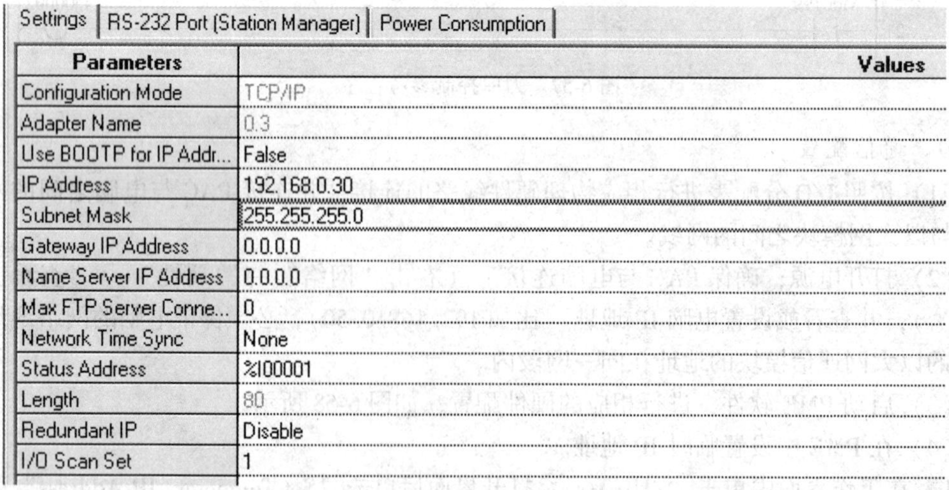

Settings
RS-232 Port (Station Manager)
Power Consumption

Parameters	Values
Configuration Mode	TCP/IP
Adapter Name	0.3
Use BOOTP for IP Addr...	False
IP Address	192.168.0.30
Subnet Mask	255.255.255.0
Gateway IP Address	0.0.0.0
Name Server IP Address	0.0.0.0
Max FTP Server Conne...	0
Network Time Sync	None
Status Address	%I00001
Length	80
Redundant IP	Disable
I/O Scan Set	1

图 6-60 IC695ETM001 IP 地址设置

注意：此处所设的三个 IP 地址相同，但要与电脑在同一个网段，且不相同。在设定临时 IP 地址时，一定要分清 PAC、PC 和触摸屏三者间的 IP 地址关系，要在同一个 IP 段内，而且两两不可以重复。

（5）完成以上设置后即可进行程序的编译、下载、运行，如图 6-62 所示。

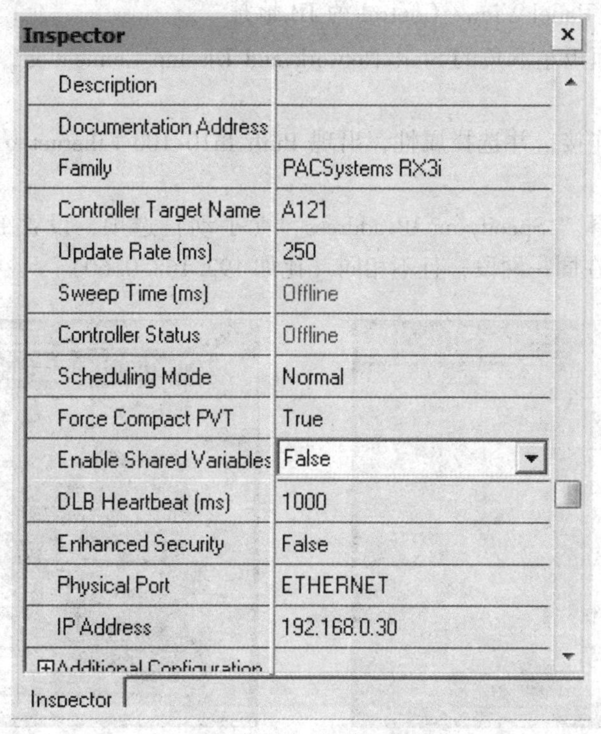

图 6-61 以太网通信参数设置

单击图 6-62 中的 1 进行程序检查，无误后单击 2 建立起计算机与 PAC RX3i 之间的通信联系，此时 3 变绿，单击 3（CPU 此时应处于停止状态），再依次单击 4、5 进行程序和硬件配置下载。正确无误后图 6-58 中 Target1 前的菱形变绿。此时可将 CPU 转换为 RUN 状态，单击按钮可以在线查看控制效果。

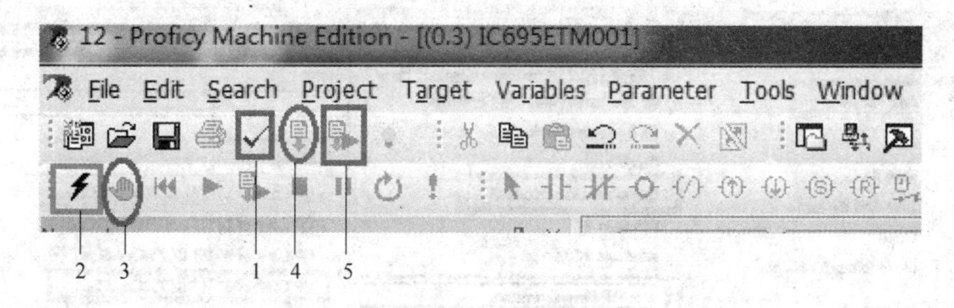

图 6-62 编译下载

6.3.7.4 触摸屏与 PAC 的通信控制

Quick panel View/ Control 是当前最先进的紧凑型控制计算机，根据不同型号集成有单色或彩色的平面面板。它提供不同的配置来满足使用的要求，既可以作为全功能的 HMI（人机界面），也可以作为 HMI 与本地控制器和分布式控制器应用的结合。

本项目中上位机人机界面采用 6" Quick panel View/ Control 触摸屏产品，它采用 Windows CE. NET 作为其操作系统，是一个图形界面的完全 32 位的操作系统。其工作时由外部提供 24VDC 工作电压，可以通过电源孔接入。

A 配置 Quick Panel View/ Control 的 IP 地址

(1) 单击控制面板左下角的 Start/Network and Dia-lup Connection，弹出 Connection 窗口，如图 6-63 所示。

(2) 选择一个连接，并选择属性，出现 Built In10/100 Ethernet…对话框，如图 6-64 所示。

在图 6-64 中选择 " Specify an IP address" (手动) 选项，设置 IP 地址，此处应与 PLC 和电脑 IP 地址在同一网段，且不相同 (比如 192. 168. 0. 60)。

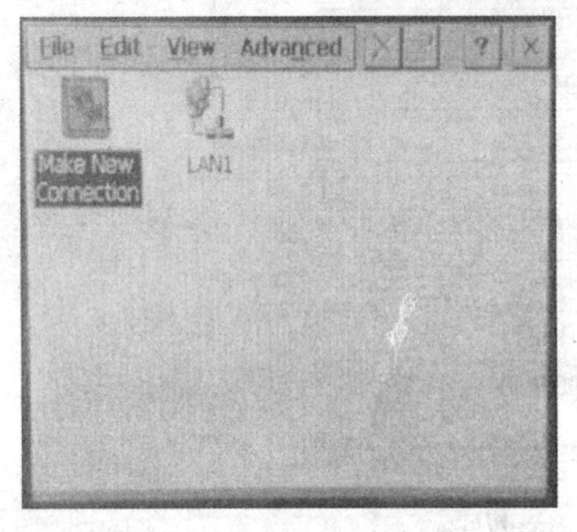

图 6-63 Connection 窗口

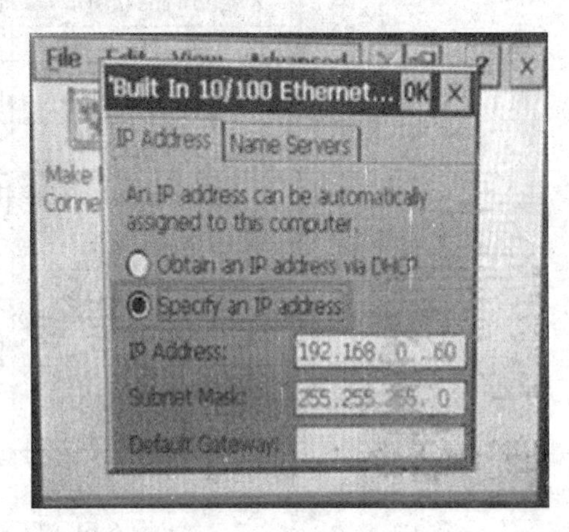

图 6-64 设置对话框

B PME 和触摸屏的通信设置

(1) 在 PME 软件中，右键单击已经建立好的 PLC 工程名，选择 "Add Target " → "QuickPanel View/Control" → "QP Control6" TFT，如图 6-65 所示。

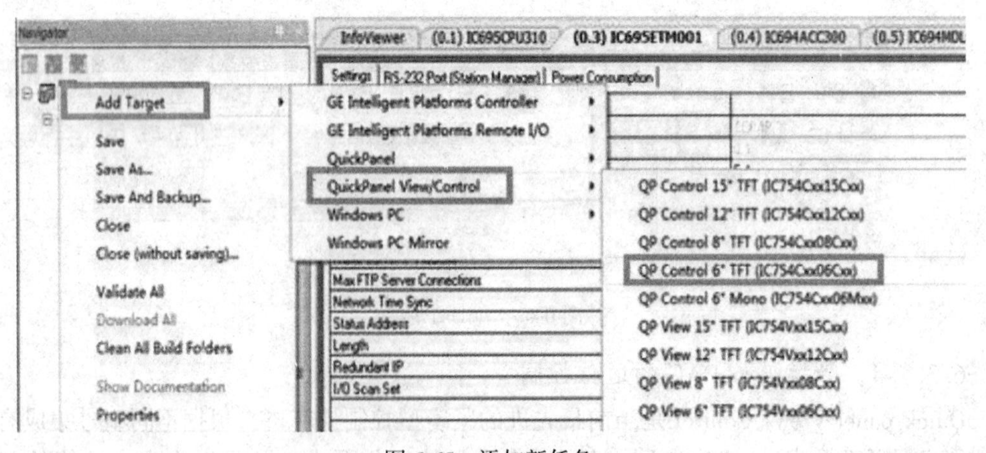

图 6-65 添加新任务

(2) 右键单击新标签 " Target2"，添加 HMI (Human Machine Interface) 组件，如图 6-66 所示。

(3) 右键单击新标签 Target2 下的 " PLC Access Drivers"，添加驱动，如图 6-67 所示。

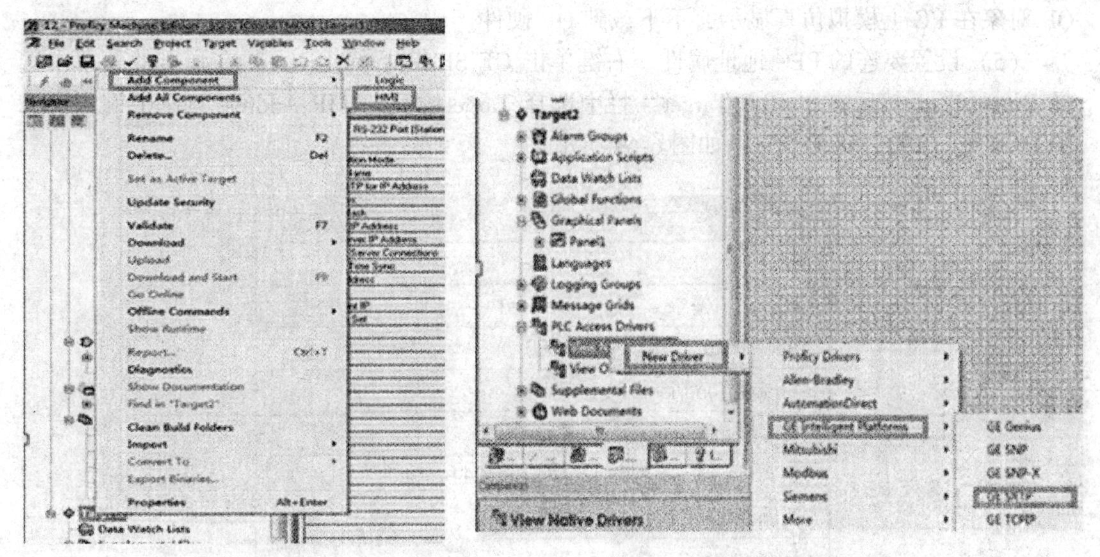

图 6-66 添加组件

图 6-67 添加驱动

（4）设置 QP IP 地址。右击“ Target2”，在下拉菜单中选择“Properties”，弹出“Inspector”对话框，在“Computer Address”的对应栏中键入 QP 的 IP 地（192. 168. 0. 60），如图 6-68 所示。

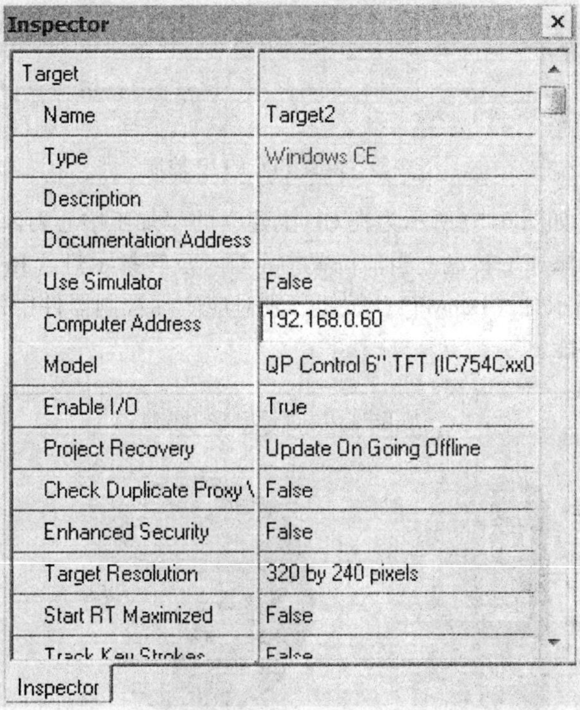

Inspector

Target	
Name	Target2
Type	Windows CE
Description	
Documentation Address	
Use Simulator	False
Computer Address	192.168.0.60
Model	QP Control 6" TFT (IC754Cxx0
Enable I/O	True
Project Recovery	Update On Going Offline
Check Duplicate Proxy \	False
Enhanced Security	False
Target Resolution	320 by 240 pixels
Start RT Maximized	False
Track Key Strokes	False

Inspector

图 6-68 设置 QP 的 IP 地址

在图 6-68 中，可以通过改变 Name 属性修改其命名；当 Use simulator= False 时，设定 QP 对象 IP 地址与 QP 硬件 IP 地址匹配，比如 192. 168. 0. 60；当 Use simulator =True 时，

QP 对象在 PC 上模拟仿真显示，不下载到 QP 硬件。

（5）设置要连的 PLC 地址属性。右键单击 GE SRTP 下的 Divice，在弹出的菜单中选择 Properties，然后在“PLC Target”栏中选择 Target1，在“IP Address”栏中键入 PLC 的 IP 地址（192.168.0.30），如图 6-69 所示。

Inspector

Device	
Name	Device1
Scan Rate	1000
Enable Conditional Scar	False
PLC Target	Target1
IP Address	192.168.0.30
Transaction Timeout	3000
Retries	3
Channel	1

Inspector

图 6-69　设置 PLC 的 IP 地址

（6）建立画面。如图 6-70 所示为在 QP 上建立的“加工中心刀库捷径方向选择控制”的画面。画面中主要添加了转盘上当前位置指示灯、反转指示灯（Reverse）、正转指示灯（Corotation）、到位指示灯（Daowei），按钮分别对应实际控制器件中的按钮，并同样可实现按要求正、反转功能。

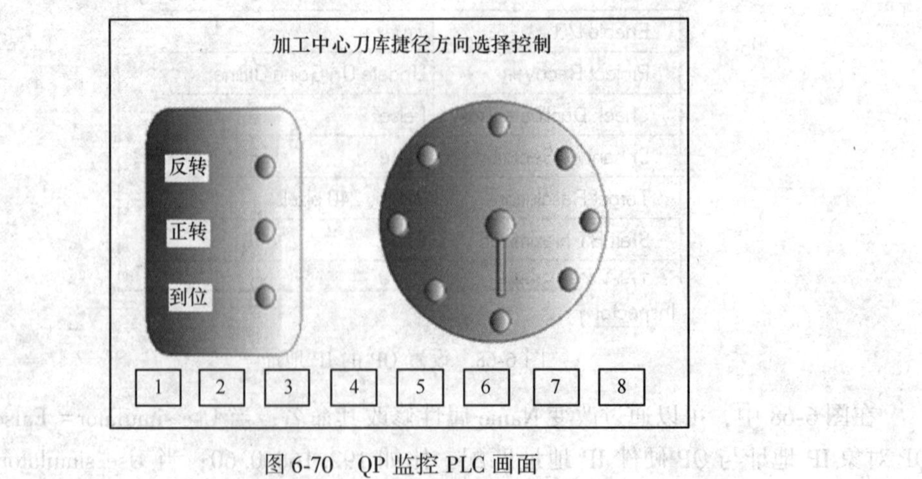

图 6-70　QP 监控 PLC 画面

(7) 数据连接。以图 6-70 中反转指示灯的属性设置为例，实现与 PLC 的数据连接，右键单击选择其属性设置，弹出如图 6-71 所示的属性设置对话框。

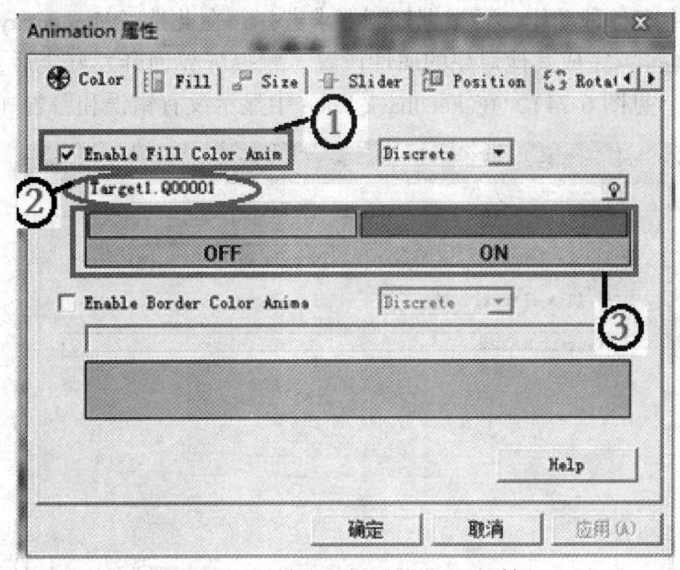

图 6-71　反转指示灯属性设置对话框

1）双击指示灯，弹出属性设置对话框，选中“ Color”选项卡中的“ Enable fill color Anim”选项。

2）单击右方的小灯泡按钮，单击“ Variable”按钮，在下拉列表中选择在 PIC 程序编写中地址分配所关联对应的变量，这里为反转的指示灯，所以应选择 Q00001，双击鼠标左键即可。

3）单击 ON 和 OFF 上方的颜色条还可以对颜色进行设置。

(8) 如图 6-72 所示为对当前刀位 2 指示灯的数据连接属性设置。操作与图 6-71 相类似，在此，该指示灯应连接程序中的 I00012。注意，此处为 PLC 的当前位状态向 QP 输入，因此可以用%I。

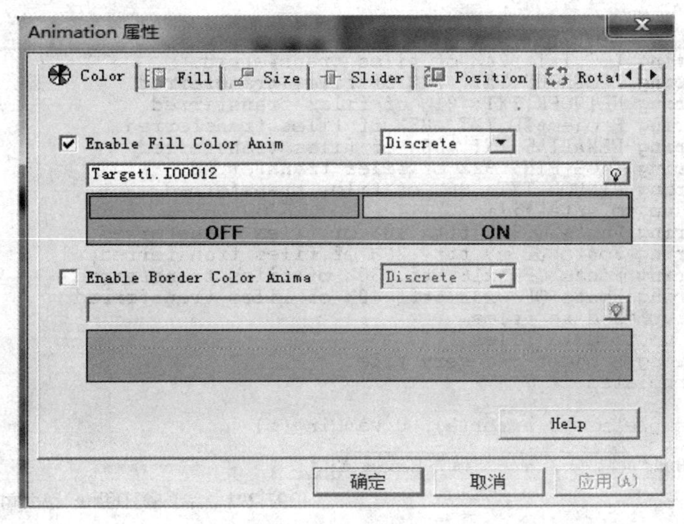

图 6-72　当前刀位 2 指示灯的属性设置

（9）如图 6-73 所示为对按钮 1 的设置。双击按钮弹出“Inspector”对话框，单击“Variable Name”行的下拉箭头，在下拉菜单中选择程序中按钮 1 对应的变量，在此应连 M00089。Action 中有各种动作，可根据控制要求选择，在此选“Momentary”。

（10）依此类推，完成其他对象的属性设置。触摸屏界面开发好之后，便可以进行编译、下载和调试（见图 6-74），在 Feedback Zone 中显示没有错误和警告（见图 6-75）。

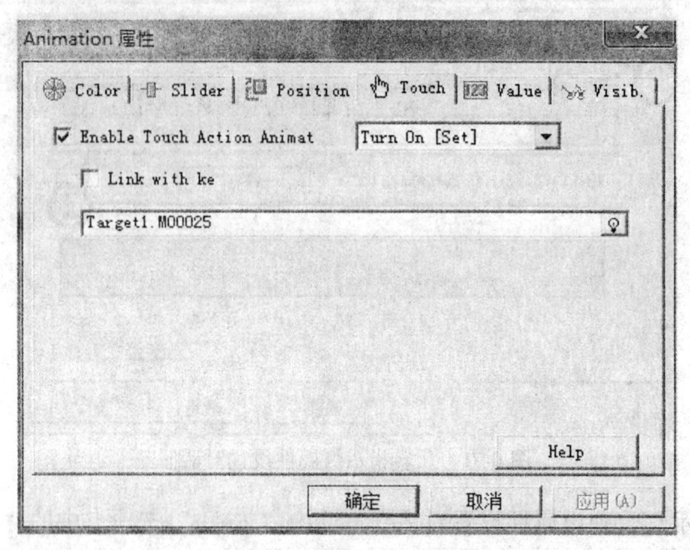

图 6-73　按钮 1 属性设置

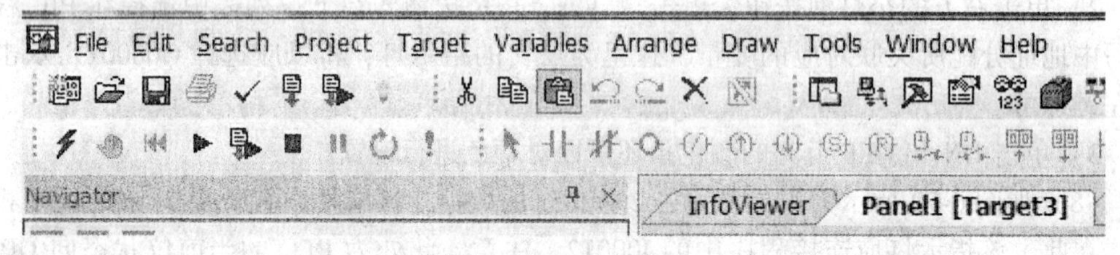

图 6-74　编译、下载

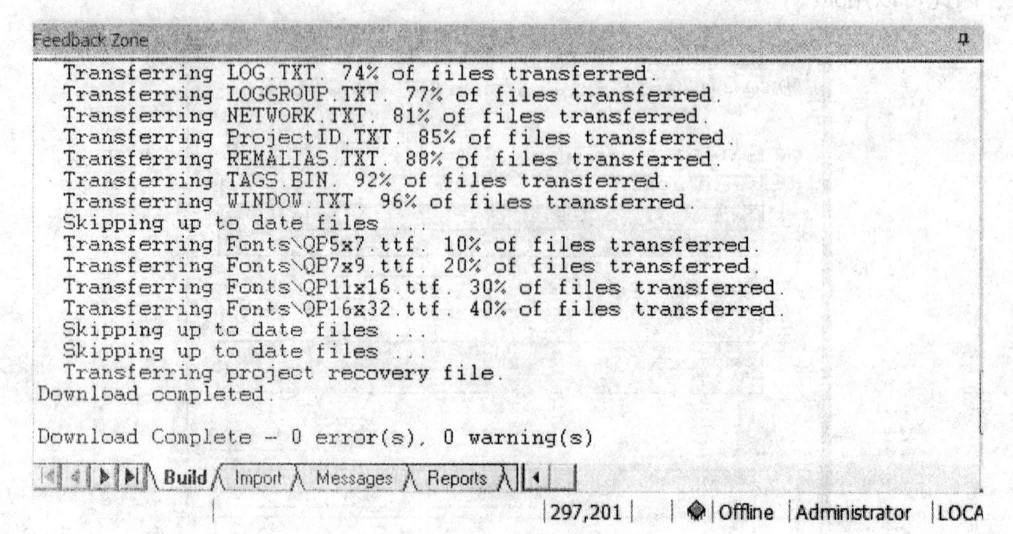

图 6-75　通信成功

此时，QP 上显示 Target2 中编辑的画面，当 PLC 处于运行状态时，可在触摸屏上进行正确监控，如图 6-76 所示。

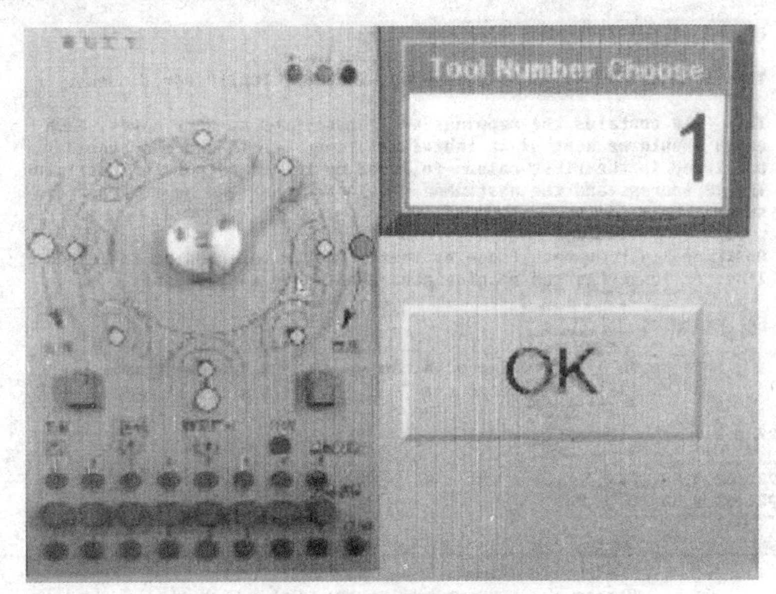

图 6-76　触摸屏运行画面

6.3.7.5　iFIX 与 PAC 的通信控制

A　驱动 GE9 的安装和配置

iFIX 组态软件可以与多种类型的 PLC 控制器进行连接，建立通信，将 PLC 中的数据采集到 iFIX 的数据库中。iFIX 与 PLC 之间建立通信必须通过驱动这个中间桥梁，不同厂家、不同类型的 PLC 与 iFIX 建立通信所需要的驱动也是不相同的，其中 GE PAC 的驱动是 GE9。

（1）将 GE9 整个文件复制到 C：\ Program Files \ GE Fanuc \ Proficy iFIX 中。

（2）将 GE9 中的 default. GE9 文件复制到 C：\ Program Files \ GE Fanuc \ Proficy iFIX 中的 PDB 文件中。

（3）进行 IP 通信设置。在 iFIX 安装盘中找到 WINDOWS 文件夹，将 C：\ system32 \ drivers \ etc \ hosts 文件通过记事本的形式打开，如图 6-77 所示，在记事本的末尾加上 iFIX 和 PAC 的 IP 地址。

注：FIX 前面输入的地址是 iFIX 所安装的电脑 IP 地址（在此为 192. 168. 1. 50），PLC 前面输入的地址是 PAC 控制器之前设置的 PAC 临时 IP 地址（在此为 192. 168. 1. 30）。

B　iFIX 数据库以及画面的建立

（1）打开 iFIX 后，单击菜单栏中的“应用程序”→“SCU”，在弹出的对话框中单击“配置”按钮，在下拉菜单中选择“SCADA 配置”。在“SCADA 配置”对话框中设置数据库名称“ EMPTY”，I/O 驱动器名称选择 GE9…，单击“添加”按钮（见图 6-78）。再单击“配置”按钮，在下拉菜单中选择“ Use Local Server”，在弹出的对话框中单击“ Connect…，”按钮，跳出 GE9 配置环境，如图 6-79 所示。

注意：此时 CPU 处于 RUN 状态。

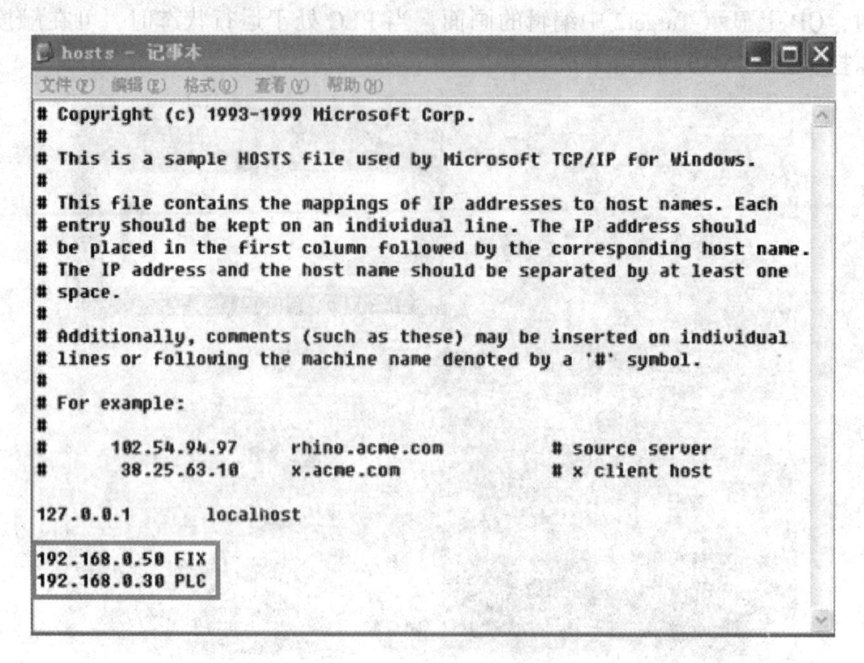


```
# Copyright (c) 1993-1999 Microsoft Corp.
#
# This is a sample HOSTS file used by Microsoft TCP/IP for Windows.
#
# This file contains the mappings of IP addresses to host names. Each
# entry should be kept on an individual line. The IP address should
# be placed in the first column followed by the corresponding host name.
# The IP address and the host name should be separated by at least one
# space.
#
# Additionally, comments (such as these) may be inserted on individual
# lines or following the machine name denoted by a '#' symbol.
#
# For example:
#
#      102.54.94.97     rhino.acme.com          # source server
#       38.25.63.10     x.acme.com              # x client host

127.0.0.1       localhost

192.168.0.50 FIX
192.168.0.30 PLC
```

图 6-77　Hosts 文件中加入 iFIX 和 PLC 的 IP 地址

图 6-78　添加 GE9 驱动

（2）在图 6-79 中，按照以下几个步骤完成设备配置的添加。

1）单击图最下面的第一个按钮，添加“ Channel 0”，通道名称可以随意设置，然后勾选后面的 Enable 选项，完成配置。

2）单击最下面的第二个按钮进行设备配置，此项配置非常重要，首先输入的 Device 名称要简单、容易记忆，比如添加 D1，然后在“ Primary IP”栏中输入与之相连接的 PAC 的 IP 地址，比如 192.168.0.30，最后勾选 Enable 选项，如图 6-79 所示。

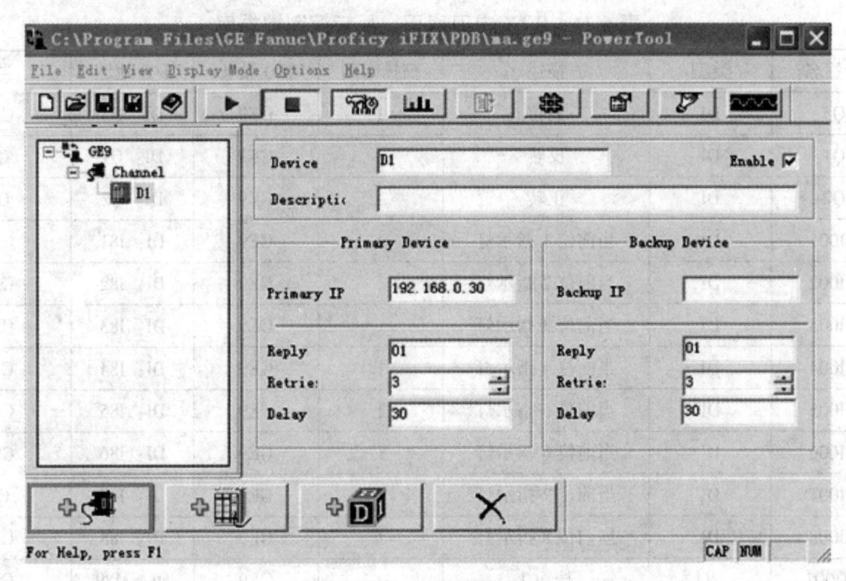

图 6-79　GE9 设备配置

3）单击最下面的第三个按钮，添加“DBQ”，输入 I/O 地址（Q1-Q100），勾选 Enable 选项。DBI、DBM 等的建立与 DBQ 方法一。

4）保存该驱动配置，如文件名为 maling. ge9。

（3）在图 6-79 单击上面手形按钮，在“ Default Path”中输入 maling. ge；在“Advanced”中选中“ Server Auto”→“On”，然后保存并关闭“ Power Tool”。

1）单击“系统配置”窗口中的“任务配置”按钮，查看是否添加 IOCNTRL. EXE/a。

2）再次运行 Power Tool，单击上面的“启动”按钮运行该驱动。单击“监视”按钮，监视运行情况，当“Data”显示为“Good”后（见图 6-80）表示可建立数据库的连接。

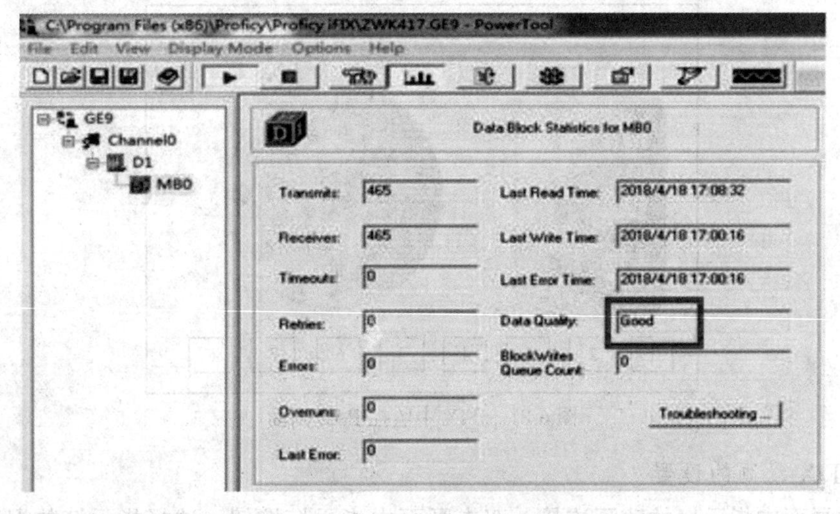

图 6-80　iFIX 与 PLC 连接成功

（4）根据控制任务在 iFIX 中建立数据库，如表 6-11 所示。

表 6-11　iFIX 中刀库正、反转控制数据库

	标签名	类型	描述	扫描时间	I/O 设备	I/O 地址	当前值
1	Q3	DI	到位	1	GE9	DI：Q3	CLOSE
2	Q1	DI	反转	1	GE9	DI：Q1	OPEN
3	Q2	DI	正转	1	GE9	DI：Q2	OPEN
4	DI001	DI	当前位 1 指示灯	1	GE9	DI：I81	CLOSE
5	DI002	DI	当前位 2 指示灯	1	GE9	DI：I82	CLOSE
6	DI003	DI	当前位 3 指示灯	1	GE9	DI：I83	CLOSE
7	DI004	DI	当前位 4 指示灯	1	GE9	DI：I84	CLOSE
8	DI005	DI	当前位 5 指示灯	1	GE9	DI：I85	CLOSE
9	DI006	DI	当前位 6 指示灯	1	GE9	DI：I86	CLOSE
10	DI007	DI	当前位 7 指示灯	1	GE9	DI：I87	OPEN
11	DI008	DI	当前位 8 指示灯	1	GE9	DI：I88	CLOSE
12	DO001	DO	按钮 1	…	GE9	DI：M89	CLOSE
13	DO002	DO	按钮 2	…	GE9	DI：M90	CLOSE
14	DO003	DO	按钮 3	…	GE9	DI：M91	OPEN
15	DO004	DO	按钮 4	…	GE9	DI：M92	OPEN
16	DO005	DO	按钮 5	…	GE9	DI：M93	OPEN
17	DO006	DO	按钮 6	…	GE9	DI：M94	OPEN
18	DO007	DO	按钮 7	…	GE9	DI：M95	OPEN
19	DO008	DO	按钮 8	…	GE9	DI：M96	OPEN

（5）在开发画面中建立“加工中心刀库捷径方向选择控制”监控画面，如图 6-81 所示。

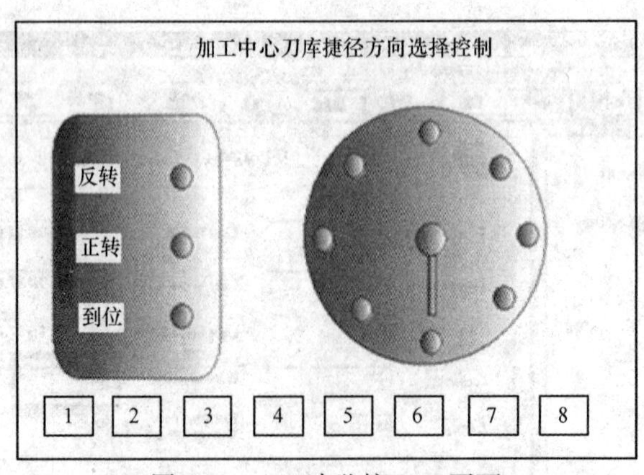

图 6-81　iFIX 中监控 PAC 画面

C　iFIX 动画的设置

（1）画面中指示灯的动画连接。双击画面中指示灯按钮，选择指示灯数据源，进行相应的数据连接，如图 6-82 所示为反转指示灯的动画设置，其他指示灯的动画设置方法一样。

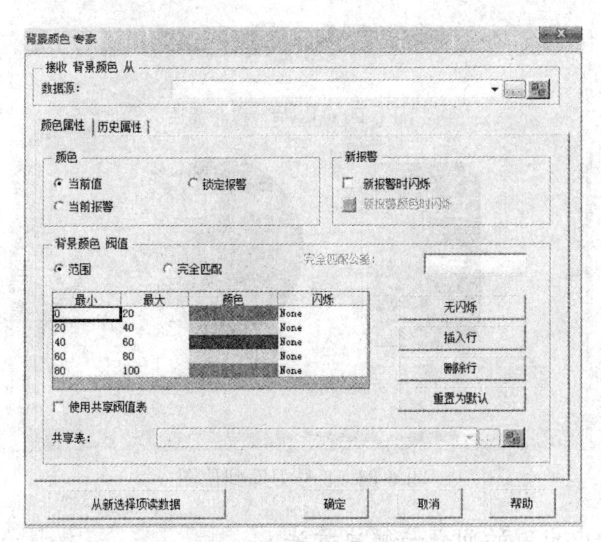

图 6-82 指示灯的动画设置

(2) 画面中按钮的动画连接。选中按钮 1 连接数据源至 D0001，在“选择数据输入方法”中选中“按钮输入项”。因为转盘黄条所在刀位应处于低电位，所以在按钮标题中的“打开按钮标题”中输入“关闭”，在“关闭按钮标题”中输入“打开”。操作时，每打开一次，需要按关闭才能控制其他按钮，如图 6-83 所示。

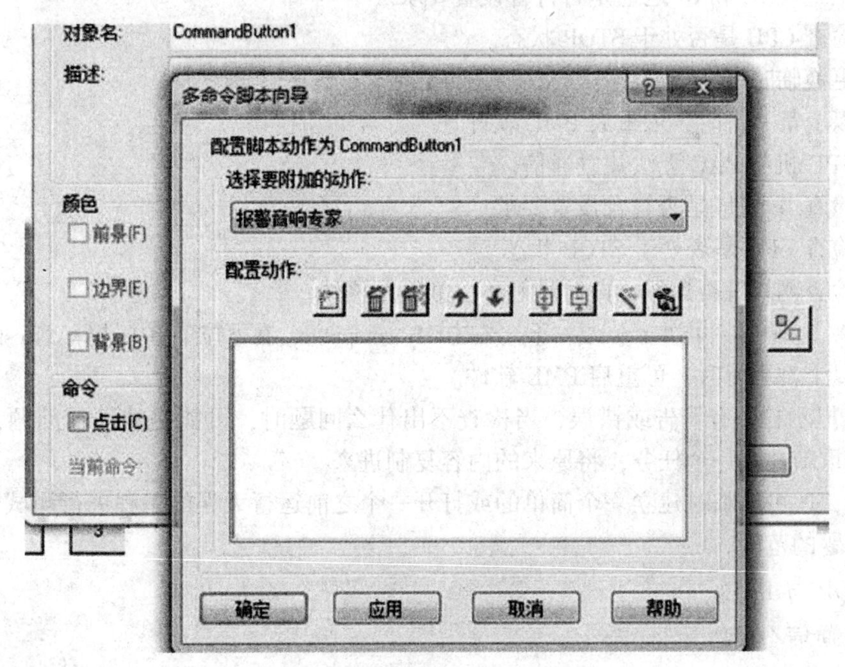

图 6-83 按钮 1 的动画设置

D iFIX 对 PAC 的监控

运行 iFIX，分别点击 8 个按钮，可使刀盘按要求旋转，各个指示灯也按规律亮、灭以显示刀盘状态。如图 6-84 所示为刀库的运行图。

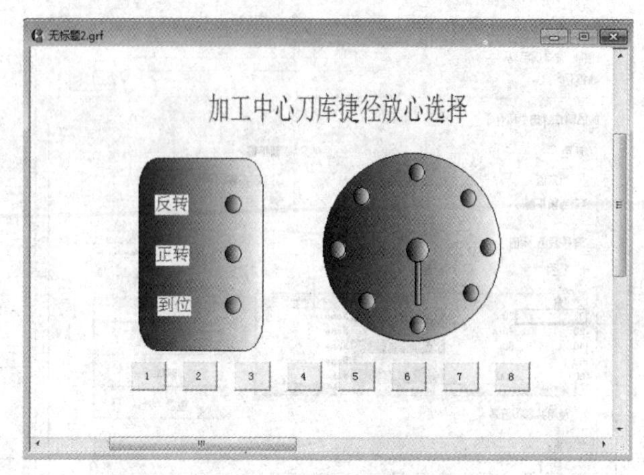

图 6-84 8 号刀库到位图

6.3.7.6 设计中出现的问题与解决方法

在实际设计中不会一帆风顺，可能会遇到各种问题，在解决问题的过程中可以巩固基础、积累经验。下面是设计时可能遇到的一些问题的解决方法。

A PME 与 PAC

（1）设置临时 IP 地址时总不能成功。

1）检查 MAC 和 IP 地址是否符合设置要求。

2）检查 CPU 是否处于 STOP 状态。

3）更换临时 IP 地址。

4）以上都不行时，可重启 PME 软件。

（2）PC 机与 PAC 无法建立通信。

1）检查 IP 地址是否符合设置要求。

2）检查 CPU 是否处于 STOP 状态。

3）检查网线是否连好，此时最好不要插其他网线。

4）将备份的文件再重新恢复一下（右击 My computer，在下拉菜单中选择“Restore”）。

5）以上都不行时，可重启 PME 软件。

（3）提示栏中有警告或错误，当检查不出什么问题时，可能是软件的问题，重新恢复一份或重新建立一个任务，将原来的内容复制进来。

另外，还可以临时建立一个简单的或打开一个之前运行无误的工程进行测试，缩小可能存在问题的范围。

B QP 与 PAC

（1）通信不成功。

1）检查 IP 地址。

2）检查 CPU 是否处于 RUN 状态。

3）检查网线是否插好。

4）检查 QP 任务建立过程是否无误或重新建立 QP 任务。

5）以上都不行时，可重启 PME 软件。

（2）下载成功后，面板上的图形出现问号时，应检查数据连接是否正确。

C　iFIX 与 PAC

（1）连接不成功。

1）检查 IP 地址。

2）检查 CPU 是否处于 RUN 状态。

3）检查网线是否插好。

4）程序是否正确下载到 PLC 中。

（2）不能监控或操作，此时应检查动画设置以及所连接数据是否正确。

课 后 习 题

1. 自动售货机 PLC 控制系统设计

（1）控制要求：

1）此售货机可投入 5 角、1 元、5 元硬币。

2）所售饮料标价：可乐：2. 50 元；橙汁：3. 00 元；红茶：5. 50 元；咖啡：10. 00 元。

3）当投入的硬币和纸币总价值超过所购饮料的标价时，所有可以购买饮料的指示灯均亮，作为购买提示（如：当投入的硬币总价值超过 2. 5 元，可乐按钮指示灯亮；当投入的硬币总价值超过 3 元，可乐、橙汁按钮指示灯均亮；当投入的硬币总价值超过 10.00 元所有饮料按钮指示灯都亮）。

4）当饮料按钮指示灯亮时，才可按下该饮料的按钮，购买相应饮料（如：当可乐按钮指示灯亮时，按可乐按钮，则可乐排出 10s 后自动停止，此时可乐按钮指示灯闪烁）。

5）购买饮料后，系统自动计算剩余金额，并根据剩余金额继续提示可购买饮料（指示灯亮）。

6）若投入的硬币和纸币总价值超过所消费的金额时，找余指示灯亮，按下退币按钮，就可退出多余的钱。

7）系统退币箱中只备有 5 角、1 元硬币，退币时系统根据剩余金额首先退出 1 元硬币，1 元硬币用完后，所有找余为 5 角硬币。

自动售货机控制信号说明

输入		输出	
输入设备	说明	输出设备	说明
SB0	退币按钮	HL0	找余指示灯
SQ1	5 角硬币识别器	YV1	5 角硬币退币机构
SQ2	1 元硬币识别器	VY2	1 元硬币退币机构
SQ3	5 元硬币识别器	YV3	可乐出口
SB1	可乐按钮	YV4	橙汁出口
SB3	橙汁按钮	YV5	红茶出口
SB4	红茶按钮	VY6	咖啡出口
SB5	咖啡按钮	HL1	可乐按钮指示灯
		HL2	橙汁按钮指示灯
		HL3	红茶按钮指示灯
		HL4	咖啡按钮指示灯

（2）设计要求：

要求分析控制要求，列出 I/O 分配表，使用 GE PAC RX3i 作为下位机控制器，设计控制程序，选用 iFIX 软件或触摸屏作为人机界面，设计控制界面，完成 iFIX 软件或触摸屏与 PAC 的通信。

2. 车库车辆出入库管理 PLC 控制系统设计

（1）控制要求：

1）入库车辆前进时，经过 1 号传感器→2 号传感器后，计数器 A 加 1，后退时经过 2 号传感器→1 号传感器后，计数器 B 减 1（计数器 B 的初始值由计数器 A 送来）；只经过一个传感器则计数器不动作。

2）出库车辆前进时，经过 2 号传感器→1 号传感器后，计数器 B 减 1，后退时经过 1 号传感器→2 号传感器后，计数器 A 加 1；只经过一个传感器则计数器不动作。

3）车辆入库或出库时，均应有警铃报警（可分别设置），定时 3s。

4）仓库启用时，先对所有用到的存储单元清零，并应有仓库空显示。

5）若设仓库容量为 50 辆车，则仓库满时应报警并显示。

6）若同时有车辆相对入库和出库（即入库车辆经过 1 号传感器，出库车辆经过 2 号传感器），应避免误计数。

（2）设计要求：要求分析控制要求，列出 I/O 分配表，使用 GE PAC RX3i 作为下位机控制器，设计控制程序，选用 iFIX 软件或触摸屏作为人机界面，设计控制界面，完成 iFIX 软件或触摸屏与 PAC 的通信。

3. 抢答器 PLC 控制系统设计

（1）控制要求：

1）抢答器同时供 8 名选手或 8 个代表队比赛，分别用 8 个按钮 S0-S7 表示。

2）设置一个系统清除和抢答控制开关 S，该开关由主持人控制。

3）抢答器具有锁存与显示功能。即选手按动按钮，锁存相应的编号，并在 LED 数码管上显示，同时扬声器发出报警声响提示。选手抢答实行优先锁存，优先抢答选手的编号一直保持到主持人将系统清除为止。

4）抢答器具有定时抢答功能，且一次抢答的时间由主持人设定（如 30 秒）。当主持人启动" 开始"键后，定时器进行减计时，同时扬声器发出短暂的声响，声响持续的时间 0.5s 左右。

5）参赛选手在设定的时间内进行抢答，抢答有效，定时器停止工作，显示器上显示选手的编号和抢答的时间，并保持到主持人将系统清除为止。

6）如果定时时间已到，无人抢答，本次抢答无效，系统报警并禁止抢答，定时显示器上显示 00。

（2）设计要求：要求分析控制要求，列出 I/O 分配表，使用 GE PAC RX3i 作为下位机控制器，设计控制程序，选用 iFIX 软件或触摸屏作为人机界面，设计控制界面，完成 iFIX 软件或触摸屏与 PAC 的通信。

参考文献

[1] 陈建明. 电气控制与可编程自动化控制器应用技术 [M]. 西安：西安电子科技大学出版社，2016，1.

[2] 郁汉琪，王华. 可编程自动化控制器技术用应用基础篇 [M]. 北京：机械工业出版社，2010，10.

[3] 郭利霞. 可编程控制器应用技术 [M]. 北京：北京理工大学出版社，2009，5.

[4] 郭利霞，李正中. 电气控制与PLC应用技术 [M]. 重庆：重庆大学出版社，2015，1.

[5] 郁汉琪，王华. 可编程自动化控制器（PAC）技术及应用（基础篇）. 北京：机械工业出版社，2010.

[6] 原菊梅，叶树江. 可编程自动化控制器（PAC）技术及应用（提高篇）. 北京：机械工业出版社，2010.